茶艺实务

主　编　杨　湧　张星海

副主编　王潇婷　罗　培　简晓敏

東南大學出版社
SOUTHEAST UNIVERSITY PRESS
·南京·

图书在版编目(CIP)数据

茶艺实务 / 杨湧,张星海主编. -- 南京 : 东南大学出版社, 2025. 3. -- ISBN 978-7-5766-1892-1

Ⅰ. TS971.21

中国国家版本馆 CIP 数据核字第 20243AK153 号

策划编辑:张丽萍　责任编辑:陈　佳　责任校对:张万莹　封面设计:企图书装　责任印制:周荣虎

茶艺实务

CHAYI SHIWU

主　　编:杨　湧　张星海
出版发行:东南大学出版社
社　　址:南京市四牌楼 2 号　　邮编:210096　　电话:025-83793330
出 版 人:白云飞
网　　址:http://www.seupress.com
经　　销:全国各地新华书店
印　　刷:丹阳兴华印务有限公司
开　　本:787 mm×1092 mm　1/16
印　　张:16.75
字　　数:422 千
版　　次:2025 年 3 月第 1 版
印　　次:2025 年 3 月第 1 次印刷
书　　号:ISBN 978-7-5766-1892-1
定　　价:49.90 元

前言

《茶艺实务》一体化活页式教材是在原教材《茶艺服务与管理实务》基础上进行的再版编写。

本教材紧扣规划教材和教学大纲，结合茶艺岗位工作任务和职业能力培养，以模块教学、任务驱动、学做一体的教学模式对教材内容进行重新编排，将理论与实践操作有机地融合在一起。同时在内容安排上结合茶艺师国家职业资格认定和茶艺国赛要求，以能满足中高级茶艺师和茶艺二级技师的学习要求为目的整合教材内容。更加突出教材的适用性，使学生在学习本教材时，能与自己的职业规划紧密联系。

教材设定了茶艺溯源、茶艺探秘、茶艺传承和茶艺创新四个教学模块。通过走进茶的故乡、探究古今饮茶方式、感受中国茶的魅力、破解科学饮茶密码、体验习茶礼仪、传习生活茶艺、品鉴生活茶艺、传承仿宋茶艺、品味调饮茶艺、演绎创新茶艺十个具体的工作任务，使学习者循序渐进地掌握茶艺知识、六大茶类的冲泡演示技艺、调饮茶的调制、仿宋点茶的演示以及主题茶艺的编创，完成从茶艺入门到茶艺精修的过程。

教材采用活页式编写形式，配以丰富的数字化教学资源，通过教材中对应的二维码就可以观看各个任务对应的学习资源，完全可以达到自主学习的效果。教材编写形式具有一定的新颖性、实用性、独特性。

本书既可以作为高职高专旅游管理、酒店管理及相近专业学生的教材，也可以作为茶艺企业及酒店从事茶艺服务与管理人员的培训教材或自学用书以及茶艺爱好者的学习参考书。

本教材由杨湧、张星海担任主编，王潇婷、罗培、简晓敏担任副主编，张秀英负责本书的审核。罗培负责任务一——走进茶的故乡和任务二——探究古今饮茶方式的编写工作；杨湧负责任务三——感受中国茶的魅力、任务四——破解科学饮茶密码以及任务七——品鉴生活茶艺的编写工作；王潇婷负责任务五——体验习茶礼仪和任务六——传习生活茶艺的编写工作；简晓敏负责任务八——传承仿宋茶艺的编写工作；张星海负责任务九——品味调饮茶艺和任务十——演绎创新茶艺的编写工作。鉴于编者的学识和能力有限，书中不妥或疏漏之处，还望国内外同行和广大读者不吝赐教。

本教材在编写过程中，以“引进”和“编纂”为主，集思广益，借鉴了不少文献资料，听取了许多专家、学者的宝贵意见，编者在此表示衷心的感谢。

编者

2024 年 6 月

目录

模块一　茶艺溯源

模块二 茶艺探秘

模块三 茶艺传承

模块四 茶艺创新

模块一

茶艺溯源

中国是茶树的原产地，也是世界上最早发现、利用和栽培茶树的国家，世界各国的茶树都是由中国向外传播种植的。茶叶从药用、食用到饮用历经千年，并与人们的生活方式、风土人情，以及宗教意识相融合，形成了富有中国传统文化特色的茶文化和丰富多彩的茶艺表现形式。

任务一

走进茶的故乡

【学习目标】

知识目标：熟悉并了解中国是世界茶树的发源地；
熟悉中国茶文化的发展概况；
掌握中国茶艺的构成要素与审美体现。

素质目标：培养学生对中国茶文化的认同，树立文化自信；
使学生能够善于沟通和协调人际关系，具备一定的团队合作意识。

能力目标：具备自我学习、延展学习的能力；
具备茶文化宣传讲解的能力。

【任务导图】

- 任务一 走进茶的故乡
  - 1.1 茶树的起源与利用
    - 茶树的起源
    - 茶树的利用
  - 1.2 茶文化寻根
    - 茶文化的概念
    - 茶文化的形成与发展
  - 1.3 走进中华茶艺
    - 茶艺的概念
    - 茶艺的内容
    - 茶艺的美学体现
    - 茶艺的社会功能
    - 茶艺的表现形式

【案例导入】

茶叶原产地与鸦片战争

18世纪末，中国茶输出逐年增加，尤以销往英国的为最多。1797年英国艾登(F. Eden)描写当时饮茶的情形时说："我们只要在乡下，就可以看到草屋里的农民都在喝茶。"他们不但上午、晚间喝茶，就是在中午也习惯以茶佐餐。

其间，中国清户部奏折中也曾提到："嘉庆(1796—1820)、道光(1821—1850)以前，每年出口之茶约值银五千余万两，其时通商仅广州一口。"输往英国的茶约占中国输出量的二分之一。由于英国向中国大量购买茶叶，在18世纪末至19世纪初，英国购买中国茶平均每年耗费白银2 000余万两。

据统计，在18世纪最初的60年里，英国出口中国的物品中只有10%是货物，其余都是金、银等硬通货。1721—1740年，输入中国的金银比例更高达94.9%。为扭转这种不利的外贸局面，英国政府通过东印度公司向印度倾销布匹，而后搜刮印度的鸦片，大量输入中国倾销，用鸦片代替白银来换取大量的中国茶叶。

史载：早在18世纪中后期，英国就掌控了在土耳其、印度的种植鸦片产地，在没有完全占领中国市场时，鸦片已成为英国向中国输入的一种商品。到19世纪40年代初期，尽管随着鸦片的输入越来越多，白银大量流到中国的局面有了一定改观，但英国政府错误地认为，如果没有鸦片贸易，在当时大量输入中国茶的情况下，英中之间的贸易逆差就无法得到根本性扭转。因此，为扭转贸易逆差，对于英国来说，向中国开展鸦片贸易是必不可少的。

而在这个平衡的背后，就是以英国东印度公司为首的远洋贸易公司，它们不断将鸦片送到中国沿海港口，再通过洋行分销到中国城镇和农村，使无数的黄金、白银由中国民间流回到英国商人的手中。这样，英国可以不费黄金、白银就可大量购得中国茶，这种以毒换利的贸易，成为鸦片战争爆发的导火线。

据记载，仅1830年一年，英国鸦片输入中国就达1 500吨，其销量足以赚取用来支付购茶费用所需的银两；1831年，英国鸦片输入中国达10 000多箱，1837年为39 000箱，1839年激增至40 200箱。白银的大量外流，使本来就穷困潦倒的中国人民陷于十分痛苦的境地，由此也引发了国内诸多矛盾的恶化。在此情况下，道光皇帝下诏查禁鸦片。这也是林则徐在广东虎门销烟的缘由。

1839年3月，清朝钦差大臣林则徐到达广州，通知外国商人在三天内将所存鸦片烟土全部缴出，听候处理，并宣布："若鸦片一日未绝，本大臣一日不回，誓与此事相始终，断无中止之理。"

林则徐在广州虎门销烟堵住了英国人的财路，于是英国政府在1840年发动了侵略战争，英军于1月26日侵占香港，并于6月7日宣布香港为自由港。接着，清政府被迫签署了《中英南京条约》，割让香港岛，开放广州、福州、厦门、宁波、上海五口通商，允许自由贸易，并赔偿英国白银2 100万两，其中600万两用以赔偿林则徐所销毁的英商鸦片。这场战争，名为"鸦片战争"，实则因茶而起，为茶而战。

案例点评：鸦片战争中的茶为芒山小种、正山小种，又称拉普山小种，属红茶类，与人工小种合称为小种红茶，是世界上最早的红茶，为红茶鼻祖，其产地在福建省武夷山市。中国古代因为垄断着茶叶的供给变成了世上最富有的白银帝国，靠着这种神奇的绿色叶子，在国际贸易中占尽先机。

(资料来源：陈文华《中国茶文化学》，2006)

1.1 茶树的起源与利用

一、茶树的起源

茶树属于被子植物门、双子叶植物纲、山茶目、山茶属，茶种。1753 年植物分类学家林奈把茶树的学名定为“Thea sinensis”。植物学的研究表明，较原始的山茶科植物起源于距今约 6000 万年至 5000 万年。从茶树的自然分布来看，全世界拥有 23 属 380 余种山茶科植物，其中 15 属 260 余种在中国云南、贵州和四川一带，且根据研究，山茶属植物高度集中于我国云贵川地区，说明了我国西南地区就是山茶属植物的发源地，也就是茶树的发源地。根据茶树的进化历程来看，茶树从原始大叶种、野生大茶树逐步进化为现在的乔木、小乔木与灌木型，而我国西南地区既有原始野生大叶种茶树，也有灌木型茶树，且高度集中。凡是原始茶树与进化后茶树比较聚集的地方，当属茶树的原产地。

据历史学家的考证，中国茶树被发现与利用大约是在 5000 年前的神农时代。唐代陆羽在《茶经・六之饮》中指出：“茶之为饮，发乎神农氏，闻于鲁周公。”陆羽是依据《神农食经》等古代文献的记载，认为饮茶起源于神农时代，后世在谈及茶的起源时，也多将神农氏列为发现和利用茶的第一人。古今中外的专家学者如吴觉农、志村桥及桥本实等人也通过大量研究得出中国才是茶树原产地这个结论，而非印度等国家。1922 年，26 岁的吴觉农从日本回国后专心研究，撰写了《茶树原产地考》(《中华农学会报》第 37 期)，该文对茶树起源于中国作出论证。1978 年在昆明召开的中国茶叶学会学术讨论会上，吴觉农又发表了颇有学术见地的《中国西南地区是世界茶树的原产地》，此文对茶树原产地的争论进行全面评述，对茶树原产于印度论、大叶种和小叶种茶树分属二个不同原产地的二元论、凡是自然条件适宜又有野生茶树的地方都是茶树原产地的多元论、茶树原产于伊洛瓦底江发源处的某个中心地带的折中论逐一进行了深入批驳，这再次证明茶树原产地是中国的西南部地区。现在我国西南地区各民族之间还流传着许多有关茶的民间故事、神话传说、史诗和古歌，如湘西《苗族古歌》中有关于苗人创世纪的回忆里就提到了茶园，云南德昂族的民族史诗《达古达楞格莱标》(意为“始祖的传说”)中将茶视为人类的始祖。这些民间传说和故事也都进一步说明，原始社会时期，我国西南地区的人民就已经发现了茶。

所以中国是茶树的原产地，也是世界上最早发现、利用和栽培茶树的国家，世界各国的茶树都是由中国向外传播种植的，为世人所公认。

【经典阅读】

神农的传说

相传在上古时代，有个很奇特的人，他有一个水晶般透明的肚子，吃下什么东西，在胃肠里可以看得清清楚楚，人们尊称他为神农氏。那时候，人们还不会用火烧东西吃，吃的花草、野果、虫鱼、禽兽之类都是生吞活咽的，因此，人们经常闹病。神农为了解除人们的疾苦，就决心利用自己特殊的肚子把看到的植物都试尝一遍，看看这些植物在肚子里的变化，以便让人们知道哪些植物无毒可以吃，哪些有毒不能吃。这样，他就开始试尝百草。当他尝到一种开着白色花朵的树上的嫩叶时，发现这种绿叶真奇怪，一吃到肚子里，就从上到下，从下到上，到处流动洗涤，好似在肚子里检查什么，把胃肠洗涤得干干净净，他就称这种绿叶为"查"。以后人们又把"查"说成了"茶"。神农成年累月地跋山涉水，试尝百草，每天都得中毒几次，全靠茶来解救。后来，他见到一株开着黄色小花的草，那花萼在一张一合地动着。他感到好奇，就把那叶子放在嘴里慢慢咀嚼，一会儿，感到肚子很难受，还未来得及吃茶叶，肚肠就节节地断开了。神农就这样为拯救人类牺牲了自己。于是，人们称这种草为"断肠草"。常言道："神农尝药千千万，可治不了断肠伤。"

（资料来源：贾红文《茶文化概论与茶艺实训》，2021）

二、茶树的利用

1. 药用

我国饮茶之始是"食饮同宗"。我们的祖先从野生大茶树上砍下枝条，采集嫩梢，先是生嚼，后是加水煮成羹汤，供人饮用。据记载，在神农时代即已经发现了茶树的鲜叶具有解毒功能。神农氏是中国上古时期一位被神化了的人物形象，与伏羲、燧人氏并称为三皇。传说他不仅是中国农业、医药和其他许多事物的发明者，也是中国茶叶利用的创始人。神农氏不仅教老百姓农业知识，还教会老百姓识别可食用的植物和药物。我国现存最早的药物学专著——《神农本草经》是东汉时期搜集了上古、先秦和秦汉时期众多医学家的药物知识，经编辑而成的药物学典籍，其中记载的"神农尝百草，日遇七十二毒，得茶而解之"，反映的就是古代发现茶药用功能的起源，因此最早记载饮茶的既不是"诸子之言"，也不是史书，而是本草一类的"药书"，例如《神农本草经》《食论》《本草纲目拾遗》《本草纲目》等书中均有关于"茶"之条目。后人经过长期实践，发现茶叶不仅能解毒，而且配合其他中草药，可医治多种疾病。例如《神农本草经》记载有"茶味苦，饮之使人益思、少卧、轻身、明目"。东汉神医华佗在《食论》中也说茶味道较苦，但经常服食的话则有利于头脑清醒、思维敏捷。明代顾元庆在《茶谱》中写道："人饮真茶能止渴、消食、除痰、少睡、利尿、明目益思、除烦去腻，人固不可一日无茶。"更是把茶的药用功能说得异常清楚。

对于我国边疆少数民族而言，茶的药用功能更为突出，在少数民族地区，流传着"宁可三日无粮，不可一日无茶"的谚语。这是因为，像藏族、蒙古族、维吾尔族等少数民族都居住在高寒地区，日常主食都是牛羊等肉类食品，不易消化，而茶的促消化功能对于他们而言，重要性是不言而喻的了。在《明史·食货志》中有"番人嗜乳酪，不得茶则因而病"之语。《滴露漫录》记载有"以其腥肉之食，非茶不消；青稞之热，非茶不解"。清代《续文献通考》中，也有"乳肉滞隔，而茶性通利，故荡涤之故"的论述。可见自古以来，茶叶的药用功能对于边疆民族是多么重要。自从人类发现茶叶的药用功能后，茶日益受到重视，进而从野生开始发展到人工种植，这又促进了茶的迅速传播。

2. 食用

茶由药用到最终发展为日常饮料，中间经过了食用的阶段。食用茶叶，就是把茶叶作为食物充饥或是做成菜吃。这在前人的许多著述中都有记载。《晏子春秋》中就记载："婴相齐景公时，食脱粟之饭。炙三弋、五卵、茗菜而已。”晏子就是将茶作为下饭的菜来食用。东晋郭璞《尔雅注》云：“树小似栀子，冬生叶，可煮作羹饮。”可见古人将茶叶摘下煮作羹饮而食确有其事。三国魏张揖《广雅》中记载：“巴间采茶作饼，叶老者饼成以米膏出之。欲煮茗饮，先炙令赤色，捣末置瓷器中，以汤浇覆之，用葱、姜、橘子芼之。其饮醒酒，令人不眠。”这里不但说明当时烹茶要添加葱、姜、橘子等作料，而且介绍了用茶的方式：先把茶饼用火烤到发红，然后捣成碎末，放在瓷质的容器中，加入开水冲泡，又用葱、姜、橘子做配料。喝了这种茶可以醒酒，使人不想睡觉。这种煮茶方法一直延续到唐朝，唐人在此基础上又有所改进。

以上是古代的食茶之说，流传至今的，还有一些原始形态的茶食仍为现代人所享用。例如，湖南的擂茶、侗族的打油茶、白族的三道茶等。

3. 饮用

饮用就是把茶作为饮料，或是解渴，或是提神。

饮茶，在秦统一巴蜀之前，就已经在巴蜀兴起了。巴蜀的茶事可以上溯到西周初年，《华阳国志・巴志》中云：“武王既克殷，以其宗姬封于巴，爵之以子……丹、漆、荼、蜜……皆纳贡之。”材料中记载了西周初年，巴蜀向周朝进贡的物品，其中就有茶。《华阳国志・巴志》又明确指出所进贡的茶叶是在园子里人工种植的茶，而不是采野生的茶。这说明，当时的巴蜀已有人工种植茶树。西周初年，茶事在巴蜀已发展到一定阶段。汉时巴蜀已具有对茶叶的消费需求。

这在西汉成帝时王褒的《僮约》中就有所反映：“脍鱼炰鳖，烹茶尽具”“牵犬贩鹅，武阳买茶”。其中，“脍鱼炰鳖，烹茶尽具”反映了当时成都一带饮茶已成风尚，在富豪之家，饮茶还出现了专门的用具。“牵犬贩鹅，武阳买茶”则反映成都附近，由于茶的消费和贸易需要，茶叶已经商品化，还出现了如“武阳”一类的茶叶市场。

【茶情物语】

“甘露大师”——吴理真

“扬子江心水，蒙山顶上茶。”蒙顶山，是世界上有文字记载的人工种茶最早的地方。2000 多年前的西汉时期，茶祖吴理真在蒙顶山上种下七株茶树，开创人工种茶之先河，是中国有文字记载的最早的种茶人，后人追思其功德，将其奉为“茶神”，勒石像于蒙顶山天盖寺、智炬寺供奉祭拜。

据名山区地方志编纂中心提供的《名山茶业志》记载，吴理真，西汉严道人，号甘露道人，道家学派人物，先后主持蒙顶山各观院。甘露三年(公元前 51 年)蒙山(今名山)人吴理真在蒙顶山驯化野生茶树，研究制茶工艺，开创了世界上人工植茶的先河。宋人陶谷的《清异录》中记载：“吴理真住蒙顶，结庵种茶凡三年，味方全美，得绝佳者曰‘圣扬花’‘吉祥蕊’。”宋孝宗在淳熙十三年(1186 年)封吴理真为“甘露普惠妙济大师”，并把他手植七株仙茶的地方封为“皇茶园”。

作为世界上有文字记载的人工种植茶树最早的地方，蒙顶山被公认为世界茶文明发祥地、世界茶文化发源地、世界茶文化圣山。而“植茶始祖”吴理真也被后人尊称为“蒙顶山茶祖”“茶道大师”“甘露大师”。如今，茶祖吴理真在蒙顶山上种下的七株茶树，成就了雅安 100 万亩茶园。经过历代的传承和发展，带着“省级非物质文化遗产”和“中国十大区域品牌”的殊荣，蒙顶山茶已名扬天下。

（资料来源：华西都市报，2012.10.31）

明末清初的顾炎武在《日知录》中写道："自秦人取蜀而，始有茗饮之事"，指出饮茶风俗是在秦吞并巴、蜀之后，随着巴蜀地区与中原地区的经济文化交流日益加强而从四川传出。

西汉后期到三国时期，茶逐渐发展成为宫廷的高级饮料。如在宋代秦醇根据《汉书》改编的传奇《赵飞燕别传》中有这样的情节："汉成帝崩，一夕后（即帝后）寝惊啼甚久，侍者呼问，方觉。乃言曰：适吾梦中见帝，帝自云中赐吾坐，帝命进茶。左右奏帝，后向日侍帝不谨，不合啜此茶。"除此之外，其中还多处提到"掌茶宫女"，说明西汉时期，茶已成为皇室后宫的饮品。

魏晋南北朝时期，茶逐渐成为普通饮料走入民间，并成为商品进行买卖。据《广陵耆老传》中记载"晋元帝时有老姥，每日独提一器茗，往市鬻之，市人竞买"，说明当时已有人将茶水作为商品到集市上进行买卖。江南一带，更是"做席竟下饮"，饮茶不仅风靡于文人雅士间，也开始走入寻常百姓家。

自唐宋至今，茶已经成为人们最熟知、最为普及并深受我国乃至世界人民喜爱的饮品。

【思考讨论】

中国最古老的茶树是哪种植物形态的?

早在三国时期（220—280 年）就有关于在西南地区发现野生大茶树的记载（据《华阳国志》），唐代陆羽在《茶经》中说："茶者，南方之嘉木也。一尺，二尺，乃至数十尺，其巴山峡川，有两人合抱者，伐而掇之。"指的应该就是野生大茶树。19 世纪末，在四川中北部发现了类似野生茶树，在此之前我们仅有野生古茶树的记载而没有发现野生茶树。因此当外国人在印度发现了野生茶树后断定印度是茶的原产地，但是发现野生茶树并不是判断茶叶原产地的唯一根据。从植物学上考证，茶树已有 6000 万年的历史，印度发现野生茶树的喜马拉雅山南坡其时还是海底世界，而我国云贵高原地区已具备了茶树生长的自然条件。1939 年在贵州发现一棵 7 米多高的茶树；1940 年又在海拔 1 400 米处发现了十余棵大茶树，有 6 米多高；1957 年又发现了高达 12 米的大茶树。最有价值的是 1958 年在云南勐海县境内发现的一棵大茶树，树龄 800 年以上。1961 年发现一棵 32 米高的大茶树，树围 2.9 米、树龄 1 700 年，是迄今为止发现的最大茶树。

根据这些发现，结合地质变迁与考古论证，我国和世界许多科学工作者确定，中国是茶的故乡，云贵地区是茶的原产地，世界上其他国家的茶树都是从中国传播过去的。

1.2　茶文化寻根

【经典阅读】

陆羽与《茶经》

中国是茶的故乡，中国人采茶饮茶的历史源远流长。人们要追溯茶的历史，了解中国茶道，便自然会想起中国茶史上的传奇人物——“茶圣”陆羽。陆羽是唐朝复州竟陵郡人，他的茶艺在当时就已闻名天下。

陆羽不仅精通茶艺，而且博学多才。朝廷好几次要他出任高官，他都毫不犹豫地拒绝了。他的志向是推广茶艺，撰写《茶经》。当时，人们都以求取功名利禄为荣，不屑于写这样的“闲书”，而陆羽却毫不动摇。二十一岁那年，陆羽为了搜集撰写《茶经》的资料，开始游历天下。一路上，他风餐露宿，日晒雨淋，足迹遍布巴山蜀水、荆楚大地、吴越山川……每到一处，陆羽都向当地百姓请教如何种茶、制茶、烹茶、饮茶，并把搜集到的资料详细记入“茶汇”。他还细心地将各种茶叶制成标本，随船运回老家。经过十六年的游历后，陆羽隐居浙江湖州，潜心从事茶的研究和著述。他凭借实地考察三十二州茶叶产地所获的资料和多年的研究所得，历时五年，写成世界上第一部关于茶的专著——《茶经》。又过了五年，经增补修订的《茶经》正式完成。这时，陆羽已经四十七岁了。整部巨著的完成，历时二十六年。

《茶经》的内容十分丰富，记述也相当细致。它不仅记载了神农氏最早发现茶的历史，以及中国主要茶产地的土壤、气候与生长情况，而且总结了种茶、采茶、制茶、饮茶等方面的经验与技艺。此后，陆羽又周游各地，推广茶艺。所到之处，关于茶的各种活动开展得如火如茶。自陆羽竭力推广茶道以后，饮茶的人越来越多，茶的地位也日益提高。饮茶品茗开始成为中国传统文化的重要组成部分。同时，茶和茶文化不仅在中国绵延发展，还传到一衣带水的日本，形成了著名的日本茶道文化。因此，陆羽被后人尊称为“茶圣”。

（资料来源：张又新《煎茶水记》）

一、茶文化的概念

茶起源于中国，在中国上下五千年的灿烂历史长河中，随着社会发展力的提升及大众对于美好生活的追求向往，茶叶从最初只被作用于果腹的纯物质形态逐步过渡到精神层面，茶叶与文化发生碰撞，两者相互交融，传统文化思想渗透进茶叶的方方面面，这丰富了茶的“内涵”，形成了传承至今的茶文化。

茶文化是中华优秀传统文化的组成部分，其内容十分丰富，不仅仅包含茶文化中的饮茶的历史、发展和传播，茶俗、茶艺和茶道，茶文学和艺术，茶与宗教、哲学、美学、社会学，茶文献，茶史，茶学教育，茶具，茶馆，名茶等知识，更包含教育科技、文化艺术、医学保健、经济贸易与餐饮旅游等方面。

茶文化是以茶习俗为文化地基，以茶制度为文化框架，以茶美学为文化呈现，以茶知识为文化灵魂的人类历史进程中创造的茶之人文精神的全部形态。从以文化人来观察，茶文化具有“教育人民、服务社会、引领风尚”的育民功能。从以文化印象来观察，茶文化具有“人过留痕，文过留印，化则升华”的惠民功能。从以文化国来观察，茶文化具有“每个人全面而自由发展”的富民功能。茶以文兴，文以茶扬，茶文化与茶产业如车之双轮、鸟之双翼，唯有浸润和涵养了文化的茶产业，才会有蓬勃的生命力。

如果要给茶文化下个定义的话，那么可以简单概括为：茶文化就是人类在发展、生产、利用茶的过程中以茶为载体表达人与自然以及人与人之间理念、信仰、思想情感的各种文化形成的总称，是以茶叶为主体，包含与茶相关的人文和社会科学的一门科学，是人文与社会科学的有机结合。

【茶情物语】

“三叩首”的典故

相传，乾隆在位时，很喜欢到江南一带微服私访。有一次，他与随从在附近的一家茶馆歇脚，茶馆伙计先端上茶碗，随后退到离桌几步远处，拿起大铜壶朝茶碗中斟茶，只见茶水犹如一条白龙自空而降，不偏不倚倒进碗里，并且一丝没有溅洒出来。乾隆好奇，忍不住走上前，从伙计手中拿过大铜壶，站在几步开外，学着伙计的样子向其余的茶碗里倒茶。随从见皇上为自己倒茶，吓得想跪下叩恩，可又怕暴露了皇上的身份，急中生智，便屈起手指，在桌子上叩击三下，以手来代替叩头。

事后，乾隆不解地问随从：“你为何用手指叩击桌子？”随从答道：“皇上给奴才倒茶，万不敢当，又怕暴露皇上身份，便以手指叩击桌子，代表叩头致谢也。”乾隆听后，不禁哈哈一笑。此后，这“以手代叩”的动作便流传至今。

（资料来源：知乎，2022-12-29）

二、茶文化的形成与发展

（一）汉魏六朝——中华茶文化的酝酿

茶是因作为饮料而驰名的，茶文化实质上是饮茶文化，是围绕饮茶活动所形成的文化现象。茶文化的产生是在茶被用作饮品之后，两晋南北朝是中华茶文化的酝酿时期。汉魏六朝与晋宋时期的《搜神记》《异苑》等志怪小说集中便有一些关于茶的故事。孙楚的《出歌》是早期的涉茶诗。西晋杜育的《荈赋》是文学史上第一篇以茶为题材的散文，才辞丰美，对后世的茶文学创作颇有影响。

两晋南北朝时期涌现了非常多关于茶文化的名家著作，例如《荈赋》等名篇，中华茶文化亦于西晋时萌芽。这一切说明，两晋南北朝时期是中华茶文化的酝酿时期。

（二）唐代——中华茶文化的第一个高峰

大唐是文学繁荣时期，同时也是饮茶习俗普及和流行的时期，茶与文学结缘，出现了茶文学的兴盛。唐代茶文学的成就主要在诗，其次是散文。唐代第一流的诗人都写有茶诗，许多诗脍炙人口。如李白、杜甫、钱起、白居易等，无不著有茶诗。尤其是卢仝《走笔谢孟谏议寄新茶》更是千古绝唱，为古今茶诗第一。

“自从陆羽生人间，人间相事学春茶。”陆羽《茶经》的问世，奠定了中国古典茶学的基本构架，创建了一个较为完整的茶学体系，标志着唐代茶文化的形成。《茶经》概括了茶的自然和人文科学双重内容，探讨了饮茶艺术，把儒、道、佛三教融入饮茶中，首创中国茶道精神。它是茶叶百科全书，是茶学、茶艺、茶道的完美结合。

此外，唐代尚有茶事绘画、书法，茶馆也在中唐产生，茶具独立发展，越窑、邢窑南北辉映。唐代文化发达，宗教兴盛，使得茶文化在唐代成立，并在中晚唐形成了中华茶文化的第一个高峰。

（三）宋代——中华茶文化的第二个高峰

茶文化兴于唐而盛于宋。茶诗方面，梅尧臣、范仲淹、欧阳修、苏轼等佳作频出。陆游就有茶诗三百篇。茶文方面，梅尧臣《南有嘉茗赋》、吴淑《茶赋》更是写茶的奇文。茶词是宋人的独创，苏轼、黄庭坚、秦观均有传世名篇。宋代书法四大家苏轼、黄庭坚、米芾、蔡襄均有茶事书法传世。

赵佶《文会图》、刘松年《撵茶图》、辽墓茶道壁画则反映了点茶道的风行。点茶道形成于五代宋初，流行于两宋时期，鼎盛于北宋徽宗时期。宋太祖赵匡胤嗜茶，在宫廷中设立茶事机关，宫廷用茶已分等级。茶仪已成礼制，赐茶已成皇帝笼络大臣、眷怀亲族的重要手段，还赐给国外使节。至于下层社会，茶文化更是生机勃勃：有人迁徙，邻里要"献茶"；有客来，要敬"元宝茶"；订婚时要"下茶"；结婚时要"定茶"；同房时要"合茶"。民间斗茶风起，带来了采制烹点的一系列变化。宋徽宗以帝王的身份，撰著茶书，倡导茶道，有力地推动了点茶道的广泛流行。点茶道远传朝鲜和日本，是高丽茶礼和日本抹茶道的源头。

宋代都城汴梁、临安的茶馆盛极一时，建窑黑釉盏更是风行天下，并流传到日本。北宋中后期，形成了中华茶文化的第二个高峰。

（四）明代——中华茶文化的第三个高峰

明太祖朱元璋废团茶兴叶茶，促进了散茶的普及。明朝初期，延续着宋元以来的点茶道。直到明朝中叶，饮茶改为散茶，直接用沸水冲泡，泡茶道在明朝中期形成并流行，一直流传至今。现存明代茶书有 35 种之多，占了现存中国古典茶书一半以上。其中有朱权《茶谱》、顾元庆《茶谱》、吴旦《茶经水辨》等。其中，嘉靖以前的茶书只有朱权《茶谱》1 种，嘉靖时期的茶书 5 种，隆庆时期有 1 种，万历时期有 22 种，天启、崇祯时期有 6 种，仅万历年间茶书就超过明代茶书的一半以上。明代的茶事诗词虽不及唐宋，但在散文、小说方面有所发展，如张岱的《闵老子茶》《兰雪茶》及《金瓶梅》对茶事的描写。茶事书画也超过唐宋，代表性的有沈周、文徵明、唐寅、丁云鹏、陈洪绶的茶画，以及徐渭的《煎茶七类》书法等。

晚明时期，形成了中华茶文化的第三个高峰。

（五）当代——中华茶文化第四个高峰的开始

现代，传统的茶诗、茶词的创作仍在继续，茶事散文极其繁荣，20 世纪的文学家大都撰有茶文，其数量是以往历代总和的数倍乃至数十倍。鲁迅、周作人、梁实秋、林语堂等均著有优秀茶文，个人出版茶事散文专集的有林清玄《莲花香片》、王琼《白云流霞》等。茶事小说更是异军突起，王旭烽的茶人三部曲——《南方有嘉木》《不夜之侯》《筑草为城》，荣获中国小说最高奖——茅盾文学奖。

艺术方面，有吴昌硕、齐白石、丰子恺等人的茶事绘画，赵朴初、启功的茶事书法。老舍的《茶馆》常演不衰，茶歌、茶舞、茶乐是许多文艺晚会的保留节目。《请茶歌》《采茶舞曲》等广为流传，家喻户晓。

中国有 55 个少数民族，由于所处地理环境、历史文化及生活风俗的不同，形成了不同的饮茶风俗，如藏族的酥油茶、维吾尔族的香茶、回族的刮碗子茶、蒙古族的咸奶茶、侗族和瑶族的打油茶、土家族的擂茶、白族的三道茶、哈萨克族的奶茶、苗族的八宝油茶汤、基诺族的凉拌茶、傣族的竹筒香茶、拉祜族的烤茶、哈尼族的土锅茶、布朗族的青竹茶等。这是中国当代茶文化发展的基石与不竭动力。

【思考讨论】

你知道白族的三道茶是哪三道？寓意着什么人生哲理？

白族三道茶也称“三般茶”，是云南白族招待贵宾时的一种饮茶方式。驰名中外的白族三道茶，以其独特的“头苦、二甜、三回味”的茶道早在明代就已经成为白族待客交友的一种礼仪。第一道是苦茶，即雷响茶，把绿茶放在陶罐里，用文火慢慢地烘烤，并不断地翻抖，待茶叶发出浓香时，即冲入开水，便会发出悦耳的响声。这道茶较苦，饮后可提神醒脑，浑身畅快。第二道为甜茶，以红糖、乳扇为主料。乳扇是白族的特色食品，是一种乳制品。其做法是：将乳扇烤干捣碎加入红糖，再加核桃仁薄片、芝麻、爆米花等配料，注入茶水冲泡而成。此茶味道甘甜醇香，有滋补的功效。第三道茶是用生姜、花椒、肉桂粉、松果粉加上蜂蜜，再用茶水冲泡而成，味麻且辣，口感强烈，令人回味无穷。白族人民用“麻”“辣”表示“亲密”，因此白族三道茶有着欢迎亲密朋友的意思，是白族同胞接待贵客的礼仪。

1.3 走进中华茶艺

一、茶艺的概念

我国古代将“柴、米、油、盐、酱、醋、茶”并称为“开门七件事”，可见茶在人们生活中的重要性，不仅文人墨客喜欢饮茶、赏茶，以茶会友，以品茶为乐，就连普通的百姓也是日日离不开茶。中国人在长达几千年的种茶、制茶、饮茶的历史中，积累了丰富的经验和方法，还形成了一定的饮茶程式，并历代沿袭，即为茶艺。

通俗地讲，茶艺就是泡茶的技艺和品茶的艺术，是人们在泡茶、喝茶的过程中，经过长期的实践总结出来的。在茶艺中，泡茶的技艺是基础，只有泡好茶之后，人们才能开始品茶活动。

二、茶艺的内容

茶艺是包括茶叶的品评和艺术操作手段的鉴赏以及品茗美好环境的领略等整个品茶过程，其过程体现形式和精神的统一。茶艺主要包括以下内容：

第一，茶艺的基本知识。学习茶艺，首先要了解和掌握茶叶的分类、主要名茶的品质特点、制作工艺，以及茶叶的鉴别、贮藏、选购等内容。这是学习茶艺的基础。

第二，茶艺的技术。这是指茶艺的技巧和工艺，包括茶艺表演的程序、动作要领、讲解的内容，茶叶色、香、味、形的欣赏，茶具的欣赏与收藏等内容。这是茶艺的核心部分。

第三，茶艺的礼仪。这是指服务过程中的礼貌和礼节，包括服务过程中的仪容仪表、迎来送往、彼此沟通的要求与技巧等内容。

第四，茶艺的规范。茶艺要真正体现出茶人之间平等互敬的精神，因此对宾客都有规范的要求。作为客人，要以茶人的精神与品质去要求自己，投入地去品尝茶。作为主人，也要符合待客之道，尤其是茶艺馆，其服务规范是决定服务质量和服务水平的一个重要因素。

【茶情物语】

七分茶、八分酒

故事要从王安石的一首诗说起。苏轼有一次去拜访王安石，正巧遇王安石午睡，便在书房等候，忽然看到砚台下有一方素笺，素笺上的诗句只写了两句“西风昨夜过园林，吹落黄花满地金”。苏轼一看，这是一首咏菊诗，在苏轼看来，西风盛行于秋，而菊花在深秋盛开，花期长，最是耐久，任凭风吹雨淋也不会凋落，提笔续道“秋花不比春花落，说与诗人仔细吟”。没承想，第二天，一纸诏令，苏轼便以团练副使的身份被贬去黄州，临走之时，王安石托苏轼于回京之时取三峡之中峡水用以泡茶。

到黄州的第一年秋天，连日大风，风停之后，苏轼来到后园赏菊，只见满地铺金，菊花花瓣落了一地，他突然想起给王安石续诗的事，不禁目瞪口呆，恍然悔悟。苏轼心中含愧，想找个机会向王安石赔罪，三年后考绩回京，特意到三峡取水，不想因连日舟车劳顿，途经中峡时竟然睡着了，醒来时已到下峡，忙让船夫回头。船夫说：“三峡水流湍急，回头谈何容易，长江三峡，一水相连，下峡水不也是中峡流下来的吗？”苏轼听后，便取一坛下峡水带回京去。

苏轼回京后，带着三峡水去拜访王安石。王安石问他是否带来中峡水，苏轼说带来了，王安石很是高兴，留下他一起试新茶，取出皇上新赐的蒙顶茶，用三峡水烹之，茶色半晌方见。

茶泡好后，王安石给苏轼和自己各斟一杯茶，只有七分，苏轼心想，此老如此吝惜，一杯茶也不肯倒满。王安石问此水何处取来？苏轼说是中峡之水，王安石笑道：“又来欺瞒我了，这明明是下峡之水，怎能冒充中峡的呢。”苏轼大惊，忙说：“误听当地人言，三峡相连，江水是一样的，不知您是如何辨别出来的。”

王安石语重心长说道，读书人不可道听途说，定要细心察理，我若不是到过黄州，亲眼见过菊花落瓣，怎敢在诗中乱写？三峡水性之说，出自郦道元《水经注》中的《水经补注》，其中这样描述，上峡水太急，下峡水太缓，只有中峡水缓急相半，如果用三峡水烹茶，则上峡味浓，下峡味淡，中峡浓淡相宜，刚刚煮茶时茶色半天才现，所以断定这是下峡水。王安石又说道：“你见老夫斟茶只有七分，心中一定编排老夫的不是。”苏轼被说中心事，忙说不敢。王安石接着道：“这三峡之水来之不易，你已知晓，这蒙顶茶进贡，一年正贡 365 叶，皇上钦赐，也只有论钱而已，斟茶七分，表示茶叶的珍贵，也是对送礼之人的尊敬，倘若斟满杯，让你驴饮，你可懂珍惜？好酒稍为宽裕，也就八分吧。”从此，这“七分茶、八分酒”的俗语便在民间流传开来。

（资料来源：知乎，2022-12-29）

三、茶艺的美学体现

茶艺是中华民族传统文化的载体。它“道心文趣兼备”，集科学性、艺术性、文学性和实用性于一身，具有四大特点：从内涵上看文质并重，尤重意境；从形式上看百花齐放，不拘一格；从审美上看道法自然，崇静尚俭；从目的上看追求怡真，注重实用。

茶艺是门生活艺术，构成这门艺术的六要素是人、茶、水、器、境、艺，要实现茶艺美，就必须做到六美荟萃，相得益彰。

（一）人之美

人是万物之灵，人之美是自然美的最高形态，从茶艺美学的角度出发，茶人之美（图1-1）体现在仪表美、语言美、风度美。

茶艺审美从一开始就特别注重表演者的仪表美，因它给人的印象最为直观。仪表美是形体美、服饰美与发型美的综合表现；茶艺语音美要求语言准确，用语得当，发音清晰，音色柔和悦耳，节奏感强，流畅自然，感情饱满，诚恳真挚，彬彬有礼，使听者消除生疏，感觉亲切舒适；风度是一个人气质、情趣、素养的综合外在表现，是社交活动中的无声语言，风度美包括仪态美和神韵美。

图1-1　茶人之美

（二）茶之美

面对同样的茶，茶商用功利的眼光看茶，审评师用挑剔的眼光看茶，而茶艺师是用艺术的眼光，带着感情色彩和想象力去全面鉴赏茶的名之美、形之美、色之美、香之美和味之美。

好的茶能引发人美好的联想，赏析茶之美（图1-2），实际上是鉴赏中国传统文化之美，感知古人的艺术底蕴和素养。绿茶、红茶、乌龙茶（青茶）、黄茶、白茶和黑茶六大茶类，因原料、加工工艺和做形的不同，形成了不同花色、品种各异的外形；茶色之美包括干茶、叶底以及茶汤的色泽三个方面，在茶艺中主要是鉴赏茶的汤色之美；香气是茶叶的灵魂，也是茶的媚人之处，茶香或直白浓烈，或含蓄悠长，变幻莫测，正是这种神秘的美感，摄人心魄；古人品茶最重茶的“味外之味”，不同的社会地位，不同的文化底蕴，不同的环境和心情，可从茶中品出不同的“味”。修习茶艺，体悟茶道，努力透过茶之味体会人生的真味。

图1-2　茶之美

（三）水之美

“水是茶之体，茶是水之魂”，茶水交融才有灵性，水之美是茶艺的一大要素。水之美要求水质要清，水清则无杂、无色、透明，最能显出茶的本色；水体要轻，明代屠本畯《茗芨》中说“各种水欲辨美恶，以一器更酌而称之，轻者为上”；水味要甘，田艺蘅在《煮泉小品》中说“甘，美也；香，芬也”，水甘，则更增茶之美味；水温要冽，明人认为“泉不难于清，而难于寒”，“冽则茶味独全”；水源要活，活水中氧气和二氧化碳等气体的溶解量较高，泡出的茶汤更鲜活可口。

（四）器之美

茶器是茶艺形式美重要的组成部分，器之美（图1-3）则需要很好地择器与布席。选择茶具是茶艺的基本功之一，在选择茶具时应因茶制宜、因人制宜、因艺制宜、因地制宜，发挥创造性，进行合理搭配。布席指在选定了茶具之后，结合花艺、香艺、挂画或点缀以奇石古玩，把茶席布置和环境布置相协调，力求做到主题鲜明、美观实用并具有文化内涵。

（五）境之美

“境”作为中国美学范畴，历来受到文学家和艺术家的高度重视。品茶是一种诗意的生活艺术，尤重意境。如茶艺过程中常用音乐来营造氛围，特别是我国古典名曲，重格调、重感悟，能促进人对自然精神的重新认识，以及对人文精神的再创造。音乐能把自然美渗透进人的灵魂，引发心中潜藏的美的共鸣，为品茶创造一个如沐春风的美好意境。另外，在茶席设计上还会借助一些名家字画、金石古玩、花木盆景等，最能起到画龙点睛的作用，增加情趣与格调，使意境得以升华。

图 1-3　茶器之美

(六) 艺之美

艺之美，主要指茶艺程序编排有内涵，茶艺表演中动作有神韵。有内涵一般指合乎茶道精神，有文化品位。通俗地说就是看整套茶艺是否符合茶道所倡导的“精行俭德”的人文追求及“和静怡真”的基本理念。各个程序的名称和解说词是否具有较高的文学水平，是否具有思想性、韵味和文化内涵。茶艺更贴近生活而别于一般的舞台艺术，动作不强调难度而强调典雅别致，形式美与生活实用性并重，在茶艺表演中讲究“气韵生动”，追求“静”和“圆”，整套动作一气贯之，绵绵不绝，使人感受到生命力的充实与弥漫。只有身心俱静，凝神专注于学习茶艺，才能深入细致地去体察自己的内心感受，才能达到体态庄重，动作舒展自如，轻重缓急自然有序，使平凡的泡茶过程出意境，见韵味。

四、茶艺的社会功能

中国茶艺的功能是多方面的，概括起来有以下四点。

(一) 宣传普及茶文化

茶艺是茶文化的重要组成部分，是深受群众喜爱的生活艺术，具有非常广泛的群众基础。在我国五千年的饮茶实践中，茶已融入日常生活的方方面面，自古有“柴米油盐酱醋茶”和“琴棋书画诗曲茶”之说。改革开放以后，茶文化全面复兴，各地饮茶的习俗被升华为茶艺，成为传承传统文化的重要手段之一。近年来，茶艺与影视、网络、书刊等现代传媒相结合，以现代茶馆为载体，提升民众的综合素质，在宣传普及茶文化方面起到了越来越大的作用，特别是舞台表演型茶艺，在吸引传媒聚焦茶文化、吸引社会各界关注茶文化方面都起到了积极的作用。

(二) 彰显茶叶品质，促进茶叶销售

茶叶商品和所有的商品一样，它的整体内涵包含品质保障和品牌魅力两大部分。茶叶商品的品质保障是商品的核心，茶叶商品的品质评价指标包括卫生品质指标(农药残留、重金属元素、有害微生物含量等)和风味品质指标(色、香、味、形等)，提升茶叶产品的品质主要依靠科技创新。茶叶商品的品牌魅力因素包括品牌的知名度、美誉度、忠诚度、文化内涵、服务以及商品包装设计等。茶的色、香、味、形可以通过冲泡技艺来展示，茶的品牌魅力可以通过茶艺表演与讲解来展示。因此，茶艺的一项重要功能就是充分展示茶叶商品的品质保障因素和品牌魅力因素，提升茶叶品牌营销竞争力。

(三) 友谊的纽带,社交的桥梁

茶艺有良好的社交功能。早在唐代,颜真卿与陆士修、张荐、李崿、崔万以及僧昼等人在月夜相会,他们以茶助兴,以诗会友,月夜啜茶联句,留下了文人以茶会友的千古美谈。自唐代以后,以茶会友蔚然成风。在现代,茶艺馆已成为人们交朋结友、聚会聊天的理想场所,以茶会友成了人们相互沟通、加深了解、增进友谊的重要方式。

(四) 修身养性,延年益寿

修身养性、延年益寿是茶艺高级阶段的功能。茶艺是一门综合性很强的生活艺术,它重在发现美、展示美、享受美、感悟美,而美的境界是人类摆脱了世俗功利之心的最高境界。人们正是通过修习茶艺去追求真、善、美,通过修习茶艺使自己从社会强加的工具理性中解放出来。茶艺能激发人的情感和想象力,让人学会以美学的精神看待日常生活,改变其平庸、刻板、枯燥、乏味的状态,从而构建诗意的生活方式。人们在茶艺实践中不断以茶养身,以道养心,通过修身养性,最终达到愉悦心灵、澡雪心性、彻悟人生、延年益寿的目的。

【讨论思考】

生活中我们应该如何宣传及普及茶文化?

积极宣传、大力倡导茶为国饮,传承茶精神,弘扬茶文化。茶是全球公认的最大众化、最受欢迎、最有益于身心健康的一种天然、营养、保健饮料。加之茶产于中国,茶文化绚丽灿烂博大精深。我们应该积极宣传喝茶的好处和中国的茶文化,充分利用报纸、广播、电视、网络等媒体宣传茶文化;通过文化宫、文化馆、文化专题演出、文化下乡等文化宣传阵地加强茶文化推广;还可举办茶文化知识专场讲座等。

五、茶艺的表现形式

以茶艺表现形式和主要功能分类,茶艺可分为表演型茶艺、待客型茶艺、营销型茶艺、养生型茶艺四大类。

(一) 表演型茶艺

表演型茶艺是由一个或几个茶艺师在舞台上演示泡茶技巧,众多的人在台下欣赏。从严格意义上说,因为在台下的观众并没真正参与到茶事活动中去,他们中只有少数几位嘉宾或许有机会品到茶,其余的人都是无法鉴赏到茶的色香韵味的,所以表演型茶艺称不上是完整的茶艺。但是,这种茶艺适用于大型聚会、节庆活动、影视网络宣传,并且可以借助一切舞美手段来提升茶艺的观赏价值,在普及茶文化、推广泡茶技艺等方面,具有独特的优势。

表演型茶艺重在观赏价值,源于生活并高于生活。它要求茶艺师要像演员一样进入角色,动作和表情应根据茶艺内容的需要适度夸张,服装可适当亮丽,妆容可适当浓艳,灯光和布景应根据表演需要进行设计。

(二) 待客型茶艺

待客型茶艺是由一名主泡茶艺师与客人围桌而坐,一同赏茶、鉴水、闻香、品茗。在场的每一个人都是茶事活动的直接参与者而非旁观者,每一个人都参加了茶艺美的体验,都能领略到茶的色香味韵,自由地交流情感,探讨茶道精神和人生奥义。

待客型茶艺不仅是现代茶艺馆中最常用的茶艺，且适用于政府机关、企事业单位以及普通家庭。修习这类茶艺时，切忌过分表演，讲话、动作不可矫揉造作，服饰、化妆不宜过分浓艳，表情最忌夸张，要像主人接待亲朋好友一样亲切自然。这类茶艺一般要求茶艺师边泡茶边讲解，客人也可以随意发问、插话，茶艺师要有较强的沟通能力，以及随机应变答疑解惑的能力，因此必须具备比较丰富的相关知识。

（三）营销型茶艺

营销型茶艺是通过茶艺表演来促销茶叶和茶具等相关产品，是最受茶庄、茶厂、茶艺馆欢迎的一种茶艺。选择冲泡器皿时，以能够方便、直观地向客人展示并讲解茶的特性为宜，在泡茶过程中，茶艺师一般不需用整套格式化的程序泡茶讲茶，而应注重充分地展示茶叶的内质，巧妙地表现茶的魅力，激发客人的购买欲望，最终达到销售茶品的目的。营销型茶艺要求茶艺师自信、诚恳，具备丰富的专业知识和营销技巧。

（四）养生型茶艺

养生型茶艺包括传统养生型茶艺和现代养生型茶艺。传统养生型茶艺是指在深刻理解中国茶道的基础上，结合中国传统养生的基本功法，如调息、打坐、入定等，使人们在修习茶艺时，以茶养身、以道养心，达到修身养性、延年益寿的目的；而现代养生型茶艺则指根据不同花草、香料、辅料的性味特点，艺术性地调配保健茶，解放自我，愉悦内心，达到养生保健的目的。随着人们对茶艺保健理解的深入，这类茶艺正受到越来越多茶人的欢迎。

【任务小结】

1. 中国是茶的故乡，也是世界上最早发现茶并利用茶的国家。

2. 茶文化是人类在发展、生产、利用茶的过程中以茶为载体表达人与自然以及人与人之间理念、信仰、思想情感的各种文化形式的总称，是以茶叶为主体，包含与茶相关的人文和社会科学的一门科学，是人文与社会科学的有机结合。

3. 茶艺是门生活艺术，人、茶、水、器、境、艺构成了茶艺六要素，要实现茶艺美，就要做到六美荟萃，相得益彰。

【参考资料】

1.《中国茶经》　上海文化出版社　陈宗懋、杨亚军主编

2.《茶学概论》　中国农业出版社　叶乃兴主编

3.《读懂中国茶》　中国轻工业出版社　张星海主编

4.《茶文化概论与茶艺实训》　北京交通大学出版社　贾红文主编

5.《茶道:从喝茶到懂茶》　江苏科学技术出版社　王建荣主编

6.《茶学入门》　浙江大学出版社　屠幼英、乔德京主编

7.《茶艺基础》　航空工业出版社　杨颖、汤金艳、彭德林主编

8.《中国茶文化学》　中国农业出版社　陈文华主编

9.《中华茶文化》　中国轻工业出版社　张凌云主编

【任务检测】

一、单选题

1.《大观茶论》的作者是谁？（　　）

A. 赵佶　　B. 李白　　C. 神农氏　　D. 陆羽

2. 最早关于茶的记载是出自（　　）。

A.《茶经》　　B.《神农本草经》

C.《大观茶论》　　D.《茶之源》

3. 西南茶区地形复杂，大部分地区为盆地、高原，以下属于西南茶区的地区有（　　）。

A. 云南、四川、贵州　　B. 广西、杭州、云南

C. 四川、广西、云南　　D. 贵州、四川、杭州

4.“茶之为饮，发乎神农氏，闻于鲁周公”出自哪部茶学专著？（　　）

A.《大观茶论》　　B.《茶经》

C.《茶录》　　D.《茶述》

5.《神农百草》中记载了神农尝百草中毒，吃了一种植物得以解毒，这种植物是（　　）。

A. 北沙参　　B. 莲子　　C. 茶叶　　D. 金银花

6. 茶字是由哪个汉字演变出来的呢？（　　）

A. 荼　　B. 槚　　C. 茗　　D. 茶

7. 广义茶文化的含义是（　　）。

A. 茶叶的物质与精神财富的总和　　B. 茶叶的物质及经济价值关系

C. 茶叶艺术　　D. 茶叶经销

8.（　　）是中国茶业的源兴之地。

A. 云南　　B. 贵州　　C. 巴蜀　　D. 广西

9. 世界上最先发现、利用和饮用茶的国家是哪个国家？（　　）

A. 中国　　B. 日本　　C. 英国　　D. 印度

10. 以茶艺表现形式和主要功能分类，茶艺可分为表演型茶艺、（　　）、营销型茶艺、养生型茶艺四大类。

A. 节日型茶艺　　B. 待客型茶艺　　C. 日常型茶艺　　D. 沟通型茶艺

二、判断题

（　　）1. 印度是世界上最早发现、利用人工栽培茶树的国家。

（　　）2. 茶文化是在茶“被应用过程中”或在“品饮活动中”“作为饮料在被使用过程中”所产生和形成的文化。

（　　）3. 茶艺是我国历史悠久的传统艺术，同时也是中华民族优秀传统文化的载体。

三、简答题

1. 茶树的原产地起源于中国的依据是什么？

2. 中国茶文化起源于何时？

3. 茶艺的表现形式和表现内容包括哪些？

任务二

探究古今饮茶方式

【学习目标】

知识目标：了解古今茶艺的萌芽、形成和发展时期；
熟悉古今茶事，饮茶历史演变；
了解中国当代茶艺现状。

素质目标：引导学生具备客观对待历史的人格素养，具备一定的茶礼素养；
使学生具备一定的语言表达能力及分析问题、解决问题的能力。

能力目标：能够区分不同时期茶文化历史和饮茶方式；
能够针对丰富的茶典故开展案例分析。

【任务导图】

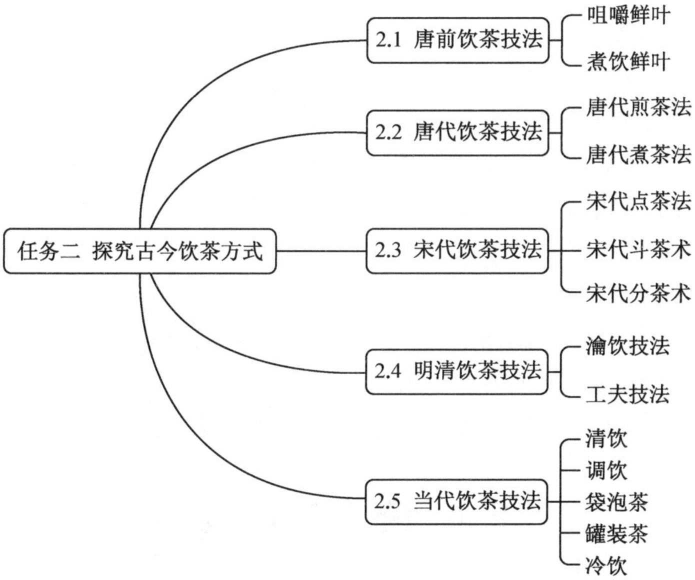

中国有着数千年古老而悠远的文明发展史，这为茶文化的形成和发展提供了极为丰富的底蕴。中国茶文化在其漫长的孕育与成长过程中，不断地融入了民族的优秀传统文化精髓，并在民族文化巨大而深远的背景下逐步走向成熟。中国茶文化以其独特的审美情趣和鲜明的个性风采，成为中华民族灿烂文明的一个重要组成部分。

【案例导入】

陆羽煎茶

唐宋时期茶风极盛，皇亲国戚、达官显贵、文人雅士、僧道等均以尚茶为荣，对品茶十分讲究，因而出现了一大批品饮的行家里手。

据说，唐时竟陵积公和尚，善于品茶，他不但能辨别所喝是什么茶，沏茶用的是何处水，而且还能判断谁是煮茶人。这种品茶本领，一传十，十传百，人们把积公和尚看成"茶仙"下凡。这消息也传到了代宗皇帝耳中。代宗本人嗜好饮茶，也是个品茶行家，所以宫中录用了一些善于品茶的人供职。代宗听到这个传闻后，半信半疑，就下旨召来了积公和尚，决定当面试茶。

积公和尚到达宫中，皇帝即命宫中煎茶能手，沏一碗上等好茶，赐予积公品尝。积公谢恩后接茶在手，轻轻喝了一口，就放下茶碗，再也没喝第二口茶。皇上因问何故，积公起身摸摸长须笑答："我所饮之茶，都是弟子陆羽亲手所煎。饮惯他煎的茶，再饮旁人煎的，就感到淡薄如水了。"皇帝听罢，问陆羽现在何处。积公答道："陆羽酷爱自然，遍游海内名山大川，品评天下名茶美泉，现在何处贫僧也难准测。"

于是朝中百官连忙派人四处寻访陆羽，不几天终于在浙江吴兴苕溪的杼山上找到了，立即把他召进宫去。皇帝见陆羽虽然说话结巴，其貌不扬，但出言不凡，知识渊博，已有几分欢喜，于是说明缘由，命他煎茶献师。陆羽欣然同意，就取出自己清明前采制的茶饼，用泉水烹煎后，先献给皇上。皇帝接过茶碗，轻轻揭开碗盖，一阵清香迎面扑来，精神为之一爽，再看碗中茶叶淡绿清澈，品尝之下香醇回甜，连连点头称赞好茶。接着就让陆羽再煎一碗，由宫女送给在御书房的积公和尚品尝。积公端起茶来，喝了一口，连叫好茶，接着一饮而尽。积公放下茶碗，兴冲冲地走出书房，大声喊道："鸿渐(陆羽的字)何在?"皇帝见状惊问："积公怎么知道陆羽来了?"积公哈哈大笑道："我刚才饮的茶，只有渐儿才能煎得出来，喝了这茶，当然就知道是渐儿来了。"代宗十分佩服积公和尚的品茶之功和陆羽的茶技之精，就留陆羽在宫中供职，培养宫中茶师，但陆羽不羡荣华富贵，不久又回到苕溪，专心撰写《茶经》去了。

案例点评：陆羽对唐宋饮茶技法起到非常重要的引领和传承作用。不仅仅是唐代煎茶，宋、明、清及现代饮茶技法都受到陆羽所著《茶经》的影响。陆羽潜心研学茶艺，不慕虚荣的精神风貌也契合着中国茶道的天人合一的风骨。

（资料来源：陈宗懋、杨亚军《中国茶经》，上海文化出版社，2011）

2.1　唐前饮茶技法

唐前古人对茶的利用方式，大致是由菜食发展为药用。古人在神农时期发现了茶，但其主要是作为食物利用，而非作为药物或饮料利用。但从秦汉到南北朝，人们对茶的药理作用有了较明确的认识，从这一时期有关古籍对茶的功用的描述可以看出，秦汉时期，人们的注意力多集中在茶的药用功能。

一、咀嚼鲜叶

茶之为饮，最早是从咀嚼茶树鲜叶开始的。这种生吃茶树鲜芽叶的现象，在现今云南的布朗族、佤族、德昂族等少数民族还保留着。其中有直接生吃的，也有加盐和辣椒吃的，还有腌制以后吃的，这是茶叶最直接最原始的利用方式。

在原始社会，人类在野外狩猎动物和寻找植物作为食品，茶很可能就是被当作植物性食物来源的一种而被人类发现和利用。传说中的神农时期是渔猎社会向农耕社会转变的时期，当时人们的生活极其艰难，采集经济仍占重要地位，原始人把能收集到的各种植物的根、茎、嫩叶和花果类都用来充饥。陆贾《新语・道基》记载："至于神农，以为行虫走兽难以养民，乃求可食之物，尝百草之实，察酸苦之味，教民食五谷。"这些古老的民间习俗折射出人类最初利用茶的方式。

二、煮饮鲜叶

随着人类懂得用火和熟食，对茶叶从最原始的生嚼逐渐发展为把采来的茶叶煮成羹汤来饮用。煮茶叶就像今天的煮菜汤。最早的文字记载于古籍《晏子春秋》。晏婴身为齐国的国相，生活节俭，平时吃的除了糙米饭外，经常食用的就是"茗菜"。这种"茗菜"，据考证，就是指没有晒干的鲜茶叶。

秦汉以后，随着饮茶的普及和文人更多的介入，茶在饮用形式上逐渐发生了变化。人们在茶汤中加入各种配料，以改善茶的口感。当时烹茶要添加葱、姜、橘子等作料，而且介绍了用茶的方式：先把茶饼用火烤到发红，然后捣成碎末，放在瓷质的容器中，加入开水冲泡。这种冲泡方式已经不同于汉代时普遍采用的"原始煎茶法"，已经很近似于宋代盛行的"点茶法"。

【讨论思考】

唐前还有哪些历史案例可以用来描述古人饮茶？

陆羽《茶经・七之事》引《艺术传》："敦煌人单道开，不畏寒暑，常服小石子，所服药有松、桂、蜜之气，所饮茶苏而已。"

单道开，姓孟，晋代人。好隐栖，其后曾修行辟谷（一种所谓修道成仙之方，传说学成后可不食一切谷类）。七年后，他逐渐达到冬能自暖，夏能自凉，昼夜不卧，日行七百余里。后移住河南临漳县昭德寺，设禅室坐禅，以饮茶驱睡，所饮"茶苏"，是一种用茶和紫苏调制的饮料。后入广东罗浮山，百余岁而卒。

2.2 唐代饮茶技法

唐代饮茶的程序和今日相比，算得上相当繁复和讲究。"茶"在人们日常生活中的重要性也甚于今日。把“茶”列为和生活中必不可少的“柴米油盐酱醋”同等重要的事也要追溯到唐代。在唐代后期，就有了“茶为食物，无异米盐”的说法。在唐中期以前，人们制作、保存、品饮的茶叶主要是饼茶，夹杂着其他食物、味料煮赏饮用。唐代，饮茶的方法主要是煎煮法，间或有冲点法、冲泡法，其中最为现在所熟知的方法便是唐代煎茶法与煮茶法。

一、唐代煎茶法

唐代饮茶方式主要为煎茶法，煎茶法包括列具、取火、用水、炙茶、碾磨、罗茶、煮水、投茶、投盐、育华、酌茶等过程。

列具：即茶具选择与准备的过程。

取火：陆羽对于煎茶煮水燃料的选择十分苛刻，燃料最好是用木炭，其次是硬柴，不可以用那些沾染了膻腻和含油脂较高的柴薪以及已经朽烂的木头。

炙茶：炙烤茶饼，一是因为当时成品茶含水量较高，烘烤茶叶使其干燥，利于碾末；二是为了进一步激发茶的香气，散发青草气。这与现代制茶干燥中分步干燥同理。

碾罗：茶饼烤好之后就趁热装入纸袋，隔纸袋敲碎。纸袋既可保香，又可以防止茶末飞溅。继而入碾碾成末，用罗合筛出细末，使碎末大小如米粒般为佳。

择水煮水：陆羽对于煮茶用水有“其水，用山水上，江水中，井水下”的评论，陆羽认为山上出于乳泉石池的流动缓慢的水为好，喝起来清爽，适合煮茶；而江水一般污染较大，只有少有人去的地方的江水较洁净；井水要取自使用频繁的井，水比较洁净、鲜活，适合煎茶。

投盐：当水初沸的时候，根据水量按比例加入盐。

备汤：二沸时，舀出一瓢水放在熟盂中。

旋汤：用竹夹旋激沸水中心使其形成漩涡。

投茶：量取适当茶末从漩涡中心投下。

调膏：将茶末置入烤热的茶盏中，向茶盏中注入少量沸水，用茶筅加以搅动，使盏中茶末呈有黏度和浓度的膏状。

点汤和击拂：点汤是继续往茶盏中注入一定比例的沸水，击拂是在点汤的同时用茶筅在茶盏中环回击拂，使之泛起汤花。

二、唐代煮茶法

唐代茶的饮法除煎茶法外，还有煮茶法。

唐代另一种饮茶法是唐以前就盛行的煮茶法，即把葱、姜、枣、橘皮、薄荷等物与茶放在一起充分煮沸，或者使汤更加沸腾以求汤骨，或者煮去茶沫。唐代是我国饮茶历史上的兴盛时期，饮茶到唐代中期已蔚然成风。陆羽写出《茶经》，创制二十四器，还将饮茶分为煮茶、鉴水、列具、烹煮、品饮等若干环节，每个环节都使人感受到饮茶过程置身于美的境界之中。这就把饮茶的方法程序化了，并辅以美学思想，从而形成优美的意境和韵律，将饮茶上升到了艺术的高度。所以，唐代饮茶开启了品茶艺术的先河，使饮茶成为人们精神生活的享受。

2.3　宋代饮茶技法

到了宋代，饮茶之风自上而下席卷大江南北，上到帝王将相，下至黎民百姓，饮茶已经成为人们日常生活起居中必不可少的一部分。宋人吴自牧在其编撰的《梦粱录》中曾这样记载宋代人民的日常生活：“人家每日不可阙者，柴、米、油、盐、酱、醋、茶。”宋人热爱饮茶，浸润已久，逐渐形成了以宋代点茶为首的多种饮茶技法。

一、宋代点茶法

宋代点茶在唐代煮茶的基础上，技艺又有了系列发展和进步。客观上讲，点茶法大大提升了茶的品饮艺术，是中国末茶茶艺最辉煌的时期。点茶法源于煎茶法，它是先将茶末置于茶碗中，然后冲入沸水。点茶源自建安民间斗茶时使用的冲点茶汤的方法，基本程序为：

1. 碾茶。先将茶饼“以净纸密裹槌碎”，再放入碾槽中用力快速碾成粉末。快速是保证茶色纯的关键，否则茶与铁碾槽接触时间太久茶色会受损。

2. 罗茶。碾好的茶末放入茶罗中细筛，极细的茶末才能在点茶时“入汤轻泛，粥面光凝尽茶色”。

3. 候汤。即掌握点茶用水的沸滚程度，它是点茶中比较难掌握的一步。蔡襄《茶录》中说：“候汤最难，未熟则沫浮，过熟则茶沉。前世谓之蟹眼者，过熟汤也。沉瓶中煮之不可辨，故曰候汤最难。”

4. 温盏。就是在调膏点茶之前，先用开水冲杯，茶杯预热，有助于激发茶香，点茶时能使茶沫上浮。

5. 点茶。把“一钱匕”的茶放入茶碗中，注入少量开水，调成极均匀的茶膏，然后一边注入开水一边用茶匙（宋徽宗之后多用茶筅）击拂，观察茶与水调和后的浓度轻重、汤色清浊程度。宋徽宗的《大观茶论》中认为，要注汤击拂七次才可。

【茶情物语】

嗜茶皇帝宋徽宗

宋徽宗（1082—1135 年）赵佶，是北宋的第八位皇帝。作为皇帝，宋徽宗在位期间生活奢靡，政治腐败，外交不力，民怨四起，以致埋下了靖康之变的祸根。但这位皇帝在书法、绘画等艺术领域的天分和造诣在中国艺术发展史上成就非凡。他独创了“瘦金体”书法，为后世留下了《芙蓉锦鸡图》《池塘秋晚图》等佳作。

宋徽宗除了是政治家、艺术家、生活美学家，更是一位嗜茶、倡茶、编茶书的皇帝。他还擅长斗茶和分茶之道，倡导普通百姓饮茶。宋代斗茶之风盛行，制茶工艺之精，贡茶品种之丰，与宋徽宗的爱茶、倡茶有直接关系。贵为皇帝，宋徽宗于大观元年（1107 年）编著《茶论》，即《大观茶论》，从茶树栽培、茶叶采制，到茶的烹试、评鉴都有论述，其中内容时至今日仍有借鉴和研究价值。

《大观茶论》以序为首，共 20 篇，详细记载了当时中国茶的产地、生长环境、茶树生长与气候的关系、采摘时间、采摘方法、蒸茶工序、制茶工序、茶饼质量鉴别等，是历史上绝无仅有的由当朝皇帝潜心研究并亲笔撰写的茶书。

《大观茶论》详细记录了北宋时期蒸青团茶的制作方法和流行盛况。其中“点茶”一篇，将短暂的点茶过程分为七步，详细描述和记录了击拂手法和茶汤的颜色泡沫等特征，盛行于当时宫廷官邸、达官贵人、文人雅士间的饮茶斗茶之风、之景、之况跃然纸上，准确细腻地表达了由茶所带来的“中澹闲洁，韵高致静”的情操感觉和状态。

被人们誉为“天下第一茶”且被不少今人推崇热爱的白茶虽最早被记于唐代的《茶经》，但其实难以断定彼时记载的那个白茶就是今天人们所推崇的这个白茶。

对白茶明确的记载见于宋徽宗的《大观茶论》：“白茶，自为一种，与常茶不同。”书中有“无与伦也”“白茶第一”等溢美之词。这里说的白茶产自宋代皇家茶山——北苑御焙茶山，位于今天的福建省建瓯市。制作工艺亦不同于今天的萎凋，而是先蒸后压，制成北宋最为典型的团茶，即代表了历代团茶最高工艺的传世名茶“龙凤团茶”。

斗茶又称茗战、茶战、斗茗，是一种始于五代，盛于宋元，尤其流行于宋代的茶艺游戏。斗茶活动起源于贡茶的选送，考察胜负的标准主要有两点：汤色和汤花。宋徽宗的《大观茶论》对汤色的记载为：“以纯白为上真，青白为次，灰白次之，黄白又次之。”总之茶水越白，汤色越清亮越好。汤花则以色白、形美、咬盏久而不散为上。斗茶时还要行茶令。宋代斗茶之风盛行，上至皇帝，下至士大夫，无不好此。

（资料来源：程国平、吴汾《中国茶：一片树叶的传奇》，2021）

二、宋代斗茶术

宋代点茶的兴盛催生了一种流行的竞技游戏——斗茶。所谓斗茶，又称茗战、点试，实际上就是点茶比赛，此法源于唐、盛于宋、终于元明。斗茶是以竞赛的形式品评茶叶品质及冲点、品饮技术高低的一种风俗，具有技巧性强、趣味性浓的特点。宋代斗茶对于用料、器具、烹法及优劣评定都有严格的要求，其中“点汤”与“击拂”的好坏是评价斗茶技巧高低优劣的主要指标，宋代斗茶选用的茶以建茶（福建建安所产）中的白茶为最佳，一般是加工精细的饼茶。茶饼要紧密、干燥、纯净，然后经碾茶、过罗，置于盏中，加注沸水，用茶筅搅动等程序，直到茶汤表面浮起一层白色茶沫为止。斗茶的内容包括斗形、斗香、斗味、斗色四方面。其中形、香、味都可按直观的感受做出判断。唯有斗色要以白色茶沫为佳，而且茶沫存留以长久不散为好。斗茶决定胜负的因素有二：一是汤色，二是汤花。汤色是制茶技艺的反映，如果色纯白，表明茶质鲜嫩，制作精良；如果色偏青，则表明蒸时火候不足；色泛灰则蒸时过了火候；色泛黄则茶叶采制不及时；色泛红则烘焙时火候太过。汤花是指汤面泛起的泡沫。汤花的色泽和汤色的要求是一致的。汤花泛起后，如果茶末研碾细腻，点汤、搅动都恰到好处，汤花匀细，就可紧咬盏沿，而且久聚不散，这种效果叫作咬盏。最后斗茶者还要品评茶汤，茶汤要做到味、香、色三者俱佳，才能算是最后成功。

然而，宋代茶艺对于汤花的过分追求，客观上弱化了茶的饮用功能，甚而使宋代点茶艺术偏向于游戏与娱乐情趣而缺乏对精神的追求，显得奢华而空洞。

三、宋代分茶术

与斗茶同时，宋代还流行一种泡茶游戏——分茶。分茶又称茶百戏，始于宋初，帝王与庶民都玩。宋代陶谷的《清异录》里记载了分茶的特点："茶自唐始盛，近世有下汤运匕，别施妙诀，使茶纹水脉成物象者，禽兽虫鱼花草之属，纤巧如画，但须臾即就散灭。此茶之变也，时人谓之茶百戏。"

分茶作为一种游戏，有很强的技巧性。玩时将茶末放入茶盏，注入沸水，用茶筅击拂茶汤，使茶乳变幻成图形或字迹。茶汤在泛出汤花时，汤花转瞬间就消失殆尽，要使汤花在极短的时间内显现出奇幻莫测的物象，需要高超的技艺。还有一种方法更是技高一筹：此法只需单手提壶，将沸水由上而下注入放好茶末的茶盏之中，茶面立即显现出奇丽的图形或文字。

分茶法今已失传，我们只能从古代文献记载当中去感受这种高超的技趣。宋代著名诗人、"南宋四大家之一"的杨万里，曾有七言古诗《澹庵坐上观显上人分茶》，写出了"分茶"的精巧与情趣："分茶何似煎茶好，煎茶不似分茶巧。蒸水老禅弄泉手，隆兴元春新玉爪。二者相遭兔瓯面，怪怪奇奇真善幻。纷如擘絮行太空，影落寒江能万变。银瓶首下仍尻高，注汤作字势嫖姚。不须更师屋漏法，只问此瓶当响答。紫微仙人乌角巾，唤我起看清风生。京尘满袖思一洗，病眼生花得再明。叹鼎难调要公理，策励茗碗非公事。不如回施与寒儒，归续《茶经》传衲子。"诗人以细致的观察，精细运笔，把分茶时那些怪怪奇奇的物象，矫健轻捷的气势，以及起清风、洗京尘，都描写得栩栩如生，情趣感人。显上人分茶技艺的高超，也就在自然流畅的诗中得以传神。

【思考讨论】

唐宋饮茶的区别有哪些?

"茶既为饮，饮必有方。"唐人饮茶先将碾制而成的茶末放在鍑(锅)中用水进行烹煮后，再分而饮之，类似于现在仍然流行于我国少数民族地区的煮茶。宋人热爱饮茶，浸润已久，进而形成了独特的饮茶技法。宋代点茶法等环节都有一套严格规范的程序，和唐代的煎茶法不同，点茶法是将焙干的茶团小块碾磨成粉末状放置于茶盏里，注入少量沸水调成糊状茶膏，再以沸水冲泡茶膏，同时用茶筅迅速进行搅动，茶末上浮，形成茶汤。宋代的饮茶方式比唐代饮茶方式更为讲究，更有趣味性。

2.4 明清饮茶技法

明清时期是中国茶业向近现代发展的时期，与宋代茶文化轻饮重艺、热衷于游戏娱乐的特点不同，明代茶业走上了综合考察茶叶品质和更加重视茶叶饮用功能的道路，强调加工理论和技术创新，茶叶冲泡饮用法的普及，革新了唐宋时期的"吃茶"文化，与此同时，宋代所崇尚的一些饮茶审美标准被一一弃用，取而代之的是崇尚品茶、方式从简、追求清饮之风，对茶品要求"味清甘而香，久而回味，能爽神者为上"，追求茶品之原味与保持自然之性。明清主要的饮茶技法包括瀹（yuè）茶法、工夫泡法两种。

一、瀹饮技法

瀹茶法是用条形散茶直接冲泡饮用的饮茶方式，杯中的茶汤没有“汤花”可欣赏，因此品尝时更看重茶汤的滋味和香气，对茶汤的颜色也从宋代的以白为贵变成以绿为贵。许次纾《茶疏》精练地概括了瀹饮法的具体要求：“未曾汲水，先备茶具，必洁必燥，开口以待。盖或仰放，或置瓷盂，勿竟覆之。案上漆气食气，皆能败茶。先握茶手中，俟汤既入壶，随手投茶汤，以盖覆定。三呼吸时，次满倾盂内。重投壶内，用以动荡香韵，兼色不沉滞。更三呼吸顷，以定其浮薄。然后泻以供客，则乳嫩清滑，馥郁鼻端。”瀹茶法不仅操作简便，而且保留了茶叶天然的色、香、味，受到人们的欢迎。用瀹饮法泡茶时，首先要用上品泉水洗涤茶具，务鲜务洁。然后以热水洗涤茶叶，水不可滚，滚则一洗无余味矣。以竹筋夹茶于涤器中，反复涤荡，去尘土、黄叶、老梗，以手搦干置涤器内，少顷开视，色清香冽，急取沸水泼之。候汤仍是重点。辨别汤是否纯熟有三种方法：第一种方法是从外观上辨别。如果汤中只冒出如虾眼、蟹眼、鱼眼、连珠般大小的气泡，此时仅是初沸，直到汤中沸如腾波鼓浪，水汽全消的时候才是真正的纯熟。第二种方法是从水的响声来辨别。如初声、转声、振声、骤声皆为初沸，到水没有响声时才是纯熟。第三种方法则是从水的冒气情况辨别。如气浮一缕、二缕、三四缕，及缕乱不分，氤氲乱绕都是水刚开的样子，要气直冲贯方是纯熟。

明清瀹饮法作为主流的沏茶法使茶具发生了系列变化。其一，明代开始，“茶具”主要指饮茶之器，唐宋时的炙茶、碾茶、罗茶、煮茶器具成了多余之物，一些新的茶具品种脱颖而出。许次纾《茶疏》指出：“茶滋于水，水藉乎器，汤成于火，四者相须，缺一则废。”将茶具在明代品茶活动中的作用，提高到极其重要的地位。随着多种茶类的出现，人们对茶具的种类与色泽，质地与式样，以及茶具的轻重、厚薄、大小等，又提出了新的要求，创制了系列与各种茶类泡品饮相适的茶具。如茶壶的广泛应用，既可泡茶又可品茶的盖碗的形成，与茶壶配套的专用品茶杯的形成等。其二，明清时期，茶具品种增多，形状多变，色彩多样，再配以诗、书、画、雕等艺术元素，从而把茶具制作推向新的艺术高度，出现了系列既具有良好品饮功能，又具有较高的艺术鉴赏和收藏价值的茶具。最为突出的是江西景德镇青花瓷茶具和江苏宜兴紫砂茶具。

二、工夫技法

清代煎水烹茶发展到一个新阶段，其集大成和最有特色者，是流行于闽粤一带的工夫茶。工夫茶是唐宋品茶艺术的流风余韵，当时所用的茶具主要有铫（煎水用的水壶）、茶炉（由细白泥制成，截筒形，高一尺又二三寸）、茶壶（以宜兴紫砂陶壶为佳）、茶盏、茶盘（多为青茶瓷），还有的一个茶盘中放一壶四盏，算是一套。此外，还有茶匙、水罂、风扇、棕、竹夹等。

饮工夫茶特别讲究技巧，标准的有所谓“十法”，即后火、虾须水（刚开未开之水）、拣茶、袋茶、烫杯、整罐（壶）、高冲、低斟、益沫（以壶盖把浮面杂质抹去）、淋顶。工夫茶所用茶壶一般为宜兴紫砂陶壶，茶叶为乌龙茶。《清稗类钞》记载了清代工夫茶的烹制过程：“先将泉水贮之铛，用细炭煎至初沸，投茶于壶而冲之，盖定，复遍浇其上，然后斟而细呷之。”以茶“饷客”时，“先取凉水漂去茶叶尘滓，乃撮茶叶置之壶，注满沸水”。盖好后，再取煎好的沸水，“徐淋壶上”，壶在盘中，俟水将满盘为止。再在壶上“覆以巾”，“久之，始去巾”，主人再“注茶杯中”，“以为奉客”。“客必衔杯玩味”，拿起茶杯，由远及近，由近再远，先闻其香，然后细细品味，并盛赞主人烹制技艺。如果客人“若饮稍急”，主人就会“怒其不韵也”。

【茶情物语】

慈禧与茶

慈禧茶瘾很大，一般每日至少饮三次茶，上午、下午各一次，晚上临睡前必须饮罢茶后才上床睡觉。慈禧尤其酷爱花茶，因她得知，茶有延年益寿之功，花有暖胃悟性之效。

不过，慈禧吃的花茶不是现代窨制的花茶。而是茶和花只在饮用时掺混一起，既品饮名茶，也欣赏花香，两者相得益彰。

慈福饮用的茶都是各地精选的色、香、味、形俱佳的“贡茶”，花也是由宫监挑选的名贵鲜花，茶具则是金制玉琢的专用杯盅。饮茶时，慈禧先欣赏下鲜花，然后才慢慢揭开盅盖，伸出手，提起金筷子夹上些鲜花放入盅内，再轻轻加上盖。约 8 分钟，再捧起茶盅，把茶汤倒入白玉杯中，先闻其香，继品茶味。这种饮茶方式，对她本人来讲是一种生活享受。

（资料来源：王建荣《茶道：从喝茶到懂茶》，2015）

2.5　当代饮茶技法

中华人民共和国成立之后，中国茶艺依然随着中国经济的初步恢复和发展，得到了长足的进步。在当代，虽然茶艺发展迅速，但各地又都有不同的品饮习俗。随着沸水冲泡法主导地位的确立，清饮成为我国大部分地区人们的主要饮茶方式，但调饮方式依然存在。除此之外，由于社会生活的发展以及科技的进步，再加上与世界其他国家的交流不断加深，当代的饮茶出现了一些新的内容和形式，如袋泡茶、罐装茶、冷饮等。

一、清饮

清饮是以无拘无束，潇洒自如，趋向生活化、大众化为特征的品饮艺术。系选用条茶，用开水冲泡，讲究泡茶的水质、水温和茶炉、茶具。茶中不加奶、糖等作料，在品饮中欣赏茶的色、香、味、形，慢斟细啜时领略优雅闲逸、洒脱自然的情趣。

二、调饮

调饮是相对于清饮而言的。在茶汤中添加其他物品，如酒、果汁等。一般为现调即饮，也有加冰块冷饮的。

三、袋泡茶

袋泡茶是将茶叶连袋冲泡的一种小包装茶。现在世界上生产的袋泡茶有红茶、绿茶、花茶、乌龙茶及药用保健茶等。

四、罐装茶

罐装茶是成品茶经过萃取、过滤，添加保护剂、灭菌，装罐制成的再加工茶。它通常分为两大类：一类是纯茶饮料，有红茶、绿茶、乌龙茶、花茶等；另一类是添加香料或果汁混配茶饮料，如薄荷茶、柠檬茶、荔枝茶、奶茶等。罐装茶饮用方便，适合作为旅游饮品。

五、冷饮

冷饮是相对于热饮而言的，是用冷开水冲泡茶叶，或待沸水冲泡茶冷却，或在冲泡好的茶饮中加冰的饮用方法。冷饮的冲泡茶类有红茶、绿茶、乌龙茶、花茶等，方便快捷，深受当代年轻人的喜爱。

【相关阅读】

无茶不雅的近现代文人

鲁迅先生对喝茶与人生有着独特的理解，并形象恰当地借喝茶剖析和比喻社会上的种种不良现象。鲁迅先生在《喝茶》这篇文章中写道："喝好茶，是要用盖碗的……泡了之后，色清而味甘，微香而小苦，确是好茶叶。但这是须在静坐无为的时候的。""有好茶喝，会喝好茶，是一种'清福'。不过要享这'清福'，首先就须有工夫，其次是练习出来的特别的感觉。"鲁迅先生把这种品茶的"工夫"和"特别感觉"喻为两种文人墨客的娇气和精神的脆弱，并加以辛辣的讽刺。

同样是写《喝茶》，周作人先生说：茶道，用平凡的话来说，可以称作"忙里偷闲，苦中作乐"，在不完全的现世享乐一点美与和谐，在刹那间体会永久。"喝茶当于瓦屋纸窗之下，清泉绿茶，用素雅的陶瓷茶具，同二三人共饮，得半日之闲，可抵十年的尘梦。喝茶之后，再去继续修各人的胜业，无论为名为利，都无不可，但偶然的片刻优游乃正亦断不可少。"

梁实秋先生也写过《喝茶》。他说："茶是我们中国人的饮料，口干解渴，惟茶是尚……凡是有中国人的地方就有茶。人无贵贱，谁都有分，上焉者细啜名种，下焉者牛饮茶汤，甚至路边埂畔还有人奉茶。北人早起，路上相逢，辄问讯'喝茶么？'茶是开门七件事之一，乃人生必需品。"

林语堂先生在《谈茶与友谊》说："这样的心旷神怡，周遭又有良好的朋友，我们便可以吃茶了。因为茶是为恬静的伴侣而设的，正如酒是为热闹的社交集会而设的。茶有一种本性，能带我们到人生的沉思默想的境界里去。"

老舍是位饮茶迷，还研究茶文化，深得饮茶真趣。他以清茶为伴，文思如泉，创作出经典作品《茶馆》。正如老舍先生所说："茶馆是三教九流会面之处，可容纳各色人物，一个大茶馆就是一个小社会。"老舍先生把当时社会上的一些小人物通过他的笔触集合在一个小茶馆里，通过对北京裕泰茶馆的兴衰际遇，叙述了清朝末年、民国初年、抗战结束三个历史时期的社会状态，反映从戊戌变法到抗战胜利后50多年的历史变迁，用自己的理解和感悟诠释社会动荡下的人物境遇、世态炎凉，茶馆亦因此成为现代文学的名作。

（资料来源：程国平、吴汾《中国茶：一片树叶的传奇》，2021）

【思考讨论】

历史上饮茶技法“百家齐放”，同学们还知道哪些茶饮方式？

我们常说的清饮与调饮。先看清饮：关于元朝皇帝饮茶的明确记载，始自武宗海山。“自至大(1308—1311年)初，武宗皇帝幸柳林飞放，请皇太后同往观焉。由是道经邹店，因渴思茶。”臣下用当地井水，“煎茶以进。上称其味特异内府常进之茶，味色双绝……自后御用之水，日必取焉。所造汤茶，比诸水殊胜”(《饮膳正要》)。可见，武宗所饮，显然是不加其他作料的清茶，否则难以品出茶的变化。

再看调饮。元代还有几种配加特殊作料的茶：炒茶、兰膏、酥签。虽然制作方法有所差别，但有一个共同点，就是加进了酥油。这和中原原有的饮茶方式有很大不同。此外，还有“西番茶”，“味苦涩，煎用酥油”。所谓“西番茶”，即藏族人喝的酥油茶。藏族人早在唐代已知饮茶，并按自己的生活方式进行改造。有趣的是，这些以酥油入茶的饮用方式，反过来又流传到汉族和其他民族中。元代后期在大都做官的许有壬指出“世以酥入茶为兰膏”，并为此写下诗篇《咏酒兰膏次恕斋韵》。

【任务小结】

1. 唐前古人的饮茶方式，从食材到药材，生吃茶到煮茶泡茶，每个历史阶段都是古人对茶的用法。

2. 唐宋时期的煎茶、点茶、分茶的饮茶技法。

3. 宋后每个历史时期饮茶的方法，当代茶的全面发展。

【参考资料】

1.《中国茶经》　上海文化出版社　陈宗懋、杨亚军主编

2.《茶学概论》　中国农业出版社　叶乃兴主编

3.《中国茶：一片树叶的传奇》　五洲传播出版社　程国平、王汾著

4.《茶学入门》　浙江大学出版社　屠幼英、乔德京主编

5.《中华茶艺(上)：茶艺基础知识与基本技能》　中央广播电视大学出版社　余悦主编

6.《中国饮茶方式的历史演进》　周文劲著

7.《从执壶器型演变谈唐宋时期饮茶技法》　磨占雄著

8.《茶道：从喝茶到懂茶》　江苏科学技术出版社　王建荣主编

9.《中华茶文化》　中国轻工业出版社　张凌云主编

【任务检测】

一、单选题

1. (　　)时期，人们的注意力多集中在茶的药用功能。

A. 宋代　　B. 秦汉　　C. 唐朝　　D. 明朝

2. 茶叶最原始的利用方法进一步发展的结果是(　　)。

A. 生煮羹饮　　B. 药物或滋补品　　C. 汤　　D. 茶水

3. 茶兴盛于(　　)。

A. 唐代早期　　B. 唐代中期　　C. 唐代晚期　　D. 宋代

4. 唐朝时期茶叶的主要品饮形式为(　　)。

A. 煎茶法　　B. 煮茶法　　C. 点茶法　　D. 泡茶法

5. 宋元时期饮茶以(　　)为主流。

A. 煎茶法　　B. 煮茶法　　C. 点茶法　　D. 泡茶法

6. 斗茶的内容包括斗形、斗香、(　　)、斗色四方面。

A. 斗意　　B. 斗养　　C. 斗茶　　D. 斗味

7. 水丹青又称为茶百戏,从(　　)开始就已经有了。

A. 唐代　　B. 宋代　　C. 元代　　D. 明代

8. 明末清初(　　)才成为品饮的主要方式。

A. 煎茶法　　B. 煮茶法　　C. 瀹饮法　　D. 泡茶法

9. 当代(　　)成为我国大部分地区人们的主要饮茶方式。

A. 冷饮　　B. 冲泡　　C. 清饮　　D. 调饮

10. 唐宋中早期时茶马交易的茶是(　　)。

A. 绿茶　　B. 红茶　　C. 黑茶　　D. 白茶

二、判断题

(　　)1. 茶之为饮,最早是从咀嚼茶树鲜叶开始的。

(　　)2. 唐代的煎茶法往往要在茶汤中添加葱、姜、枣、橘皮、茱萸、薄荷、盐等许多佐料。

(　　)3. 瀹饮法逐渐取代了煎点法的主导地位,成为中国人至今都在使用的饮茶方法。

三、简答题

1. 中国的茶饮方式主要经历了哪几次发展变化?

2. 现代饮茶的主要形式有哪些?

模块二
茶艺探秘

茶，是指一种将茶树上采摘的新梢加工制成的饮品，是世界三大无酒精饮料之一。中国作为茶的发源地，不但茶区分布较广，而且茶叶种类多样，每种茶叶无论是在外观、香气或口感上，都有细微的差别，因而造就了中国茶叶的多样风貌。人们在茶叶饮用普及过程中，逐渐形成了一套完整的茶艺体系，不论是茶叶的选用，还是沏茶方法、喝茶的礼节，都有一定的规则。茶既可以“柴米油盐酱醋茶”，成为使人健康的物质基础；同时也可以“琴棋书画诗酒茶”，成为让人愉悦的精神追求。

任务三

感受中国茶的魅力

【学习目标】

知识目标：能够了解中国茶叶发现与利用过程；
能够区分六大茶类；
能够识别中国主要名茶。

素质目标：培养学生遵守劳动纪律，养成卫生、安全、节能、环保的意识；
使学生能够具备沟通和协调人际关系的能力，形成团队合作意识。

能力目标：具备自我学习、团队合作学习的能力；
具备一定的视频拍摄编辑能力。

【任务导图】

- 任务三 感受中国茶的魅力
  - 3.1 茶之初识
    - 茶叶溯源
    - 茶叶传播
    - 茶区分布
  - 3.2 茶之分类
    - 基本茶类
    - 再加工茶类
  - 3.3 合理选茶
    - 茶叶色、香、味的基础物质
    - 茶叶鉴别
  - 3.4 图说名茶
    - 名优绿茶
    - 名优黄茶
    - 名优白茶
    - 名优乌龙茶
    - 名优红茶
    - 名优黑茶

【案例导入】

国际茶日的由来

“国际茶日”是以中国为主的产茶国家首次成功推动设立的农业领域国际性节日。

2019年6月,中国茶叶学会提出的设立“国际茶日”提案,在罗马闭幕的联合国粮食及农业组织大会第41届会议上审议通过,并提交了联合国大会。

2019年11月21日,巴勒斯坦代表“77国集团和中国”首次提出“国际茶日”决议草案。

2019年11月27日,第74届联合国大会宣布将每年5月21日设为“国际茶日”,以赞美茶叶的经济、社会和文化价值,促进全球农业的可持续发展。

2020年5月21日,是联合国确定的首个“国际茶日”。国家主席习近平向“国际茶日”系列活动致信表示热烈祝贺。

案例点评:茶是世界三大饮品之一。全球产茶国和地区已达60多个,茶叶年产量近600万吨,年贸易量超过200万吨,饮茶人口超过20亿。茶叶作为最重要的经济作物,是很多最不发达国家数百万贫困家庭的主要谋生手段,也是部分最贫困国家主要的收入和出口创汇来源,已经成为很多国家特别是发展中国家的农业支柱产业和农民收入的重要来源。“国际茶日”的确定彰显了世界各国对中国茶文化的认可,这将有利于中国同各国茶文化的交融互鉴,推动茶产业的协同发展,共同维护茶农利益,对发展中国家的农村发展、减少贫困和粮食安全发挥重要作用。

(资料来源:新华网,2020-05-21)

3.1 茶之初识

一、茶叶溯源

(一)“茶”字的由来

“茶”字的音、形、意是由中国最早确定的,并由中国传播到世界各地。

茶在古代是一物多名,特别在陆羽《茶经》问世以前除了“荼”以外,还有许多雅号别称,如槚、荼、茗、荈等。我国最早解释词义的专著《尔雅·释木》载:“槚,苦荼。”(晋)郭璞注:“树小如栀子,冬生叶,可煮作羹饮。今呼早采者为荼,晚取者为茗,一名荈,蜀人名之苦荼。”晋王微《杂诗》有句:“待君竟不归,收领令就槚。”诗人等候友人不至,只好收拾起待客物品,饮槚自慰了。诗人所饮的“槚”和前面《尔雅·释木》所载的“槚”,显然都是茶。

西晋杜育作《荈赋》:“灵山惟岳,奇产所钟,厥生荈草,弥谷被岗。”赋中说的生于高山的奇产“荈草”,即是茶。唐杜甫《进艇》诗中有“茗饮蔗浆携所有,瓷罂无谢玉为缸”之句,这里的“茗”亦是茶。除了荼、茗、槚、诧、葭、荈之外,茶的别称还有槁、皋芦、瓜芦、水厄、过罗、物罗、姹、葭荼、苦荼、酪奴等。而“茶”字的出现,大都认为是在中唐,约公元8世纪前后。至于何时改写为“茶”字,据清代学者顾炎武考证,是从唐会昌元年(公元841年)柳公权书写《玄秘塔碑铭》和大中九年(公元855年)裴休书写《圭峰禅师碑》时开始,因此他确定茶字的变形

“变于中唐以下也”。此后，“茶”字的形、音、义才固定下来。陆羽《茶经》中也记载茶的名称“其字或从草，或从木，或草木并。其名一曰茶，二曰槚，三曰蔎，四曰茗，五曰荈”。人们出于对茶的深情厚爱，也为茶取了不少高雅的名号。如唐代陆羽《茶经》美誉茶为“嘉木”“甘露”，杜牧《题茶山》赞誉茶为“瑞草魁”，施肩吾在诗中称呼茶为“涤烦子”，五代郑遨《茶诗》赞称茶为“草中英”等。

(二) 茶叶的命名

我国是一个多茶类的国家，茶类之丰富，茶名之繁多，在世界上是独一无二的。茶叶界有句行话“茶叶学到老，茶名记不了”，便是指这种类繁多的茶叶品名，即使是从事茶叶工作一辈子的人也不见得能够全部记清楚。不同种类的茶叶，命名方法五花八门，但不可否认的是，无论是哪种茶叶命名方式都会或多或少地释放出一些该茶的基本信息，或是所属茶类，或是外形特征，或是产茶地，等等。

1. 以产茶地和茶树品种而命名。如浙江的西湖龙井、福建的安溪铁观音、武夷山大红袍等。西湖是指浙江省杭州市西湖区，龙井是茶树的品种名称；安溪是福建省安溪县，铁观音是茶树品种名称。其他还有如乌龙茶中的武夷水仙、奇兰等，这些既是茶叶名称，又是茶树品种名称。

2. 根据茶叶形状不同而命名，多采用地名＋茶叶外形特征的方式。如六安瓜片，六安是地名，瓜片是茶叶的形状特征；再比君山银针，君山是地名，银针是茶叶的形状。诸如此类还有平水珠茶、顾渚紫笋、安华松针、信阳毛尖、四川峨眉山的竹叶青等。

3. 以茶叶产地而命名，如广东的英德红茶，云南的滇红，安徽的祁门红茶，浙江淳安的鸠坑茶、余杭的径山茶，广西桂平的西山茶，江西婺源的婺绿，湖南沅陵的碣滩茶等。

4. 以茶叶采摘时间和季节而命名，如清明节前采制的称明前茶，雨水前采制的称雨前茶，4～5 月份采制的称春茶，6～7 月份采制的称夏茶，8～10 月份采制的称秋茶。当年采制的称新茶，不是当年采制的称陈茶。

二、茶叶传播

中国是茶的故乡，也是世界上最早发现茶并利用茶的国家。茶叶从药用、食用到饮用历经千年，并成功地传播到世界各地，成为一种世界性的健康饮料和产业，并与各国各地人们的生活方式、风土人情，以至宗教意识相融合，派生出世界各国五彩缤纷的饮茶习俗和各具特色的茶文化。

(一) 茶在日本的传播

中国茶叶最早传入日本约在西汉时期。自南北朝至宋代，很多遣唐使和留学僧在回国时都带走了中国的茶叶和茶籽，并在日本种植和传播饮茶方法。公元 805 年，日本僧人最澄在我国浙江学佛回国时带去茶籽，种植于近江国（今滋贺县）比睿山麓（今为大津市坂本）日吉神社旁。嵯峨天皇于 815 年 4 月巡幸近江滋贺县的唐琦，经过梵释寺时，寺僧永忠和尚亲手煮茶进献。天皇遂令畿内、近江、丹波、播磨等地种茶。宋代日本“茶祖”荣西更是两次来我国学佛，于 1191 年归国时，把茶籽带回日本亲自种植在肥前国（今日本九州）平户岛苇浦，荣西还将中国釜炒茶（炒青）的制法传到了日本。1661 年日本高僧隐元用我国的烘焙法制造隐元茶，1783 年长谷宗一郎用我国的炒法制绿茶，1835 年宇山本仿效我国唐代的蒸青制法制造“玉露茶”。1875—1926 年，我国的红茶、乌龙茶、砖茶、珠茶生产技术也相继传入日本。

（二）茶在韩国的传播

韩国古籍里有关饮茶的记载是在公元 7 世纪的善德王时代（632—647），据此推断茶传入韩国的时间应在此之前。据韩国古籍《三国史记》卷十《新罗本纪》记载：“冬十二月，遣使入唐朝贡。文宗召对于麟德殿，宴赐有茶。入唐回使大廉持茶种子来，王使植地理山。茶自善德王时有之，至于此盛焉。”这说明新罗兴德王兴德三年（828 年），遣唐使大廉由中国带回茶籽，种于地理山（今智异山）下的华岩寺周围，逐渐扩大到以双溪寺为中心的各寺院。同时说明茶在善德女王时代（632—647 年在位）就已经传入了朝鲜地区。

（三）茶在欧、美洲的传播

1607 年，荷兰商船从澳门输入中国绿茶；1637 年，饮茶在荷兰已形成风气；1666 年，荷兰人开始从中国福建大量进口茶叶输入欧洲。明朝万历四十六年（1618），当时的中国公使曾携带几箱茶叶馈赠俄国沙皇；1638 年，俄国派驻蒙古的使节，也曾携带茶叶返回俄国，此后通过塞外进行的“茶马互市”，有相当数量的茶、布、帛等内地商品进入蒙古，或辗转西伯利亚抵达俄国。

1615 年，英国东印度公司开始经营茶叶；1664 年，东印度公司首次以两磅中国茶献给女皇，并将茶叶列入主要购品货单中。1676 年，英国人在厦门设立商馆，从事茶叶购销；1715 年又在广州设立商馆，中国茶叶向英国的出口量也逐年增大。18 世纪时，喝茶已风靡整个欧洲。

17 世纪中叶，茶叶随同欧洲移民传到美洲大陆。1690 年，波士顿有了中国红茶出售，此后饮茶风气陆续传遍美洲各地。美国独立后，茶叶是中美最先通商的货物。1784 年 2 月，美国商船“中国皇后号”远涉重洋来到中国广州，翌年满载茶叶等物资返美，成为美国船只直接来中国输入茶叶的开端。

【茶情物语】

英式下午茶

在英国有这么一句话，“当下午钟敲四下，世上的一切瞬间为茶停止”。英国人有约 300 年的红茶饮用历史，可以说还没有哪一个国家对红茶的品尝水准有英国的专业。茶中加糖、牛奶，成为餐后的必备饮料，因此英国是世界上红茶消费量最多的国家之一。传统的英式下午茶，到底有着什么样的魔力如此迷幻着英国人的胃口？如果是未曾品尝过英式下午茶的人，在侍者将三层架的点心送上桌时，马上就能体会到英式下午茶的精巧、贵族气息。待一层层品尝之后，则更能体会，是什么样的美味让人停不下口。

第一部：享用美味点心。通常三层塔的第一层是放置咸味的各式三明治，如火腿、芝士等，但这些三明治并不是点心主厨做的，而由另外的三明治师傅制作。第二层和第三层则摆着甜点，一般而言，第二层通常放英式松饼（scone），这是英式下午茶必备的，搭配的奶油和果酱，则由主厨随心搭配。第三层的甜点也没有固定放什么，而是主厨选放适合的点心，一般为蛋糕及水果塔。

第二部:品赏精致的茶器。英国下午茶是一门综合的艺术,简朴却不寒酸,华丽却不庸俗……虽然喝茶的时间与吃的东西(指纯英式点心)是正统英式下午茶中最重要的一环,但是少了好的茶品、瓷器、音乐甚至好心情,则喝下午茶就显得美中不足了。

第三部:品茶。下午茶,"茶"是绝对的主角。专用下午茶分为大吉岭与伯爵茶、锡兰茶等几种。一般都是直接冲泡茶叶,再用茶漏过滤掉茶渣才能倒入杯中饮用。透明的玻璃茶壶,当热水倾注而下,可以看到在水中慢慢展开的茶叶尖。最美的是玫瑰花茶,看着小小的玫瑰花瓣在水中轻舞飞扬,心情也跟着飞舞起来。红茶与牛奶的组合仿佛是优雅的贵族邂逅了名流绅士,无论是小啜一口还是大口畅饮的酣畅淋漓,在寒冷的冬季,滚烫的奶茶无疑是一剂温暖的秘方,瞬间从舌尖顺滑到胃壁,许久之后,口中仍留有淡淡的香甜,让人回味。奶茶还可以随心搭配午后点心,无论是浓郁的芝士蛋糕、甜糯的巧克力松饼,抑或是随性的厚多士、憨厚的菠萝包,亦中亦西,奶茶都可以欣然相佐。

三、茶区分布

(一) 中国茶叶分布区域

中国茶区平面分布在北纬 18°～37°、东经 94°～122°的广阔范围内,地跨中热带、边缘热带、南亚热带、中亚热带、北亚热带和暖日温带 6 个气候带,有浙江、湖南、安徽、四川、福建、云南、湖北、广东、广西、贵州、江苏、江西、陕西、河南、台湾、山东、西藏、甘肃、海南等 19 个省区的上千个县(市)。在垂直分布上,茶树最高种植在海拔 2 600 米高地上,而最低仅距海平面几十米或百米。地域的差异,对茶树的生长发育和茶叶生产影响极大。不同地区、不同类型和不同品种的茶树,决定了茶叶的品质及其适制性和适应性,并形成一定的茶类结构。

(二) 中国茶区的划分

中国茶区辽阔,茶类繁多,茶树品种丰富,加之地形复杂,因此,茶区划分采取 3 个级别,即一级茶区,系全国性划分,用以宏观指导;二级茶区,系由各产茶省(区)划分,进行省(区)内生产指导;三级茶区,系由各地县划分,具体指挥茶叶生产。目前,国家一级茶区分为 4 个茶区,即华南茶区、西南茶区、江南茶区、江北茶区。

1. 江北茶区

江北茶区南起长江,北至秦岭、淮河,西起大巴山,东至山东半岛,包括甘南、陕南、鄂北、豫南、皖北、苏北、鲁东南等地,是我国最北的茶区。与其他茶区相比,江北茶区气温低,降水量偏少,茶树新梢生长期短,大多数地区年平均气温在 15.5 ℃以下,无霜期 200～250 天,多年平均极端最低温在−10 ℃,个别地区可达−15 ℃,因此,茶树冻害严重。一般年降水量在 1 000 毫米,个别地方更少,四季降水不均。

江北茶区的茶树大多为灌木型中叶种和小叶种,不少地方因昼夜温度差异大,茶树自然品质形成好,适制绿茶,香高味浓。

江北茶区代表茶叶主要有:日照绿茶、崂山绿茶、信阳毛尖、午子仙毫、六安瓜片、霍山黄大茶、舒城小兰花等。

2. 江南茶区

江南茶区主要包括粤北、桂北、闽中北、湘、浙、赣、鄂南、皖南和苏南等地。江南茶区大多处于低丘低山地区，也有的在海拔 1 000 米的高山，如浙江的天目山、福建的武夷山、江西的庐山、安徽的黄山等，几乎都是“高山出好茶”的名茶产区。江南茶区气候温和，四季分明，年平均气温在 15.5 ℃以上，降水量比较充足，一般在 1 000～1 400 毫米，全年降水量以春季为多。

江南茶区产茶历史悠久，资源丰富，中国目前已审定或认定的茶树良种，如福鼎大白茶、鸠坑种、祁门种以及龙井 43、福云 6 号、湘波绿等，均出自该茶区。种植的茶树大多为灌木型中叶种和小叶种，以及少部分小乔木型中叶种和大叶种，是绿茶、乌龙茶、花茶、名特茶的适宜种植区域。

江南茶区历史名茶甚多，如西湖龙井、君山银针、洞庭碧螺春、黄山毛峰等，享誉国内外。

3. 西南茶区

西南茶区地形复杂，大部分地区为盆地、高原，包括黔、川、滇中北和藏东南。西南茶区各地气候变化大，但总的来说，水热条件较好。四川盆地年平均温度为 17 ℃以上，而川西雅安则为 16～19 ℃；云贵高原年平均气温为 14～15 ℃。整个茶区雾日多，冬季较温暖，年降水较丰富，大多在 1 000 毫米以上，有的地区如四川峨眉，年降水量则可达 2 000 毫米以上。气候条件较好，适宜茶树生长。

西南茶区茶树资源较多，有灌木型和小乔木型茶树，部分地区还有乔木型茶树，适宜加工红碎茶、绿茶、普洱茶、边销茶和名茶、花茶等。

4. 华南茶区

华南茶区包括闽中南、台、粤中南、海南、桂南、滇南等地。华南茶区水热资源丰富，在有森林覆盖下的茶园，土壤肥沃，全区大多为赤红壤，部分为黄壤，有机质含量高。整个茶区高温多湿，年平均温度在 20 ℃以上，大部分地区四季常青。全年降水量可达 1 500 毫米，海南的琼中高达 2 600 毫米。

华南茶区茶树资源极其丰富，汇集了中国的许多大叶种（乔木型或小乔木型）茶树，适宜加工红茶、普洱茶、六堡茶、大叶青、乌龙茶等。

3.2 茶之分类

我国茶类极其丰富，简单的分类反映不出茶叶加工及茶叶品质的系统性。因此，我国学者提出了多种分类方法。我国著名的茶学专家陈椽从茶叶品质系统性和制法的系统性提出“六大茶类分类”，程启坤先生提出茶叶综合分类法，刘勤晋先生提出按照茶叶用途、制法和品质三位一体分类法。其中陈椽先生从茶叶品质系统性和制法的系统性提出的“六大茶类分类”和程启坤先生提出的茶叶综合分类法，已得到国内外茶业界广泛认同，并在茶叶科学研究、生产及贸易中广泛应用（图 3-1）。

凡是采用常规的加工工艺，茶叶产品的色香味形符合传统质量规范的，都属于基本茶类。基本茶类一般是以茶的鲜叶为原料，经不同的工艺加工制作而成，不同茶叶所具有的基

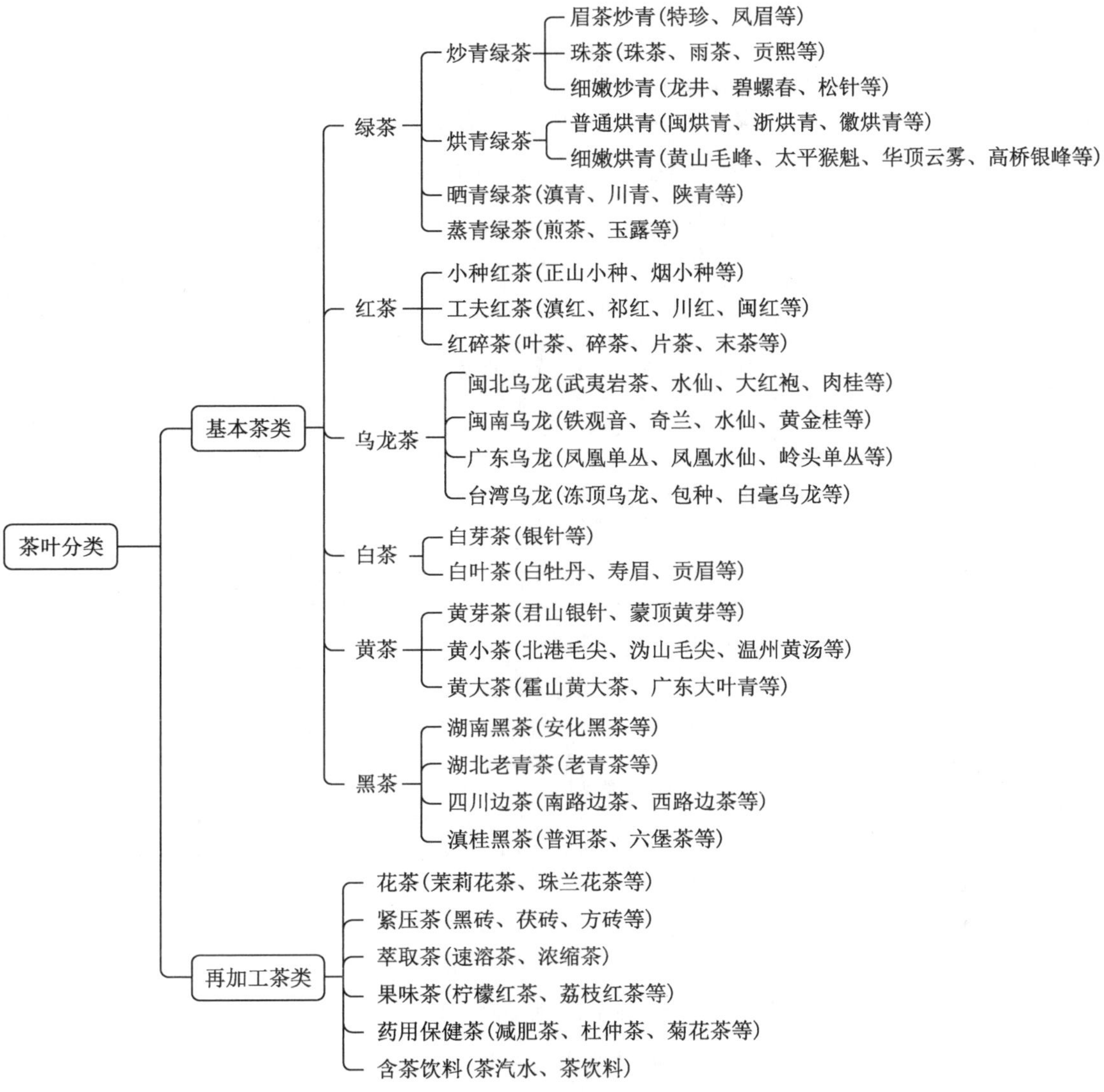

图 3-1　茶叶分类

（资料来源：陈宗懋、杨亚军《中国茶经》，上海文化出版社，2011）

本品质特征是在不同的加工过程中得以完成的。

一、基本茶类

1. 绿茶

绿茶是中国最古老的茶类。绿茶的品质特征是绿叶清汤，绿茶生产工艺为杀青、揉捻、干燥，杀青是绿茶关键工序。绿茶根据杀青方式不同可分为炒热杀青和蒸热杀青；根据干燥方法不同可分为炒干和烘干。绿茶的外形丰富多样，依其形状可分为圆形、类圆形、直条形、扁条形、片形、针形、花形等。绿茶分类详见表 3-1。

表 3-1　绿茶分类

绿茶	炒青绿茶	长炒青	粤绿、琼绿、桂绿、滇绿、黔绿、川绿、陕绿、豫绿、苏绿、杭绿、温绿、舒绿、屯绿、遂绿、婺绿、饶绿、赣绿、湘绿、闽绿、鄂绿、广东英德绿茶、清明碧绿、英华绿茶、白沙绿茶、岩背绿茶、海南五指山绿茶
		圆炒青	平水珠茶、泉岗辉白、涌溪火青、贡熙
		曲炒青	广东英德碧螺春、绒螺，浙江普陀佛茶，安徽黄山银钩、休宁松萝茶，江苏碧螺春，四川蒙顶甘露，贵州都匀毛尖，湖南碣滩茶，台湾三峡碧螺春
		扁炒青	浙江龙井、西湖龙井、大佛龙井、千岛玉叶、杭州旗枪，安徽老竹大方、西润春雪，贵州湄江翠片，四川竹叶青，江苏太湖翠竹、宜兴荆溪云片、镇江金山翠芽，云南大关翠华茶
		特种炒青	广东英德毛尖、岩雾尖，广西凌云白毫，云南苍山雪绿、墨江云针，陕西紫阳毛尖，湖北保康松针，湖南古丈毛尖，江西遂川狗牯脑、庐山云雾，福建雪芽，浙江金奖惠明，安徽九华毛峰，江苏南京雨花茶
	烘青绿茶	条形茶	广东英德大银毫茶、仁化银毫、乐昌白毛、广北银尖、连州毛尖，广西桂平西山茶，云南南糯白毫，贵州龙泉剑毫，重庆永川秀芽，四川峨眉峨蕊，陕西紫阳银针，甘肃龙神翠竹，湖北采花毛尖，湖南安化松针，福建天山雀舌，江西婺源茗眉，浙江顾渚紫笋，安徽黄山毛峰、敬亭绿雪，江苏金山翠茗，河南信阳毛尖
		曲形茶	广西贵港覃塘毛尖、贵州羊艾毛峰、四川峨眉毛峰、陕西巴山碧螺、山东日照雪青、江苏无锡毫茶、浙江临安蟠毫、安徽歙县银钩、江西婺源天文公银毫、湖南湘波绿
		扁形茶	陕西泰巴雾毫、汉水银梭，江苏金山翠芽、金坛雀舌，浙江安吉白片，安徽六安瓜片、太平猴魁、天柱剑毫
		兰花形	安徽霍山一枝香、舒城兰花、岳西翠兰，浙江兰溪毛峰、建德苞茶、东白春芽，陕西午子仙毫、小兰花茶
		菊花形	湖北保康菊花茶，江西婺源墨菊，安徽霍山菊花茶、黄山绿牡丹
		其他花形	浙江江山绿牡丹(牡丹花形)、安徽霍山梅花茶(梅花形)、福建武夷龙须茶(束形)、四川雷山银球茶(圆球形)、江西泉港龙爪(爪形)
	蒸青绿茶	针形茶	湖北恩施玉露、日本玉露
		圆形茶	浙江、福建、安徽、广东等地和日本生产的煎茶，日本眉茶
		特种茶	湖北当阳仙人掌茶、江苏阳羡蒸青、广西巴马茶、广东英德蒸青绿茶
	晒青绿茶	芽形茶	云南毛尖、英德银尖、春蕊、春芽、春尖
		条形茶	滇青、黔青、川青、陕青、豫青、鄂青、湘青、粤青

【思考讨论】

安吉白茶是白茶吗?

安吉白茶属于绿茶类，并不是白茶。安吉白茶是一种珍贵的变异茶种，属于“低温敏感型”茶叶。春季茶树在 23 ℃以下的低温环境，叶片叶绿素合成会受到影响，在清明前萌芽的嫩芽为白色。在“春老”时变为白绿相间的花叶，至夏才呈全绿色。春季茶树产“白茶”时间短，通常仅一个月左右。

2. 黄茶

黄茶是指鲜叶经过杀青、揉捻后堆积闷黄，再炒、再堆积闷黄，然后烘焙干燥而成的茶类。加工中利用高温杀青破坏酶的活性，其后多酚物质经由湿热作用引起氧化并产生一些有色物质。所以闷黄是黄茶制法的主要工艺特点，也是它同绿茶的基本区别。成品茶具有黄叶黄汤、香气清悦、滋味醇厚的品质特点。黄茶的品种不同，闷黄的方法也不尽相同，一般分湿坯闷黄和干坯闷黄两种。湿坯闷黄就是将杀青叶或经热揉后的揉捻叶进行堆闷；干坯闷黄则是初烘后再进行装篮堆积闷黄。闷黄时间需 7 天左右。黄茶的分类详见表 3-2。

表 3-2　黄茶分类

黄茶	黄芽茶	君山银针、蒙顶黄芽、莫干黄芽
	黄小茶	北港毛尖、沩山毛尖、平阳黄汤
	黄大茶	霍山黄大茶、广东大叶青

3. 白茶

白茶属于轻微发酵茶(发酵度为 10%)，是我国茶类中的特殊珍品。白茶加工工艺简单，传统白茶加工不炒不揉，只有萎凋和干燥两道工序，但实际其加工原理颇为复杂。白茶自然素雅的外形是由其鲜叶特有的形态和不炒不揉的特殊加工工艺形成的。在加工过程中，鲜叶随着萎凋过程失水，细胞液浓度提高，在不损伤叶组织的情况下，茶多酚发生缓慢的酶促氧化，嫩芽白毫显银光，叶片色泽由鲜绿转变为正面灰绿(或黛绿)，背面白色，青气消失，毫香显露，汤色杏黄，滋味鲜醇。白茶的分类详见表 3-3。

表 3-3　白茶分类

白茶	全萎凋	福鼎白毫银针、政和白毫银针、上饶白眉、白牡丹、英德白茶
	半萎凋	白琳银针、白云雪芽、贡眉、寿眉、新白茶

4. 乌龙茶

乌龙茶又名青茶，品质介于绿茶、红茶之间，既有绿茶的清香，又有红茶的醇厚，具有独特的风味。乌龙茶属于半发酵茶类(发酵度为 10%～70%)，生产工艺为：萎凋、做青、炒青、揉捻、干燥，半球形茶在加工过程中还增加了一道包揉的程序。乌龙茶的成品外形紧结重实，干茶色泽呈深绿色或青褐色，香气馥郁，汤色金黄或橙黄，清澈明亮，滋味醇厚，富有天然的花香。高级的乌龙茶还具有特殊的韵味，如武夷岩茶因其特殊的生长环境而具有独特的岩韵、安溪铁观音具有的“观音韵”等品质风格。

乌龙茶主要产区为福建、广东、台湾三省。按产地不同可分为闽北乌龙、闽南乌龙、广东乌龙和台湾乌龙四个类别。乌龙茶的分类详见表 3-4。

表 3-4 乌龙茶分类

乌龙茶	闽北乌龙	闽北水仙、奇种、单丛奇种、名丛奇种(大红袍、铁罗汉、白鸡冠、水金龟)、武夷肉桂以及水吉、建瓯等地生产的乌龙、水仙
	闽南乌龙	铁观音、黄金桂、毛蟹、本山、梅占、永春佛手、漳平水仙
	广东乌龙	凤凰水仙、浪菜、色种、奇兰、凤凰单丛、岭头单丛、石鼓坪乌龙、西岩乌龙、英洲一号乌龙
	台湾乌龙	梨山茶、文山包种、冻顶乌龙、金萱乌龙、翠玉乌龙、阿里山乌龙、人参乌龙、杉林溪乌龙、白毫乌龙

5. 红茶

红茶属于全发酵茶类(发酵度为 100%),红茶的加工工艺为萎凋、揉捻、发酵、干燥。其中发酵是红茶的关键工序。红茶干茶色泽一般偏深,红中带乌黑,所以英语称红茶为“black tea”,红茶基本的品质特点是红叶红汤。红茶的分类详见表 3-5。

表 3-5 红茶分类

红茶	小种红茶	条形茶	正山小种、坦洋小种、政和小种
	工夫红茶	芽形茶	金骏眉、勐海金芽、英红九号、九曲红梅、英德金毫
		叶形茶	粤红、英红、祁红、滇红、桂红、琼红、湘红、川红、越红、浮红、霍红、宜红、宁红、闽红、镇江红、政和工夫、台湾工夫
		碎片末茶	碎茶、片茶、末茶、正花香、副花香
	红碎茶	叶茶、碎茶、片茶、末茶	

6. 黑茶

黑茶主要销往我国边疆少数民族地区及出口到俄罗斯等国家,因此习惯上把以黑茶为原料制成的紧压茶又称边销茶。

黑茶制作过程是杀青、揉捻、堆积发酵(渥堆)、干燥四道程序,其中渥堆是黑茶制造的特有工序,也是形成黑茶品质的关键工序。由于堆积发酵时间较长,叶色油黑,故称为黑茶。

黑茶既可直接冲泡饮用,也可以压制成紧压茶(如各种砖茶),主要产于湖南、湖北、四川、云南和广西等省(区)。黑茶按照加工方法及形状不同可分为散装黑茶和压制黑茶两类。黑茶的分类详见表 3-6。

表 3-6 黑茶分类

黑茶	湖南黑茶	茯砖、花砖、黑砖、湘尖、贡尖、生尖、天尖、千两茶
	湖北老青砖	青砖
	四川边茶	重庆沱茶、康砖、金尖、方包、茯砖
	滇桂黑茶	六堡茶、普洱茶、七子饼茶、下关沱茶、普洱散茶

二、再加工茶类

再加工茶是以基本茶类中的茶叶为原料经过进一步加工,其加工过程中使茶叶的某些品质特征发生了根本性的变化，或是改变了茶叶产品的形态，或是改变了茶叶饮用方式，或是改变了饮用功效的茶叶。它包括花茶、紧压茶、速溶茶、浓缩茶、风味茶、保健茶及液态饮料等，分别具有不同的口味和功效。再加工茶的分类详见表 3-7。

表 3-7 再加工茶分类

花茶	绿茶型	茉莉花茶、珠兰花茶、玫瑰花茶、米兰花茶、橘子花茶、桂花花茶、代代花茶、金银花茶、茉莉龙珠
	红茶型	玫瑰红茶、桂花红茶、茉莉红茶、墨红红茶、香饼茶、莲花红茶
	乌龙茶型	桂花乌龙、珠兰乌龙、栀子乌龙、龙团香茶
	果味型	袋泡苹果茶、袋泡荔枝红茶、袋泡蜜桃茶
	保健型	袋泡苦丁茶、袋泡杜仲茶、袋泡山楂茶
	香味型	袋泡香兰茶、袋泡桂皮茶
保健茶	减肥茶、降压茶、降糖茶、戒烟茶、解酒茶、益寿茶、健美茶、健胃茶、清音茶、中天茶、竹壳茶、健身降脂茶	
香(果)味茶	英德金毫、荔枝红茶、柠檬红茶、果汁红茶、果酱红茶、苹果红茶、桂花红茶、玫瑰红茶、桂皮红茶、水蜜桃红茶、猕猴桃红茶、凤梨茶、香兰茶、薄荷茶、玫瑰香茶、桂花香茶、桂皮红茶	
调制茶	酥油茶、打油茶、奶油茶、泡沫红茶、珍珠奶茶、红石榴茶、水蜜桃奶茶、桂香奶茶、蒙古奶茶、英式奶茶、伯爵奶茶、奶红茶、橘子汁红茶、薄荷红茶、椰子汁红茶、蜂蜜红茶、杏仁红茶、肉桂红茶	
造型茶	银球茶、绣球茶、兰花形茶、菊花形茶、牡丹花形茶、五星形茶	
特种茶	腌茶、烤茶、擂茶、酸奶茶、青竹茶、盐巴茶、罐罐茶、三道茶、红茶菌	
茶食品	茶鱼片、茶虾仁、茶腰花、茶蒸蛋、茶水饺、茶番茄汤、红茶焖牛肉、清蒸茶鲫鱼、乌龙茶香鸡、茶煎牛排、茶糖果、茶饼干、茶挂面、茶面包、茶糕点、茶点心、茶甜筒、茶果冻、茶果脯、茶冰棒、茶雪糕	

【相关阅读】

中国茶类的形成

中国是茶树的起源地，有很适宜茶树生长的自然条件，茶树品种资源丰富。不同品种的茶树其适制性差异很大，有的品种只适制一种茶类，有的品种可以适制几种茶类。品种不同，制茶工艺不同，茶叶品质也不同。中国种茶、制茶、饮茶历史悠久，经过几千年不断革新和演变，产生了各式各样、丰富多彩的茶叶品种和茶类。

1. 绿茶的出现

中国最先出现的是绿茶。早在明朝以前，中国主要生产的是单一的绿茶类，如唐朝时的蒸青饼茶，陆羽就以烹茶方法不同而将其分为粗茶、散茶、末茶和饼茶四类。又如宋朝时发展到蒸青散茶，据元朝马端临写的《文献通考》记载，蒸青散茶依据外形不同而分三类：片茶类，如龙凤、石乳；散茶类，如雨前、雨后；腊茶类，如腊面等。尽管茶叶命名的依据、方法很多，但不外乎都是绿茶。在制作绿茶的过程中，人们发现不同的加工条件所引起的茶叶品质变化有所不同，经过长期的艰苦探索，从中总结出一些规律，先后发明了不同的制茶工艺，创制成色、香味、形品质特征与绿茶截然不同的其他五类茶，形成了现今的六大茶类，即绿茶、黄茶、黑茶、白茶、红茶、青茶(乌龙茶)。

2. 黄茶的产生

据史料推测，黄茶在公元7世纪就有生产了。但当时的黄茶不同于现在的黄茶，它是由一种自然发黄的茶树品种的芽叶制成的，如在唐朝享有盛名的安徽"寿州黄芽"，就是以然发黄的茶芽蒸制为团茶而得名。而现在所说的黄茶类，是指经过改进，在绿茶制作中加入"闷黄"工艺逐渐演变而来的。在绿茶炒青制造实践中，鲜叶杀青后若不及时揉捻，或捻后不及时烘干或炒干，堆积过久，都会变黄；炒青杀青温度低，蒸青杀青时间过长，也会使叶子变黄，产生黄叶黄汤。所以在炒制绿茶的实践中，就会有意或无意地发明出了黄茶类。黄茶制作工艺在1570年前后形成。明代许次纾《茶疏》中叙述："顾彼山中不善制法，就于食铛火薪焙炒，未及出釜，业已焦枯，讵堪用哉，兼以竹造巨笥，乘热便贮，虽有绿枝紫笋，辄就萎黄，仅供下食，奚堪品斗。"这是批评制茶技术不当，将绿茶做成了黄茶。

3. 黑茶的形成

唐宋以来的历代王朝都实行"以茶易马"扩充军备，以茶治边，直至清雍正十三年停止"以茶易马"之法，前后约有千年的历史。茶产两湖、四川及云贵等省，唐宋年间盛产蒸青绿茶，为便于长途运输至西北边区，必须将散茶压缩体积，蒸制成团块或篓包茶。绿毛茶要加工成团块茶，要经过20多天湿堆，其间茶坯也逐渐由绿变黑。加上当时的边茶要运输至西北等地，多经由水路北上，再沿陆上丝绸之路，由骡马、骆驼长途运送。所以最初的黑茶是在"船舱中、马背上"形成的。黑茶因团块或篓包茶防水性能极差，受水运潮湿条件和途中日晒雨淋的影响，茶叶在湿热条件下，化学成分发生变化，逐步形成了与绿茶完全不同的品质风味。边区民众随着消费习惯的形成，对这一特殊品质风味的茶类需求也逐步固定下来。明代中叶，受实践启发便产生了以绿茶湿坯经长时堆积、渥成黑色的黑茶制法。明嘉靖三年(1524)，巡茶御史陈讲在奏折中记载："商茶低伪，悉征黑茶，地产有限，仍第为上中二品，印烙篦上，书商名而考之，每十斤蒸晒一篦，运至茶司，官商对分，官茶易马，商茶给卖。"

4. 白茶的由来

唐宋时所谓的白茶，是指偶然发现的从白叶茶树上采摘而成的茶，与后来发展起来的不炒不揉而成的白茶不同。一直到明代，才出现了类似现在的白茶。田艺蘅于1554年所著《煮泉小品》中记载："芽茶以火作者为次，生晒者为上，亦更近自然，且断烟火气耳。况作人手器不洁，火候失宜，皆能损其香色也……生晒茶瀹之瓯中，则旗枪舒畅，青翠鲜明，尤为可爱。"明代《茶谱外集》说："茶有宜以日晒者，青翠香洁，胜于火炒。"这里说到的制法与现在白茶制法基本相同。

5. 红茶的产生

红茶的制法是在绿茶、黑茶和白茶的制法基础上发展来的，起源于1650年前后。由白茶晒制的实践，认识到红茶的日光萎凋；由绿茶揉捻后来不及干燥易出现红变，以及黑茶渥堆变黑的实践，而认识到红茶发酵变红的技术措施。红茶最早是从福建崇安的小种红茶开始的，以后演变产生了工夫红茶。1875年，安徽黟县有个名叫余干臣的人，在福建罢官回原籍经商，因见红茶畅销多利，便在至德县（现东至县）尧渡街设立红茶庄，仿制福建红茶制法成功，创制了祁门工夫红茶。后来祁门工夫红茶产地不断扩大，产量不断提高，声誉越来越高，在国际红茶市场上热销。再后来，各地工夫红茶品种不断增多。20 世纪 20 年代，印度、斯里兰卡等国将茶叶切碎加工成红碎茶，我国于 20 世纪 50 年代也开始试制红碎茶。

6. 青茶（乌龙茶）的出现

青茶又名乌龙茶，品质介于绿茶、红茶之间，既有绿茶的清香，又有红茶的醇厚，具有独特的风味。青茶最早在福建创制。清初王草堂《茶说》中描述了青茶制作的大致过程"武夷茶……茶采后以竹筐匀铺，架于风日中，名曰晒青。俟其青色渐收，然后再加炒焙……独武夷炒焙兼施，烹出之时半青半红，青者乃炒色，红者乃焙色也。茶采而摊，摊而摝，香气发即炒，过时不及皆不可"。王草堂的《茶说》著于 1717 年，正是清代初年，所述制法与今日青茶制作基本相同。

7. 从素茶到花香茶

花茶的起源可以追溯到一千多年前的宋代初期，当时就有人在上等的绿茶中加入一种香料——龙脑，称龙凤茶，以此进贡帝王。宋朝蔡襄的《茶录》就提到加香料茶："茶有真香，而入贡者微以龙脑和膏，欲助其香。"蔡襄谈到的这种龙凤香饼茶，与以后的花茶制法并不一样，但因为在茶叶中加入香料以增茶香，也属于花茶的一种类型。到了 12 世纪的宋宣和年间，在茶叶里加入"珍菜香草"已很普遍。明代《茶谱》一书中对花茶的制法有十分详细的叙述："茉莉，玫瑰……梅花皆可作茶，诸花开时，摘其半含半放蕊之香气全者，量其茶叶多少，摘花为拌，花多则太香而脱茶韵，花少则不香而不尽美，三停茶叶一停花始称……用瓷罐，一层茶一层花，投间至满……"这与现代花茶窨制技术基本相似。较为大量的花茶生产始于 1851—1861 年的清代咸丰年间。到了 1890 年前后，花茶生产已较为普遍。

（资料来源：陈宗懋、杨亚军《中国茶经》，上海文化出版社，2011）

3.3　合理选茶

市场上茶叶品种繁多，对于消费者来说如何选购茶叶是件困难的事。诸如不知道自己适合喝哪种茶叶，不同的季节是不是应该品饮不同的茶类，新茶与陈茶应该如何分辨等，使得人们无从下手。其实，选购茶叶首先应了解形成茶叶色、香、味的基础物质有哪些，才能更好地判别茶叶品质的差异。

一、茶叶色、香、味的基础物质

（一）茶叶的色泽

茶叶的色泽包括干茶色泽、冲泡后的汤色及叶底色泽三个方面。使茶叶变色的化学物质主要有叶绿素、叶黄素、胡萝卜素、花青素、花黄素及茶多酚的氧化产物等。这些物质在茶叶加工过程中发生一系列化学变化，并通过人为地加以科学控制，使各种成分的结构、含量沿着茶类品质要求方向变化，形成各茶类所需的色泽。

干茶和叶底的色泽与茶汤的颜色，是两种不同的色泽概念，由不同的化学成分组成所决定。不同茶类的干茶的色泽一般如下：绿茶是黄绿色，红茶是乌黑红色，黑茶是紫褐色，乌龙茶是青褐色，黄茶是黄绿色，白茶是银绿色或绿褐色。

绿茶干茶色泽有翠绿、嫩绿、嫩黄、墨绿和黄绿等颜色。它的形成主要是由鲜叶中含有的叶绿素含量、组成及茶多酚氧化产物一起综合作用的结果。名优绿茶干茶色泽多呈嫩绿、嫩黄色，这是由叶绿素含量组成比例引起的。老叶叶绿素 A 含量较高，所以用老叶制成的绿茶色泽呈黄绿或深绿。绿茶的汤色主要由茶多酚类物质的氧化程度所决定。蒸青茶和名优绿茶色泽翠绿，就是由于在加工时采用高温、短时、快速和透气等技术措施，叶绿素破坏较少，茶多酚氧化程度适宜，从而保持了绿翠的色泽。

红茶的干茶色泽要求呈乌润或棕红色、汤色红艳明亮、叶底红亮，这种色泽的形成主要取决于茶多酚的氧化产物茶黄素、茶红素和茶褐素的含量和相互间的比例。工夫红茶揉捻程度较轻，细胞破坏不完全，黏附在叶表面的茶汁相对较少，再加上揉捻时析出的蛋白质、果胶、糖等有机物质全部凝固于叶表，故呈乌润的色泽。红碎茶因细胞破碎率高，黏附在叶表面的茶多酚及其氧化产物含量多，故色多呈棕红色或红褐色。红茶的汤色红艳程度，主要取决于茶多酚的氧化产物茶红素的含量；汤色的明亮度则由氧化产物茶黄素的含量决定。红茶由于发酵程度过度或贮藏时间过长、含水量过高、受潮变质等原因会造成汤色由红艳转为红暗，甚至似“酱油汤”，这表明红茶的茶黄素含量降低，茶褐素含量增加。品质好的红茶，冲泡后的茶汤常在杯沿出现金黄色的“金圈”，说明茶黄素含量高，收敛性强。水温 10 ℃以下的红茶汤出现浑浊，说明茶黄素与咖啡因结合产生一种大分子的络合物，这也是红茶品质好的标志。红茶叶底的色泽是茶多酚的氧化产物与蛋白质缩合成水不溶产物的结果的反映。茶黄素、茶红素与蛋白质结合，叶底色泽呈红艳或红亮；茶褐素与蛋白质结合，叶底色泽呈暗红或暗褐。

（二）茶叶的香气

形成茶叶香气的成分是复杂的。有关资料显示，茶叶香气成分有 500 多种，鲜叶固有的香气成分只有 53 种，其余是在茶叶加工过程中形成的。制约茶叶香气的因素也是多方面的，如茶树生长环境、茶树品种、采茶季节、芽叶嫩度及加工方法等。

一般高山茶比平地茶香气好，中小叶种茶比大叶种茶香气好，嫩叶茶比粗老叶茶香气好，加工及时、原料新鲜的茶比闷堆时间过长和变质的茶香气好而清鲜。

（三）茶叶的味道

茶叶呈味物质主要是茶多酚及其氧化产物、茶黄素、茶红素、氨基酸、咖啡因、可溶性糖类、有机酸、水溶性蛋白质及芳香油等。其中有刺激性涩味物质是茶多酚，苦味物质是咖啡因、花青素和茶皂素等，鲜味物质主要是氨基酸，甜味物质主要是可溶性糖和部分氨基酸，鲜爽物质是氨基酸、儿茶素、茶黄素和咖啡因的复合物。

茶多酚是呈味的主体物质，茶多酚含量高的茶味浓，但未氧化的茶多酚含量过高则茶味青涩。茶多酚含量过低或茶多酚氧化过度，则茶味淡。茶多酚氧化产物茶黄素与咖啡因结合产生的络合物呈鲜爽味。

氨基酸是组成茶叶鲜爽味的主要物质。茶叶中的氨基酸种类丰富，各种氨基酸呈味的性质均不相同。如占茶叶氨基酸总量 50%的茶氨酸，它的鲜爽味特别高。嫩茶茶氨酸含量高，故滋味鲜爽。春茶、名优茶、高山茶的氨基酸含量高，滋味清鲜爽口；夏茶、粗老茶的氨基酸含量低，故鲜爽味差。制绿茶的原料要求氨基酸含量高，茶多酚含量适当低些，成茶滋味鲜爽醇和。

组成茶味的成分还有花青素、糖类、果胶、维生素 C 和无机盐等物质，它们呈苦味、甜味、酸味、咸味。多种呈味物质的配合以及不同含量、不同配比的关系形成了各种茶类特有的风味，如浓醇、鲜醇、醇和、苦涩、青涩、甜醇及浓强鲜等。

二、茶叶鉴别

茶叶按照加工方法可分为红茶、绿茶、青茶、白茶、黄茶、黑茶六大类；以采摘季节可分为春茶、夏茶和秋茶；以地势又可分为高山茶与平地茶。

（一）新茶与陈茶的鉴别

购买茶叶时，消费者往往担心新茶和陈茶难以区分。其实，只要掌握新茶与陈茶的色、香、味的区别，就容易判断了。

1. 色泽

绿茶色泽为青翠嫩绿，还兼有嫩黄绿色。绿茶在贮存过程中，主要受空气中氧气和光的作用，黄绿色会转变为黄褐色，色泽逐渐变得枯灰。红茶会由新茶的乌润变成灰褐色。

2. 滋味

新茶甘醇，味淡，但不涩。陈茶由于茶叶中的酚、酯、氨基酸的不断氧化，部分变成醛或缩合物，所以新茶的“鲜”味就会消失，而变得“滞钝”带有苦涩的味道，同时味道变得更淡。

3. 香气

新茶具有清香高扬的特点，而陈茶由于香气物质的氧化、缩合和缓慢挥发，没有或极少有清香的气味。

（二）高山茶与平地茶的鉴别

高山茶之所以比平地茶好，是高山气候条件、土壤因子及植被等综合影响的结果。明代陈襄古诗曰“雾芽吸尽香龙脂”，是说高山茶的香气特别好，所以各地均以“云雾茶”来命名，以显示茶叶品质的好。

1. 高山茶与平地茶的外形区别

高山茶具有芽叶肥壮、杆子粗、叶片厚、节节长、干茶颜色绿、茸毛多等特点。平地茶相反，芽叶瘦弱、叶片薄、杆子细小、节节短，有未老先衰之感。

2. 高山茶与平地茶的内质区别

高山茶香气高，冷香持久，滋味浓，耐冲泡，汤色明亮，不泛红或浅红。高山茶冲泡后叶底容易泛浅白，平地茶则泛乌或嫩绿。

（三）春茶、夏茶和秋茶的鉴别

我国大部分茶区将当年所产的茶叶分为春茶、夏茶和秋茶三类。

从当年春天茶园开采日起到小满前产的茶叶，为春茶；小满到立秋产的茶叶为夏茶；从立秋到茶园封园为止产的茶叶为秋茶。由于茶季不同，采制而成的茶叶，其外形和内质有很明显的差异。对绿茶而言，由于春季温度适中，雨量充沛，加上茶树经上年秋冬季的休养生息，使得春茶芽叶肥壮，色泽翠绿，叶质柔软，幼嫩芽叶毫毛多。特别是早期春茶往往是一年中绿茶品质最好的。夏季由于天气炎热，茶树新梢芽叶生长迅速，使得能溶解于茶汤的水浸出物含量相对减少，特别是氨基酸及全氨量的减少，使得茶汤滋味不及春茶鲜爽，香气不如春茶浓烈。同时，带苦涩味的花青素、茶多酚含量比春茶高，不但使紫色茶芽增加、成茶色泽不一，而且滋味较为苦涩。秋季气候条件介于春夏之间，茶树经春夏两季生长、采摘，新梢内含物质相对减少，叶张大小不一，叶底泛黄，茶叶滋味、香气显得比较平和。

【茶情物语】

秋萍茶宴

秋萍茶宴馆是中国首家茶宴馆，由“中国茶宴第一人”之称的刘秋萍女士创办，位于上海市东大名路687号2楼。1994年刘秋萍女士在传承发扬中国传统茶文化的基础创建了第一套经典茶宴“西湖十景”，后在2004年又推出了“经典古诗宴”。

“茶宴”顾名思义就是用茶来做宴席。传统上为了解除生猛海鲜、六畜（牛、马、羊、猪、狗、鸡）等的腥、膻、臊味，常用料酒、五香、八角、花椒、桂皮为调料，而这些调料难免有喧宾夺主之副作用，而用茶叶做调料，去腥、去膻、去臊味、去杂味，不但不会喧宾夺主，反而和原料相得益彰。

五味六色是茶宴的绝妙之处。五味——酸、甜、苦、辣、咸。六色——红茶、绿茶、青茶（乌龙茶）、黄茶、白茶、黑茶。茶宴五彩缤纷，其色来自自然的茶色。茶之香、茶之韵、茶之味、茶之形、茶之性衍生出数百道精美绝伦的艺术菜肴。这里的茶宴，千年茶经内难觅，古今菜谱里无踪，成为中国饮食史上的一株奇葩。现代人讲究吃出健康、吃出自然、吃出一份好心情，秋萍茶宴充分让人们体悟到了这种感觉，让人们将吃饭变成一种味觉享受，让桌面上不怎么相识的人有了话题。

（资料来源：《食品与生活》，2018-02-05）

3.4 图说名茶

名茶是指具有一定知名度的好茶，通常具有独特的外形、优异的色香味品质。名茶的形成，往往有一定的历史渊源或一定的人文地理条件，所谓名山、名寺出名茶，名种、名树生名茶，名人、名家创名茶，名水、名泉衬名茶，名师、名技评名茶。很多名茶就是在这样的条件下产生和发展起来的。

名茶有传统名茶、历史名茶和创新名茶之分。尽管现在人们对名茶的概念尚不十分统一，但综合各方面情况，名茶必须具有以下几个方面的基本特点：

一是要具有独特的风格。主要表现在茶叶的色、香、味、形四个方面。杭州的西湖龙井茶一向以“色绿、香郁、味醇、形美”四绝著称于世，也有一些名茶往往以其一两个特色而闻名。如岳阳的君山银针，芽头肥实，茸毫披露，色泽鲜亮，冲泡时芽尖直挺竖立，雀舌含珠，数起数落，堪称奇观。

二是要有商品的属性。名茶作为一种商品必须能够在流通领域中显示出来。我国历代名茶品目虽多达数百上千种，但长久不衰。至今仍有一定生产数量和市场的不过百余种，有些名茶只不过是在某一历史阶段中知名一时而已。因此名茶一定要有相当的产量，质量要好，并且在流通领域享有很高的声誉。

三是要被社会所承认。名茶不是哪个人封的，而是通过人们多年的品评得到社会承认的。历史名茶，或载于史册，或得到发掘，就是现代恢复生产的历史名茶或现代创制的名茶，也需得到社会的承认或国家的认定。

【相关阅读】

中国十大名茶

中国茶叶历史悠久，而名茶就是诸多花色品种茶叶中的珍品。名茶，有传统名茶和历史名茶之分，所以中国的“十大名茶”在也有多种说法。

时间	评选机构	名单
1915 年	巴拿马太平洋万国博览会	碧螺春、信阳毛尖、西湖龙井、君山银针、黄山毛峰、武夷岩茶、祁门红茶、都匀毛尖、铁观音、六安瓜片
1959 年	中国“十大名茶”评比会	洞庭碧螺春、西湖龙井、黄山毛峰、庐山云雾茶、六安瓜片、君山银针、信阳毛尖、武夷岩茶、安溪铁观音、祁门红茶
1999 年	《解放日报》	江苏碧螺春、西湖龙井、安徽毛峰、安徽瓜片、恩施玉露、福建铁观音、福建银针、云南普洱茶、福建云茶、庐山云雾茶
2001 年	美联社和《纽约日报》	黄山毛峰、洞庭碧螺春、蒙顶甘露、信阳毛尖、西湖龙井、都匀毛尖、庐山云雾、安徽瓜片、安溪铁观音、苏州茉莉花
2002 年	《香港文汇报》	西湖龙井、江苏碧螺春、安徽毛峰、君山银针、信阳毛尖、安徽祁门红、安徽瓜片、都匀毛尖、武夷岩茶、福建铁观音

（资料来源：《“茶王”吴远之——改变中国茶业格局的他》，网易网，2021-12-22）

一、名优绿茶

1. 西湖龙井（图 3-2）

品质特征
外形：扁平光滑、挺直尖削、嫩绿鲜润、匀整重实
汤色：嫩绿明亮
香气：清香持久
滋味：鲜醇甘爽
叶底：细嫩成朵，匀齐嫩绿明亮

图 3-2　西湖龙井

产于杭州市西子湖畔西湖山区，扁形绿茶，以“色绿、香郁、味醇、形美”四绝著称，驰名中外。2001 年 11 月 4 日开始实施原产地域保护，将杭州西湖区划为龙井茶生产发源地，冠以

“西湖龙井茶”名称。清明前后至谷雨是采制龙井茶的最佳时节，特级茶采摘标准为一芽一叶及一芽二叶初展鲜叶，每公斤干茶需 7 万～8 万个鲜嫩芽叶。目前一、二级西湖龙井也推广机械制茶。

2. 黄山毛峰(图 3-3)

产自安徽省黄山、歙县、休宁一带。黄山毛峰品质之好坏取决于黄山大叶品种特性，是否发芽整齐，芽头壮实，茸毛特多，叶质柔软，氨基酸总量和水浸出物含量高，从而使成品茶白毫显露，味浓而爽。其制作分杀青和烘焙两道工序。特级毛峰冲泡时雾气绕顶，香气馥郁，芽叶竖直悬浮汤中，徐徐下沉，芽挺叶嫩，多次冲泡仍有余香。

品质特征
外形：形似雀舌、白毫显露、黄绿油润
汤色：黄绿、清澈明亮
香气：清香馥郁
滋味：鲜醇爽口
叶底：嫩黄柔软

图 3-3　黄山毛峰

3. 太平猴魁(图 3-4)

产自安徽省黄山区新明乡一带，创制于清末，属尖形烘青绿茶。太平猴魁以当地柿叶种茶树为原料，采法极其考究。茶农在清晨朦雾中上山采摘，雾退收工，一般只采到上午 10 时。采回鲜叶，按一芽二叶标准一朵朵进行选剔(俗称拣尖)，保证鲜叶大小整齐，老嫩一致。制作工艺分杀青、烘干两道工序。烘干又分毛烘、二烘和拖老烘等三段进行。将制好的猴魁趁热装入铁筒，以锡封口，运往销区。猴魁的色、香、味、形，别具一格，有“刀枪云集，龙飞凤舞”的特色。每朵茶都是两叶抱一芽，俗称“两刀一枪”。成茶挺直，魁伟重实，不散、不翘、不弯曲。色苍绿，遍身白毫，含而不露。

品质特征
外形：挺直、扁平重实、白毫隐伏、苍绿
汤色：杏绿清亮
香气：幽香扑鼻
滋味：醇厚爽口而回甘
叶底：肥厚柔软、黄绿明亮

图 3-4　太平猴魁

4. 涌溪火青(图 3-5)

产自安徽省泾县黄田乡的涌溪等地。当地茶农仿徽州炒青,并参照浙江平水珠茶的特点制作而成。于清明至谷雨期间,采摘当地柳叶种茶树一芽二叶初展之鲜叶为原料,经拣剔后放在竹制圆匾中,置阴凉处摊放 6 小时后付制。自古至今其加工均为手工,工艺细致而漫长,前后约 20 小时才能完成。

品质特征
外形:腰圆、紧结重实、墨绿、油润、显毫
汤色:黄绿、清澈明亮
香气:清高鲜爽
滋味:醇厚而甘甜
叶底:杏黄、匀嫩整齐

图 3-5　涌溪火青

5. 六安瓜片(图 3-6)

产自安徽省六安市金寨县、霍山县等地,是名茶中唯一以单片嫩叶炒制而成的产品,堪称一绝。瓜片要茶梢长到驻芽时才开采。鲜叶采回后要及时扳片,使叶片与芽梗分开,老、嫩叶分别归堆。扳下芽叶制“银针”,梗与老叶炒“针把子”。炒片分两锅进行,用一般竹丝帚或高粱帚炒制。头锅,称生锅,起杀青作用,锅温 150 ℃,叶片变软、叶色变暗即可扫入熟锅(70～80 ℃),边炒边拍,起整形作用,炒成片状。再烘至八成干出售。经茶叶经营专业户收购后,按级归堆,再行二次复烘。第一次称拉小火,100 ℃至九成干下烘,拣去黄片杂物后,第二次即拉老火,采用高温、明火快烘,至叶面起霜足干,趁热装桶密封。

品质特征
外形:单片、不带芽梗、叶边背卷顺直、宝绿色、富有白霜
汤色:碧绿、清澈明亮
香气:清香持久
滋味:鲜醇回甘
叶底:黄绿明亮、柔软

图 3-6　六安瓜片

6. 碧螺春(图 3-7)

产于江苏苏州太湖洞庭东、西山,历史名茶,属螺形炒青绿茶。因茶树与果树交错种植,茶吸果香,花窨茶味,形成碧螺春花香果味的天然品质。“入山无处不飞翠,碧螺春香千里醉”,正是对洞庭碧螺春的真实写照。碧螺春创制于明末清初。当地人称碧螺春为“吓煞人香”,意即有挡不住的奇香。后因康熙皇帝品饮后觉得味道很好,但名称不雅,于是题名“碧

螺春”。此后，其名代代相传，延续至今。

品质特征
外形：条索纤细、卷曲呈螺、银绿隐翠
汤色：嫩绿清澈
香气：嫩香芬芳
滋味：鲜醇
叶底：芽大叶小、嫩绿柔匀

图 3-7　碧螺春

高级的碧螺春茶在春分前后开始采制，采一芽一叶初展鲜叶，称为“雀舌”。碧螺春的制作目前还保持手工方法，杀青以后即炒揉，揉中带炒，炒中带揉，揉揉炒炒，最后焙干。细嫩芽叶与巧夺天工的高超技艺，使碧螺春茶形成了色、香、味、形俱美的独有风格。

7. 都匀毛尖（图 3-8）

都匀毛尖，中国十大名茶之一。1956 年，由毛泽东亲笔命名，又名“白毛尖”“细毛尖”“鱼钩茶”“雀舌茶”，是贵州三大名茶之一。外形条索紧结纤细卷曲、披毫，色绿翠。香清高，味鲜浓，叶底嫩绿匀整明亮。产于贵州都匀市，属黔南布依族苗族自治州。味道好，还具有生津解渴、清心明目、提神醒脑、去腻消食、抑制动脉粥样硬化、降脂减肥以及防癌、防治坏血病和抵御放射性元素等多种功效与作用。

品质特征
外形：紧结纤细卷曲、披毫、色绿翠
汤色：绿而清
香气：清高
滋味：鲜浓
叶底：匀嫩明亮

图 3-8　都匀毛尖

8. 安吉白茶（图 3-9）

产自浙江省安吉县及松阳等地，因叶色玉白、形如凤羽，又名玉凤茶。它是一种温度敏感突变体，每年春季在气温低于 23 ℃的条件下，新生叶片中叶绿素合成受阻，出现叶色的阶段性白化，伴随出现蛋白水解酶活性提高，使游离氨基酸含量增加。气温上升后，叶色恢复成绿色。安吉白茶采摘期只有 30 天左右（约 4 月 15 日—5 月 15 日）。幼嫩芽叶经适度摊放、杀青、摊凉、初烘、复烘制成。成品茶品质特点是氨基酸含量特别高，总量可达 6%以上，比一般绿茶高一倍左右。由于其外形秀美，叶色白绿相间，香气馥郁，沁人心脾，品质特异，安吉白茶连续多次获得中国茶叶学会“中茶杯”全国名优茶评比特等奖。

品质特征
外形：条索自然、形似凤羽、绿中透黄、色油润
汤色：杏黄
香气：馥郁持久
滋味：鲜爽甘醇
叶底：黄白似玉、筋脉翠绿

图 3-9　安吉白茶

9. 信阳毛尖(图 3-10)

产自河南省信阳市。信阳毛尖是绿茶中之珍品，一直以形秀、色绿、香高、味鲜而闻名。信阳特级毛尖茶一般于谷雨前采摘一芽一叶初展鲜叶为原料，经摊晾、生锅、熟锅、初烘、摊凉、复烘、拣剔、再复烘等工序加工而成。分生锅和熟锅两次炒制的过程是信阳毛尖品质形成的主要阶段。

品质特征
外形：细秀匀直、白毫显露、翠绿
汤色：黄绿明亮
香气：清香高长，略有熟板栗香
滋味：鲜浓爽
叶底：细嫩匀整

图 3-10　信阳毛尖

10. 恩施玉露(图 3-11)

品质特征
外形：条索紧圆挺直、毫白显露、苍翠润绿
汤色：嫩绿明亮
香气：清高
滋味：醇和回甘
叶底：绿亮匀整

图 3-11　恩施玉露

产自湖北恩施市五峰山一带，历史名茶，是中国现存的历史名茶中稀有的传统蒸青绿茶。因茶叶色翠绿，毫尖茸毛银白如玉，故名“玉露”。主产地在五峰山海拔 520～595 米处，山间谷地平阔，云雾缭绕，气候温和，雨量充沛，良好的生态环境形成了优质的鲜叶原料。当地主要品种为恩施地方群体品种“苔子”茶，采一芽一至二叶芽梢，经蒸青、摊凉、炒头毛火、揉捻、铲二毛火、整形上光等工序，精细加工而成，其杀青工序沿用唐代的蒸汽杀青方法。

二、名优黄茶

1. 君山银针(图 3-12)

产自湖南洞庭湖君山周围的历史名茶，属黄茶类。始于唐代，唐代称为“黄翎毛”，宋代称为“白鹤茶”，清代有“尖茶”和“茸茶”之分，称为“贡尖”和“贡”。君山银针以银针 1 号品种的单芽为原料，制作包括摊青、杀青、摊凉、初烘、摊凉、初包(焖黄)、复烘、摊凉、复包(焖黄)、足火和拣选等工艺流程。因色、香、味、形俱佳，芽头金黄，有“金镶玉”的美称。用玻璃杯冲泡，茶水杏黄明净，开始芽头悬空挂立，如万笔书天；随着茶芽吸水而徐徐下降，竖于杯底，似春笋出土，三起三落，水光茶影，浑然一体，令人赏心悦目，叹为观止。

品质特征
外形：芽壮挺直、匀整、露毫、色泽黄绿
汤色：杏黄明净
香气：清香浓郁
滋味：甘甜醇和
叶底：黄亮匀齐

图 3-12　君山银针

2. 蒙顶黄芽(图 3-13)

品质特征
外形：扁平挺直、满披白毫、嫩黄油润
汤色：黄亮
香气：甜香浓郁
滋味：甘醇
叶底：嫩黄匀齐

图 3-13　蒙顶黄芽

产自四川省名山区蒙山，于 1959 年恢复生产的历史名茶，属黄茶类。蒙顶黄芽是蒙顶茶系列产品中的一种，起源于西汉年间，历史上曾被列为贡茶。有关蒙山茶叶的传说不少，如相传在西汉末年，名山邑人吴理真种茶树七株于上清峰，茶树能治百病，人称“仙茶”。蒙顶黄芽于春分前后采摘单芽和一芽一叶初展之鲜叶，要求芽头肥壮，大小匀齐，制作包括杀青、初包(焖黄)、二炒、复包、三炒、摊放、整形、提毫、烘焙等工艺流程。初包与复包工艺是形成蒙顶黄芽、黄汤、黄叶主要特征的关键工艺。

3. 霍山黄大茶(图 3-14)

霍山黄大茶，亦称为皖西黄大茶，自明朝便已有记载。产于安徽霍山、金寨、大安、岳西等地。外形叶大、梗长、黄色黄汤香高耐泡，饮之有消垢腻、去积滞之作用。又具有浓烈的老火香(俗称锅巴香)。著名的品种有安徽的霍山黄大茶、广东的大叶青等。霍山黄大茶外形梗壮叶肥，叶片成条，梗叶相连形似钓鱼钩，梗叶金黄显褐，色泽油润，汤色深黄显褐，叶底黄中显褐，滋味浓厚醇和，具有焦香。

品质特征

外形：梗壮叶肥、叶片成条、梗叶相连形似钓鱼钩、金黄显褐、色泽油润

汤色：深黄显褐

香气：锅巴香

滋味：浓厚醇和

叶底：黄中显褐

图 3-14　霍山黄大茶

三、名优白茶

1. 福鼎白毫银针(图 3-15)

产自福建省福鼎、政和一带。福鼎银针以福鼎大白茶鲜叶为原料，将采回的茶芽直接薄摊于水筛或萎凋帘内(不经抽针)，置阳光下曝晒 1 天，达八九成干，剔除展开的青色芽叶，再用文火烘焙至足干，即成毛茶。再经筛分、复火，成品茶趁热装箱，即可上市出售。

福鼎白毫银针形状如针、毫白如银，滋味鲜醇，如泡入透明的玻璃杯中，枚枚银芽，悬空交错，亭亭玉立，蔚为奇观。银针白毫为中国白茶之精品，深得海内外消费者青睐。

品质特征

外形：芽针肥壮挺直、茸毛厚、匀齐洁净、银灰白、富有光泽

汤色：浅杏黄、明亮

香气：清纯、毫香显

滋味：鲜醇回甘

叶底：肥嫩柔软

图 3-15　福鼎白毫银针

2. 白牡丹(图 3-16)

产于福建省建阳、政和、松溪、福鼎一带。白牡丹采摘政和大白茶、福鼎大白茶和水仙品种茶树鲜叶原料的一芽二叶，要求芽白毫显，芽叶肥嫩，并要求"三白"，即芽及第一、第二叶带有白色茸毛。一般只采春茶一季，分萎凋与干燥两大工序制成。

白牡丹的加工不经炒揉，叶态自然，成品色泽深灰绿，外观色泽似绿茶，而实质上已经过一定程度的发酵。因此香味醇和，比红茶耐泡又无绿茶的涩感。白牡丹茶性清凉，有退热降火之功效，是暑天佳饮，也是东南亚地区夏天的主要饮料。

品质特征
外形：叶缘垂卷、绿叶夹银白毫心，匀整洁净、灰绿润
汤色：杏黄
香气：毫香明
滋味：鲜醇
叶底：叶张肥嫩、芽叶连枝、浅绿

图 3-16　白牡丹

3. 寿眉(图 3-17)

寿眉是指以福鼎大白、福鼎白茶树制成的白茶。主产于福建省宁德市的柘荣县和福鼎市管阳镇、磻溪镇、点头镇，南平市的政和县、建阳区、松溪县等，产量占白茶总产量一半以上。寿眉叶张稍肥嫩，芽叶连枝，无老梗，叶整卷如眉，香气鲜醇。其中用茶芽叶制成的毛茶称为"小白"，以区别于福鼎大白茶、政和大白茶茶树芽叶制成的"大白"毛茶。寿眉采摘标准为一芽二叶至一芽二、三叶，要求含有嫩芽、壮芽，初精制工艺与白牡丹基本相同。

品质特征
外形：叶张稍肥嫩、毫心显，色泽翠绿
汤色：橙黄或深黄
香气：鲜醇
滋味：醇爽
叶底：匀整、柔软、鲜亮、浅绿

图 3-17　寿眉

四、名优乌龙茶

1. 安溪铁观音(图 3-18)

铁观音为历史名茶，创制于清乾隆年间，原产于安溪县西平乡，现已被广泛引种各地。铁观音既是茶树品种的名称，也是商品茶的名称。铁观音兼有红茶之甘醇、绿茶之清香，冲

泡后的茶叶具“青蒂、绿腹、红镶边”的特征，茶汤滋味醇厚甘鲜，饮后齿颊留香，喉底回甘悠长，并且还有一种若有若无的令人心醉神迷的独特韵味，茶人们称之为“观音韵”。铁观音曾多次在国内外荣获金奖，深受消费者的喜爱。

品质特征
外形：肥壮圆结、沉重匀整，
　　　色泽乌润、砂绿显、红点明
汤色：金黄明亮
香气：浓馥持久、兰花香，
　　　香韵明显
滋味：醇厚甘鲜、回甘悠长
叶底：软亮、肥厚红边

图 3-18　安溪铁观音

【茶情物语】

铁观音的传说

关于“铁观音”的由来有两种传说。一说是安溪县松林头茶农魏荫信佛，每天清晨必奉清茶一杯于观音大士像前，十分虔诚。一天，他上山砍柴，偶见岩石隙间有一株茶树，在阳光的照射下，闪闪发亮，极为奇异，遂挖回精心加以培育，并采摘试制，其成茶沉重似铁，香味极佳，疑为观音所赐，即名为铁观音。另一说是乾隆皇帝一生嗜茶成癖，尝遍名山名茶。一次，他微服游历江南，进入福建一家茶馆品饮了一种茶，感觉其味甘醇爽滑，有一种特殊的天然兰花香气，又色泽暗绿，如铁压手，不觉赞誉此茶香美赛观音。此后不久，当地纷纷传闻那日饮茶客人乃当今皇帝，于是约定俗成此茶名为铁观音，且名声大振。

（资料来源：林永传《中国安溪茶叶宝典》中国文学出版社，2006）

2. 武夷大红袍(图 3-19)

品质特征
外形：条索紧结壮实、匀整油润、
　　　色泽带宝色油润
汤色：深橙黄、清澈艳丽
香气：馥郁有兰花香
滋味：醇厚、回味甘爽，
　　　“岩韵”明显
叶底：软亮匀齐、边红中绿

图 3-19　武夷大红袍

大红袍为历史名茶，原产于福建省武夷山天心岩九龙窠悬崖峭壁上。这里独特的生长环境造就了大红袍独特的品质。大红袍母树所在地两旁岩壁直立，太阳直射时间短，温湿的小气候特别适宜茶树的生长，更难得的是崖悬终年有清泉滴下，滋润着茶树，随泉水落下的还有落叶、苔藓等有机物，好比不断地给茶树施天然有机肥。得天独厚的生态环境，使得大红袍“臻山川精英秀气所钟，品具岩骨花香之胜”，成为历代贡品。清代咸丰年间，在民间斗茶赛中大红袍被评为武夷四大名丛之首，尊为“武夷茶王”。乾隆皇帝在品评全国各地贡茶后赋诗：“建城杂进土贡茶，一一有味须自领。就中武夷品最佳，气味清和兼骨鲠。”诗中所赞美的武夷茶即大红袍。如今大红袍原产地尚存六棵母树，武夷山市人民政府委托给福建省茶叶龙头企业武夷星茶业有限公司独家管护、承制。从 20 世纪 80 年代开始，当地政府组织科研人员进行大红袍的无性繁殖攻关取得了成功，现在纯种大红袍已经被商品化生产。

3. 武夷肉桂(图 3-20)

产自福建省武夷山，历史名茶，属乌龙茶。肉桂既是茶树品种名称，也是茶叶名称。当新梢伸育至完熟形成驻芽时，留下一叶，采下三至四叶，俗称“开面采”。传统制法是采回鲜叶经晒青、凉青、做青、炒青、初揉、复炒、复揉、走水焙、簸拣、摊凉、拣剔、复焙、炖火、毛茶、再簸拣、补火等工序制作而成。武夷肉桂外形紧结而色青褐；香气辛锐刺鼻，早采者带乳香，晚采者桂皮香明显；味鲜滑甘润。武夷肉桂品质上乘，香型独特，是乌龙茶中不可多得的高香品种，近年来发展很快，现已成武夷茶的当家品种。

品质特征
外形：条索肥壮紧结、壮实匀整、青褐油润
汤色：金黄、清澈明亮
香气：浓郁持久，似有乳香或蜜桃香或桂皮香
滋味：醇厚鲜爽、岩韵明显
叶底：肥厚软亮、匀齐红边显

图 3-20　武夷肉桂

4. 凤凰单丛(图 3-21)

产自广东省潮安区凤凰山，历史名茶，属乌龙茶。潮安区凤凰乡乌髻山，原盛产凤凰水仙茶，古时的凤凰水仙茶称为“鹪嘴茶”，至 1956 年才被定名为凤凰水仙。凤凰单丛茶实际上是凤凰水仙群体中的优异单株的总称，因其单株采取、单株制作，故称单丛。

品质特征
外形：紧结壮直、匀整、鳝褐油润
汤色：深黄、清澈明亮
香气：浓郁花香、清高细锐、持久
滋味：鲜爽回甘，有鲜明花香味，特殊韵味
叶底：绿腹红边、软柔鲜亮

图 3-21　凤凰单丛

凤凰单丛茶是介于红茶和绿茶之间的半发酵乌龙茶。其采制十分讲究。选晴天进行采摘，茶青不可太嫩也不可太老，一般为一芽二至三叶。加工分晒青、做青(碰青)、杀青、揉捻、干燥等工序。凤凰单丛茶由于其形美、色褐、香郁、味甘，具天然优雅的花香，因而备受消费者的青睐，并在历次全国名优茶评比中名列前茅。

5. 冻顶乌龙(图 3-22)

产自台湾南投县鹿谷乡冻顶山，历史名茶，属乌龙茶，是一种半球形包种茶，素有“北文山(条形)，南冻顶(半球形)”之美誉。冻顶茶一般以青心乌龙等良种为原料，采小开面后一心二三叶或二叶对夹，经晒青、晾青、浪青、炒青、揉捻、初烘、多次团揉、复烘、再焙等多道工序而制成。冻顶茶的发酵程度较轻，约在 20%～25%之间，呈半球形，外形紧结、整齐、卷曲成球形，色泽墨绿、鲜丽带油光，茶汤颜色春茶为蜜黄色、冬茶为蜜绿色，澄清明丽，有水底光，花香馥郁，茶汤入口富活性，过喉甘滑、喉韵明显。冻顶乌龙因为市场销路好，如今已发展到南投县以及周边的各个茶区，不再是冻顶山的特产，成为台湾乌龙茶的代表。

品质特征
外形：圆结重实、匀整洁净、墨绿油润
汤色：蜜黄透亮
香气：花香持久
滋味：甘醇鲜爽
叶底：肥厚软亮

图 3-22　冻顶乌龙

6. 白毫乌龙(图 3-23)

白毫乌龙茶又名东方美人茶、膨风茶、香槟乌龙茶，历史名茶，始于清末。主产于台湾省新竹县北埔乡、峨眉乡和苗栗县的头尾、头份、三湾一带。白毫乌龙茶制作工艺与其他乌龙茶相仿，唯独发酵程度最重达 70%左右，接近于红茶，但仍然属乌龙茶类。优质的白毫乌龙茶茶芽肥壮，茶条较短，含红、黄、白、青、褐五色，鲜艳绚丽，茶汤色呈琥珀般的橙红色，滋味甘醇醉人，带有一股天然熟果的甜蜜香，入口浓厚圆润，过喉爽滑生津，令人品饮难忘。

品质特征
外形：芽毫显露，芽叶连枝成朵、匀整洁净，褐、绿、黄、红、白相间协调，油润
汤色：琥珀色、清澈明亮
香气：蜜果香显
滋味：甜醇
叶底：软匀明亮

图 3-23　白毫乌龙

白毫乌龙茶在 1900—1940 年曾大量销往欧美，深受欧美等各国上层人士的欢迎，据说

英国女王品饮此茶后龙颜大悦，赐名为“东方美人”(Orient Beauty)。

【思考讨论】

乌龙茶为什么具有“绿叶红镶边”的独特品质特征？

绿叶红镶边是乌龙茶在制作工艺中所独有的特色。从晒青到晾青和摇青，最后形成所谓“三分红七分绿”的叶片特色。

五、名优红茶

1. 正山小种红茶(图 3-24)

产自福建武夷山区。原称“桐木关正山小种”，现称正山小种。一年只采春夏两季，春茶在立夏开采，以采摘一定成熟度的小开面叶(一芽二三叶)为最好。传统制法是鲜叶经萎凋、揉捻、发酵、过红锅、复揉、熏焙、筛拣、复火、匀堆等道工序。小种红茶的制法有别于一般红茶，首先发酵以后在 200 ℃的平锅中进行拌炒 2～3 分钟，称“过红锅”，这是小种红茶特殊工艺处理技术，其目的在于散去青臭味，消除涩感，增进茶香。其次是后期的干燥过程中，要用湿松柴进行熏烟焙干。正是由于这些独特工艺，小种红茶从而形成松烟香、桂圆汤、蜜枣味等独有品质风格，赢得了海内外消费者的青睐。

品质特征
外形：条索壮实紧结、匀齐、乌黑油润
汤色：红艳浓厚，似桂圆汤
香气：纯正高长，似桂圆干香或松烟香
滋味：醇厚回甘
叶底：肥厚红亮

图 3-24　正山小种红茶

2. 祁门红茶(图 3-25)

品质特征
外形：条索细紧、锋苗显，匀齐秀丽、乌润
汤色：红亮
香气：鲜甜清快，有果糖香
滋味：醇厚甘爽
叶底：嫩匀明亮

图 3-25　祁门红茶

产自安徽省祁门县。祁门红茶(简称“祁红”)在国际市场上与印度大吉岭红茶、斯里兰卡乌伐红茶共称世界三大高香茶。祁红的采制，以楮叶良种鲜叶为原料，经萎凋、揉捻、发酵、毛火、足火等工艺加工而成。制作关键在于：鲜叶原料的分级付制萎凋均匀，程度适中；揉捻充分，发酵适度；毛火高温快烘，足火低温慢烤。有人说，祁红馥郁鲜爽的果糖香（祁门香）是慢慢烤出来的。祁红的滋味，入口醇和，回味隽厚，味中有香，汤色红艳透明，叶底红亮。单独泡饮，最能领略其独特香味，加入牛奶与糖调饮也十分可口。英国人最喜爱喝祁红，皇家贵族都将祁红作为时髦饮品，用祁红向王后祝寿，获赠“群芳最”的美誉。

3. 金毫滇红工夫（图 3-26）

产自云南省凤庆、临沧等地。新创制名茶，属条形红茶，于 1958 年由云南凤庆茶厂职工创制。金毫滇红工夫选用凤庆大叶种为原料，采清明前之芽蕊，经萎凋、轻揉、发酵、毛火、足火等工艺制成毛茶，再经筛分、割末而成。干茶条紧秀丽，毫锋金黄闪烁，形状优美，茶香浓郁，汤色红浓明亮，是滇红工夫中之极品，曾以每磅 500 便士在伦敦市场创造世界茶叶最高价纪录。以后又在此基础上，创制特级滇红工夫，毫芽特多，形美色艳，香高味浓。产品一直是国家外事活动和赠送外宾的礼茶。

品质特征
外形：肥壮紧结，锋苗显，
　　　匀齐、乌褐润，金毫显
汤色：红艳明亮
香气：嫩香、浓郁持久
滋味：鲜浓醇厚
叶底：肥嫩多芽、红匀明亮

图 3-26　金毫滇红工夫

4. 英德红茶（图 3-27）

产自广东省英德市。新创名茶，属条形红茶，于 1959 年由广东省英德茶场创制成功，故简称“英红”。自 20 世纪 50 年代中期，英德大量推广种植云南大叶种和凤凰水仙茶，英德红茶之鲜叶原料，主要来自这两大品种。要求采摘一芽二三叶及同等嫩度的对夹叶，经萎凋、揉捻、发酵、毛火、足火等传统工艺制成。英德红茶品质之优异源于其品种搭配之优势。云南大叶种茶多酚含量高，成品茶味浓强，汤红艳，而水仙群体种香气鲜爽持久，两者配合，使英红具备了汤浓味厚、香气浓郁的品质特点。

品质特征
外形：芽头肥壮，满披金毫，
　　　鲜润、匀净、乌润
汤色：橙红明亮
香气：嫩甜带毫香、持久
滋味：鲜醇甘爽
叶底：全芽、嫩红匀亮

图 3-27　英德红茶

5. 金骏眉(图 3-28)

金骏眉茶，属于红茶中正山小种的分支，原产于福建省武夷山市桐木村。由正山小种红茶第二十四代传承人江元勋带领团队在传统工艺的基础上通过创新融合于 2005 年研制出的新品种红茶。金骏眉之所以名贵，是因为全程都是手工制作，采摘武夷山自然保护区内的高山原生态小种新鲜茶芽，经过一系列复杂的萎凋、摇青、发酵、揉捻等加工步骤而得以完成，每 500 克金骏眉需要数万颗的茶叶鲜芽尖。金骏眉是难得的茶中珍品，外形细小紧密，伴有金黄色的茶绒茶毫，汤色金黄，入口甘爽。

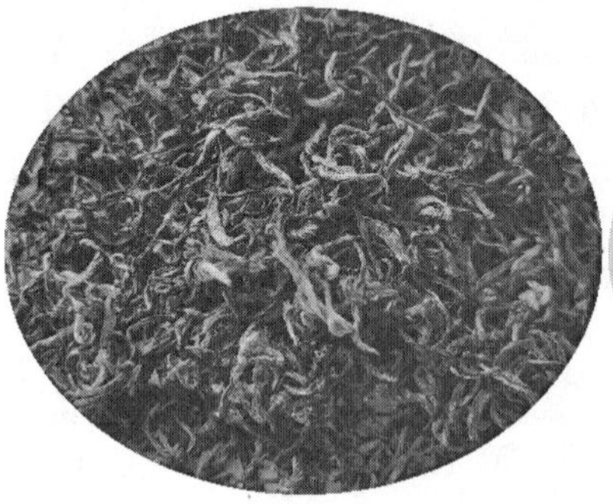

品质特征
外形：紧秀重实，锋苗秀挺，略显金毫，匀净，金、黄、黑相间，色润
香气：花果蜜薯等综合香气、持久
汤色：金黄色、清澈透亮、金圈显
滋味：鲜活甘爽
叶底：单芽、肥壮饱满、鲜活匀齐、呈古铜色

图 3-28　金骏眉

6. 宜红工夫红茶(图 3-29)

宜红，又名宜红工夫茶，同祁红、滇红一起被列入我国传统外销三大工夫红茶，主要销往英国、俄罗斯及西欧等国家和地区。据史料记载，宜红工夫红茶问世于 19 世纪中，距今已有约 200 年历史。清道光年间(1824 年)，广东茶商钧大富带领江西技工来到五峰县渔洋关镇，传授红茶采制技艺，设庄收购精致宜红，运往汉口，再转广州出口，开启了宜红茶出口的先河。

宜红工夫红茶产于湖北省鄂西山区的恩施和宜昌地区。干茶外形紧结，稍有锋苗，较匀整，稍有韧劲，汤色橙红，明亮清澈。

品质特征
外形：紧结、有锋苗、匀整、乌润
汤色：橙红、明亮、金圈显
香气：甜香浓郁
滋味：鲜醇浓厚
叶底：柔软、红亮

图 3-29　宜红工夫红茶

六、名优黑茶

1. 七子饼茶(图 3-30)

产自云南省易武、勐海、景东及下关等地。历史名茶，属黑茶紧压茶类。七子饼茶是云

南普洱茶的一个品种，是以云南大叶种晒青毛茶为原料，经筛分、拼配、渥堆、蒸压而成，其渥堆程度较重。目前云南的七子饼茶有熟饼和青饼两个系列，熟饼为普洱茶类成型茶，青饼为大叶青茶类成型茶。七子饼茶过去是民族地区用作嫁娶的彩礼和逢年过节赠送亲友之礼物，七子为多子多孙多富贵之意，寓意喜庆团圆和吉祥。港澳同胞和旅居东南亚一带的侨胞，也都盛行这一习俗。

品质特征
外形：紧结、圆整、显毫、褐红
汤色：深红褐色
香气：纯正、陈香
滋味：醇浓
叶底：深猪肝色

图 3-30　七子饼茶

2. 六堡茶(图 3-31)

产自广西壮族自治区梧州市，选用苍梧县群体种、广西大中叶种及其分离、选育的品种、品系茶树的鲜叶为原料，按特定的工艺进行加工，是具有独特品质特征的黑茶。六堡茶素以“红、浓、陈、醇”四绝著称，有独特槟榔香气，条索长整紧结，汤色红浓，香气陈厚，滋味甘醇可口，叶底铜褐色。六堡茶中之篓茶，乃是用竹篓包装的六堡紧压茶叶。将毛茶经过蒸揉后，装篓压实，然后放置阴干处，晾贮几个月后通过发酵使茶紧结成块，即可形成有独特醇、陈香味的六堡篓茶。传统的竹篓包装，有利于茶叶贮存时内含物质继续转化，使滋味变醇、汤色加深、陈香显露。用六堡散茶蒸制、压模，可制成六堡饼茶、六堡砖茶、六堡沱茶等。

品质特征
外形：紧细、圆直、匀整、黑褐油润
香气：陈香纯正
汤色：深红、明亮
滋味：陈香醇厚
叶底：黑褐、细嫩柔软、明亮

图 3-31　六堡茶

2011 年 3 月 16 日，国家原质检总局批准对“六堡茶”实施地理标志产品保护。

3. 云南普洱(图 3-32)

普洱熟茶是采用人工发酵技术加工制成的普洱茶，产于云南省昆明普洱及下关一带。其干茶外形条索紧结、清晰，干茶色泽呈褐红或深栗色，冲泡后汤色红浓透明，品饮起来口感陈香醇厚，顺滑且回甘明显，有独特的陈香。

普洱熟茶茶性温和，有养胃、护胃、暖胃及降血脂、减肥等保健功能。

品质特征
外形：条索紧结、清晰，
干茶色泽呈褐红或深栗色
香气：纯正、陈香显
滋味：陈香醇厚
汤色：红浓透明
叶底：暗黑

图 3-32　云南普洱

【任务小结】

1. 中国是世界上最早发现茶并利用茶的国家。茶从发现到演变为饮料经历了药用、食用和饮用三个阶段，"茶"字的音、形、意也是由中国最早确定的，并成功地将其传播到世界各地，从而派生出丰富多彩的饮茶习俗和各具特色的茶文化。

2. 中国种茶、制茶、饮茶历史悠久，经过几千年不断革新和演变，产生了各式各样、丰富多彩的茶叶品种和茶类。

3. 中国茶区辽阔，茶类繁多，茶树品种丰富，加之地形复杂，因此，茶区划分采取三个级别，即：一级茶区，系全国性划分，用以宏观指导；二级茶区，由各产茶省（区）划分，进行省（区）内生产指导；三级茶区，由各地县划分，具体指挥茶叶生产。目前，国家一级茶区分为四个茶区，即华南茶区、西南茶区、江南茶区、江北茶区。

4. 名茶应是具有独特的外形和优异的品质，色、香、味俱佳，从而具有较大知名度的好茶。

【参考资料】

1.《中国茶经》　上海文化出版社　陈宗懋、杨亚军主编
2.《制茶学》　中国农业出版社　夏涛主编
3.《茶艺服务与管理实务》　东南大学出版社　杨湧主编
4.《茶学概论》　中国农业出版社　叶乃兴主编
5.《品茶图鉴》　译林出版社　陈宗懋等著
6.《茶学入门》　浙江大学出版社　屠幼英、乔德京主编

【任务检测】

一、单选题

1. 西湖龙井的产地是(　　)。

A. 梧州　　B. 湖州　　C. 苏州　　D. 杭州

2. 江苏苏州的洞庭山是(　　)的产地。

A. 大方茶　　B. 雨花茶　　C. 碧螺春　　D. 绿牡丹

3. 碧螺春的香气特点是(　　)。

A. 甜醇带蜜糖香　　B. 甜醇带板栗香　　C. 鲜嫩带蜜糖香　　D. 鲜嫩带花果香

4. 特一级黄山毛峰的色泽是(　　)。

A. 碧绿色　　B. 灰绿色　　C. 青绿色　　D. 象牙色

5. 具有代表性的闽南乌龙茶有(　　)黄金桂、永春佛手、毛蟹等。

A. 铁观音　　B. 大红袍　　C. 水仙　　D. 肉桂

6. 在乌龙茶中(　　)程度最轻的茶是包种茶。

A. 发酵　　B. 晒青　　C. 包揉　　D. 烘炒

7. "茶汤青绿明亮，滋味鲜醇回甘。头泡香高，二泡味浓，三四泡幽香犹存"是(　　)的品质特点。

A. 安溪铁观音　　B. 云南普洱茶　　C. 祁门红茶　　D. 太平猴魁

8. 铁观音的产地在中国福建省(　　)。

A. 武夷山　　B. 福鼎　　C. 政和　　D. 安溪

9. 乌龙茶主要产于我国(　　)。

A. 云南省　　B. 四川省　　C. 福建省　　D. 贵州省

10. 安吉白茶是属于(　　)。

A. 绿茶　　B. 红茶　　C. 乌龙茶　　D. 白茶

二、判断题

(　　)1. 铁观音既是茶树的名称也是茶叶的名称。

(　　)2. 小种红茶是世界上最早的红茶。

(　　)3. 茶的音形意是在明朝被确定下来的。

三、简答题

1. 简述从哪些方面可以说明中国是茶的故乡。

2. 举例说明我国四个一级茶区的代表茶叶都有哪些。

3. 简述中国名茶的特点。

【实训演练】

一、实训安排

实训项目	名茶鉴别
实训要求	1. 能够熟练掌握茶叶质量鉴别的方法与流程。 2. 能够熟练使用茶叶鉴别用具的使用。
实训时间	2 课时
实训环境及工具	1. 可以进行茶叶鉴别的茶艺实训室。 2. 多媒体教室、六大类茶叶的代表茶叶。 3. 天平秤、计时器、样茶盘、审评杯套装、煮水壶、品茗杯、审评单。

（续表）

实训项目	名茶鉴别
实训方法	示范讲解、情境模拟、小组讨论法
实训过程	1. 资讯：小组讨论完成实训任务需要掌握的知识与技能，通过网上学习、小组讨论的形式收集并整理相关知识点。 2. 计划：制定实训任务完成的时间、地点、内容、人员分配等内容。 3. 组织、实施：①老师讲解、示范；②分组训练；③完成实训任务并填写审评单。 4. 监督、检查：实训效果评估。

二、实训步骤及要求

1. 了解茶叶审评工具的使用方法

2. 掌握茶叶审评的程序与注意事项

（1）分组讨论，对各审评盘中的茶叶进行识别分类；

（2）摇盘：观察审评盘中每种茶叶的外形特征；

（3）取样：用电子秤取适量茶叶（3.0 克茶叶）；

（4）冲泡：四种茶叶为一组进行茶叶审评，将称量好的茶叶倒入审评杯中迅速注入沸水加盖；提示：绿茶浸泡 4 分钟；黄茶、红茶、白茶、乌龙茶浸泡 5 分钟；普洱茶分两次冲泡，第一次浸泡 2 分钟出汤审评，第二次浸泡 5 分钟出汤审评。

（5）审评：出汤后及时嗅闻香气，观察审评碗中茶叶的汤色，品尝滋味，观察叶底。

3. 填写茶叶审评报告单

茶叶名称	外形	香气	汤色	滋味	叶底
西湖龙井					
黄山毛峰					
洞庭碧螺春					
信阳毛尖					
祁门红茶					
小种红茶					
滇红					
英德红茶					
铁观音					
大红袍					
冻顶乌龙					
凤凰单丛					
霍山黄大茶					
白毫银针					
云南普洱					

任务四

破解科学饮茶密码

【学习目标】

知识目标：能够掌握水质与茶汤品质的关系；
能够正确选择沏茶用具；
能够掌握科学选茶的方法。

素质目标：培养学生遵守劳动纪律，养成卫生、安全、节能、环保的意识；
使学生能够具备沟通和协调人际关系的能力，形成团队合作意识。

能力目标：具备自我学习、团队合作学习能力；
具备一定的视频拍摄编辑能力。

【任务导图】

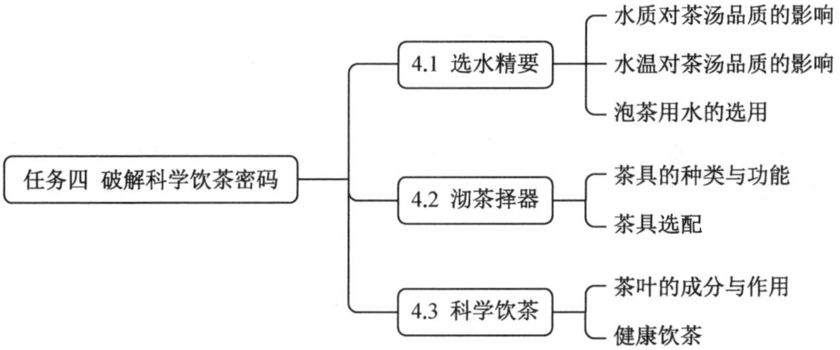

【案例导入】

泡茶水标准的出台打开了饮水新市场

2021 年 7 月，由中国农业科学院茶叶研究院、中国茶叶学会、浙江大学等单位共同发起制定了 T/CTSS 32-2021《包装饮用天然泡茶水》团体标准（图 4-1），该标准重点参考了尹军峰教授科学团队的课题“饮用水中重要矿物质对冲泡茶汤品质的影响”。

ICS 67.160.20
CCS X 51
团 体 标 准
T/CTSS 32-2021
包装饮用天然泡茶水
Packaged drinking natural water for tea brewing
2021-07-29 发布　2021-07-30 实施
中国茶叶学会 发布

图 4-1　T/CTSS 32-2021《包装饮用天然泡茶水》团体标准

中国农业科学院茶叶研究所、首席科学家尹军峰在其“饮用水中重要矿物质对冲泡茶汤品质的影响”课题中通过水的理化指标分析，更科学地阐述了“适合泡茶的水”中的理化指标对茶的影响。尹军峰教授说：即使是同样品牌的水，纯净水与山泉水也可以明显看出汤色差距，这和含有不同离子的水之间有很大关系，这就很好地诠释了不同水“妈妈”孕育出的是完全不同的茶水。

T/CTSS 32-2021《包装饮用天然泡茶水》团体标准明确规定钙、钠含量，同时也规范了包装饮用天然泡茶水的术语、定义、技术要求、生产加工过程的卫生及标签要求等内容。通过科学研究得出符合泡茶的天然水水质要求，填补了我国目前泡茶水行业标准的空白，为消费者选择多类产品提供科学的依据，也为生产监督管理提供有效的技术标准依据，从而保障了消费者的饮水安全和健康，依据这些标准，消费者基本上可以选出比较合适的泡茶水。

案例点评：目前“泡茶水”正在成为瓶装水细分领域一个不可或缺的品类，受到了许多爱茶人士的欢迎。从科学性的角度来讲，“泡茶用水”对水质的要求极为严苛，这样才能更好地激发出茶叶本身的“色、香、味、形”等。

[资料来源:《专家解读:以科学标准规范“泡茶水”行业发展》拿声国际-拿声(北京)国际文化传媒有限公司,http://www.nashengguoji.com/news/51.html]

4.1　选水精要

茶是茶叶通过水的冲泡或煮焖而得到的令人身心愉悦的饮品。在泡茶过程中,水的软硬清浊,对茶叶品质影响极大,尤其是对茶汤的色泽和香味影响最大。明朝张大复在《梅花草堂笔谈》中记有:“茶性必发于水,八分之茶,遇十分之水,茶亦十分矣。八分之水,试十分之茶,茶只八分耳。”许次纾《茶疏》中曰:“精茗蕴香,借水而发,无水不可与论茶也。”一杯好的红茶,用水质好的水进行冲泡,茶汤红艳明亮,可是如果用含铁量较高的水冲泡,茶汤就会乌暗,更有甚者会铁腥气浓,茶味淡而苦,令人生厌,可见泡茶用水的重要性。

一、水质对茶汤品质的影响

江水、河水、泉水泡茶的效果为什么不一样? 现代科学研究表明,影响茶汤感官品质的水质因子主要有水的总硬度、水中矿质元素含量、pH、二氧化碳和氧气含量、水分子团的大小以及其他一些因子。

1. 水的总硬度

水的总硬度是指水中总固体溶解量。总固体溶解量高,水的硬度高,反之,则硬度低。固体溶解量主要是指钙离子与镁离子的溶解量,水的硬度一般以碳酸钙溶解量计,其计算方式为每1升水中含有10毫克钙镁离子即称为硬度1度。

世界卫生组织根据水的硬度大小将其分为7个级别(表4-1)。

表4-1　世界卫生组织对水的硬度等级的分级

级别	硬度等级	碳酸钙含量(mg/L)
1	极软水	0~75
2	软水	75~150
3	中硬水	150~300
4	硬水	300~450
5	高硬水	450~700
6	超高硬水	700~1 000
7	特硬水	大于1 000

水的硬度影响茶叶有效成分的溶解度。硬水中含有较多的钙镁离子和矿物质,茶叶有效成分的溶解度低,故茶味淡;而软水中含有的固体溶解量低,茶叶中有效成分的溶解度高,故茶味浓。

2. 矿物质对茶汤品质的影响

矿物质元素有利于人体健康，是人体必需的微量元素，但对泡茶来说，水中矿物质元素含量并非越多越好。根据彭乃特(P. W. Punnett)和弗里德曼(C. B. Fridman)的试验，水中矿物质对茶叶品质有较大的影响(表 4-2)。

表 4-2　水质对茶汤品质的影响

矿物质	含量(新鲜水/茶汤)	影响效果
氧化铁	低价铁 0.1 g/L	茶汤发暗、滋味变淡，低价铁愈多影响愈大。如水中含有高价氧化铁，其影响比低价铁更大
铝	0.2 mg/L	茶汤会产生苦味
钙	2 mg/L	茶汤会变坏带涩，滋味发苦
镁	2 mg/L	茶味会变淡
铅	少于 0.4 mg/L	茶味会淡薄而有酸味，过时还会产生涩味
	1 mg/L 以上	茶味会涩且有毒
锰	0.1～0.2 mg/L	茶汤会产生轻微的苦味
	0.3～0.4 mg/L	茶味会更苦
铬	0.1～0.2 mg/L	茶汤会产生涩味
镍	0.1 mg/L	茶汤会有金属味
锌	0.2 g/L	茶汤会有苦味

可见，用硬水冲泡茶叶对浸出的汤色、滋味、香气都是不利的。蒸馏水冲泡茶叶之所以比硬水好，是因为蒸馏水中除含少量空气和二氧化碳外，基本上不含其他溶解物，这些气体在水煮开后即消失了。而河水一般含矿物质较多，煮水泡茶对茶叶品质会有不好的影响。

另外，水的硬度还影响茶叶有效成分的溶解度。用碱性水、铁盐含量多的水泡茶，绿茶由清变深，碱性水中的氧离子与多酚类反应导致茶汤“锈油”(茶黄素自动氧化)，红茶茶汤变暗，白茶汤色发灰，茶汤味也会变涩。

3. pH 对茶汤品质的影响

pH 是表示溶液(水)酸碱度的数值:pH 等于 7 时，水为中性水；pH 小于 7 时水偏酸性；pH 大于 7 时水偏碱性。pH 对茶汤汤色和滋味有影响。研究显示，pH 大于 7 的水对茶汤品质有显著的影响。偏碱性的水会促进茶汤中茶多酚类物质氧化，使茶汤色变深。偏酸性的水会使茶汤产生沉淀。茶汤在中性略偏酸的条件下品质较为稳定。

4. 其他因子对茶汤品质的影响

水中阴离子含量不高，但其对茶汤品质也有影响，如氯对茶汤香气和滋味都有影响。自来水中氯离子含量高，水中余氯或氯化物容易与茶汤中的茶多酚类作用，造成茶汤苦涩。又如:硫酸根离子含量 1～4 mg/L 时，茶汤滋味变淡薄；当含量达到 6 mg/L 以上，茶汤开始出现明显的涩味。自然界水中的二氧化碳和氧气含量较高，茶汤的鲜爽度会增加。

【茶情物语】

陆羽鉴水的故事

唐代张又新的《煎茶水记》中记述了陆羽鉴水的一段故事。唐代宗时期，湖州刺史李季卿到维扬（就是今天的扬州）与陆羽相逢。李季卿一向倾慕陆羽，很高兴，便说："陆君善于品茶，天下闻名，这里的扬子江南零水又特别好，二妙相遇，千载难逢。"因而命令军士执瓶操舟，到江中去取南零水。趁军士取水的时间，他把各种品茶器具一一放置停顿。不一会儿，水送到了。陆羽用杓在水面一扬说："这水倒是扬子江水，但不是南零段的，好像是临岸之水。"军士说："我乘舟深入南零，有许多人看见，不敢虚报。"陆羽一言不发，端起水瓶，倒去一半水，又用水杓一扬，说："这才是南零水。"军士大惊，急忙认罪说："我自南零取水回来，到岸边时由于船身晃荡，把水晃出了半瓶，害怕不够用，便用岸边之水加满，不想处士之鉴如此神明。"李季卿与来宾数十人都十分惊奇陆羽鉴水之技，便向其讨教各种水的优劣，并用笔一一记了下来。

（资料来源：张又新《煎茶水记》）

二、水温对茶汤品质的影响

陆羽《茶经》云："其沸，如鱼目，微有声，为一沸。边缘如涌泉连珠，为二沸。腾波鼓浪，为三沸。已上水老，不可食也。"明许次纾《茶疏》云："水一入铫，便需急煮，候有松声，即去盖，以消息其老嫩。蟹眼之后，水有微涛，是为当时。大涛鼎沸，旋至无声，是为过时，过则汤老而香散，决不堪用。"以上是古人对烧水煮茶的历史记载，可供参考。

泡茶烧水应达到沸滚而起泡为度，这样的水冲泡茶叶才能使汤的香味更多地挥发出来，水浸出物也溶解得较多。水沸过久，能使溶解于水中的空气，全被驱逐变为无刺激性。用这种开水泡茶，必将失去像用新沸滚的水所泡茶汤应有的新鲜滋味。俗称千滚水是不能喝的。如果水没有沸滚而泡茶，则茶叶浸出物不能最大限度地泡出。

1. 水温与物质浸出量

如表 4-3“冲泡水温与茶叶浸出物比例”所示，取三个审评茶碗，用 3 克绿茶、150 毫升水为试验材料，水温分别为 100 ℃、80 ℃、60 ℃，分别冲入三个审评茶碗，经 4 分钟冲泡后，将茶汤沥出。水温为 100 ℃时，茶叶的浸出物为 100%；水温降至 80 ℃时茶叶的浸出物为 70%～80%；水温降至 60 ℃时茶叶的浸出物只有 45%～65%。可见泡茶的水温度高，茶叶内含物质就容易浸出；泡茶的水温度低，茶叶内含物质浸出速度慢。

表 4-3　冲泡水温与茶叶浸出物比例

水温(℃)	100	80	60
浸出物(%)	100	70～80	45～65

2. 水温与香气物质的挥发

用沸水泡茶 4 分钟，热闻香气，容易辨别茶叶中是否有异味，如烟味、霉味、杂味等，也容易辨别茶叶的缺陷，如酸味、青气等，还可以辨别茶汤中是否有异味和不足。如果泡茶水温低，内含物质浸出率低，相对来说，异味、酸味、青味的挥发量也会减少，若不达感觉阈值，则感觉不到。所以，水温是调控茶汤滋味和香气的有效手段。

3. 水温与物质浸出类别的关系

研究表明，茶叶中不同内含物质的浸出对水温要求不同。茶多酚、咖啡因在高水温下快速浸出，茶汤呈苦涩味；低水温下，两者浸出较慢，茶汤苦涩味降低。氨基酸在低水温下即可浸出；随着时间的延长，氨基酸浸出渐多，茶汤呈鲜味。所以，如果想尝绿茶的鲜味，可以用低水温或中水温的水冲泡。当茶汤中呈苦涩味的茶多酚、咖啡因与呈鲜味的氨基酸有一定的量，且比例适当时，茶汤口感协调，并有厚度和浓度。

三、泡茶用水的选用

1. 矿泉水

首先，泉水的水质软，清澈甘美，沏茶汤色明亮。泉水和山溪水经岩石和植被砂粒渗析，相当于多次过滤，不再存有杂质，水质清纯。古人崇尚的“乳泉”，即岩洞中钟乳石上滴下的水。现在我们知道这种水含有较多的二氧化碳，因而口感清新爽口。

其次，泉水水质营养丰富，可充分析出茶叶色、香、味。泉水流出地表后吸收了二氧化碳，并在二氧化碳的作用下，溶解了镉、钾、钙、镁、铅等六七十种元素，水质营养丰富。泉水加热后矿物分解，释放出碳酸汽，饮用时分外甘美，并能充分地显示出茶叶的色、香、味的特点。

2. 纯净水

随着现代科学的进步，采用多层过滤和超滤、反渗透技术，可以将一般的饮用水变成不含有任何杂质的纯净水，并使水的酸碱度达到中性。用这种水泡茶，不仅因为净度好、透明度高，沏出的茶汤晶莹清透，而且香气滋味纯正，无异杂味，鲜醇爽口。

3. 自来水

使用自来水须经过几个净化步骤：

(1) 除氯：将自来水煮沸 5 分钟，或将自来水装在无盖的容器中静置一天。

(2) 过滤：讲究的行家多以滤水器过滤自来水。加上活性炭过滤掉氯，经此过滤后的自来水可生饮，泡茶时也可不经煮沸再降温，而是直接加热至所需温度即可。

4.2　沏茶择器

“茶因器美而深韵，器因茶珍而增彩”，一件好的茶器，安全性和功能性是它的根本，形制色调是它的风采，而茶人的巧妙使用更赋予了它生命。现代茶具琳琅满目，习茶所选器具均应为日常生活中泡茶、饮茶的器具，主要包括煮水、泡茶、盛汤和辅助器(用)具等，以简单、洁净、合适、实用兼顾素雅美观为宜。习茶时，茶具选配需要根据所泡茶类特点、冲泡方法、茶席设计和泡茶场合等因素进行综合考虑，以科学实用为基本原则，兼顾美观与特定需要选配茶具。

【相关阅读】

天下第一器——紫砂壶

紫砂壶(图 4-2)是中国特有的陶土工艺品,制作原料为紫砂泥,因原产地在江苏宜兴,又名宜兴紫砂壶。紫砂壶集美学思想、自然韵味、书画艺术、经济价值于一体,给人以平淡、娴雅、质朴、温和等内在心灵感受,这也是紫砂壶一直被收藏家珍爱,并被誉为天下第一器的主要原因。

图 4-2　秦权壶

《阳羡茗壶系》说:"壶供真茶,正是新泉活火,旋瀹旋啜,以尽色声香味之蕴,故壶宜小不宜大,宜浅不宜深,壶盖宜盎不宜砥,汤力茗香,俾得团结氤氲。"从实用的角度出发,冯可宾在《岕茶笺》中也说:"茶壶以小为贵,每一客,壶一把,任其自斟自饮,方为得趣。何也?壶小则香不涣散,味不耽搁。况茶中香味,不先不后,只有一时。太早则未足,大迟则已过,得见得恰好,一泻而尽。"就这样,宜兴紫砂壶自明代中叶勃兴之后,历清代及民国,经过不断的改进,最终成为雅俗共赏、大小适宜、饮茶品茗的最佳茶具。宜兴紫砂壶之所以受到茶人喜爱,一方面是由于这种壶器造型美观,风格多样,独树一帜;另一方面也由于它在泡茶时有许多优点。归结起来宜兴紫砂壶泡茶有如下几方面的优点:

第一,发味留香。紫砂壶里外都不施釉,高含铁量的紫砂泥,经 1200 ℃左右的高温煅烧后,分子重新排列,形成鳞片状结构,并生成大量开放式和封闭式的双重气孔,独特的高致密度的多孔状物理结构,具有较强的吸附力。紫砂壶保持微小的气孔,透气性能好,但又不透水,并具有较强的吸附力,这是一般茶壶所不能比拟的。故《长物志》说它"既不夺香,又无熟汤气"。紫砂壶泡茶保味功能好,泡茶不失原味,聚香且香不易涣散,得茶之真香真味。且紫砂壶嘴小盖严,壶内壁较粗糙,能有效地防止香气过早散失。

第二,抗馊防腐。据有关专家研究,一般陶瓷茶具,器壁光滑,渗透性差,其凝聚的水珠滴落后,使茶水频繁搅动,容易促使霉菌繁殖,造成茶水发酵。而紫砂壶的陶质壶盖有孔,能吸收水蒸气,不会有此弊端,而且紫砂壶能保持茶叶中芳香油遇热挥发而形成馨香,提高茶汤的晚期酸度,起到收敛杀菌的作用。所谓"盛暑越宿不馊",道理就在这里。

第三,变色韬光。紫砂壶长久使用,器身会因抚摸擦拭,变得越发光润可爱。所以闻龙在《茶笺》中说:"摩掌宝爱,不啻(chì)掌珠。用之既久,外类紫玉,内如碧云。"

一、茶具的种类与功能

(一) 煮水器

煮水器是指用来烧水的器皿,通常由煮水炉(热源)和煮水壶两部分组成。煮水器有不同的材质、色泽与外形，选配时，应与其他茶具的色泽、质地、器形线条等相协调。

1. 煮水炉(图 4-3～4-5)

最常用的煮水炉有电炉(电陶炉、电热炉)、酒精炉、炭炉等。电炉适用于有电源的环境；酒精炉和炭炉适用于户外，或用于特殊的茶艺修习。

电炉把电能转化为热能，对煮水壶进行加热。电陶炉目前使用较为普遍，是采用远红外线技术，由炉盘的镍铬丝发热产生热能。

酒精炉是以酒精为燃料的炉子，通常使用的酒精(乙醇)浓度是 95%。炭炉是通过烧木炭获取热能的炉子。

图 4-3　龙隐斋电陶炉(观山)

图 4-4　竹蝉迹电陶炉

图 4-5　炭(酒精)炉

煮水炉　　煮水壶

2. 煮水壶(图 4-6～4-8)

煮水壶即水壶，用来煮水、沏茶冲水所用。其材质有金属、紫砂、陶、瓷、玻璃等。

图 4-6　铜煮水壶

图 4-7　陶煮水壶

图 4-8　不锈钢煮水壶

(二) 泡茶器

泡茶器是指用来泡茶的各种器具，具有材质多样、种类丰富的特点。常见的泡茶器有壶、杯、碗、盖碗之分，材质主要有陶、瓷、玻璃等。主泡器有茶壶和盖碗。

1. 茶壶(图 4-9～4-11)

茶壶是日常生活中常用的泡茶器具。壶的容积有大有小，一般小壶适于独自酌饮。多人品茶时则用大壶泡茶，然后分到品茗杯中品饮。茶壶包括宜兴紫砂壶、建水紫陶壶、广西坭兴陶壶、瓷壶、玻璃壶等。

壶由壶盖、壶身、壶底组成。壶盖有孔、钮、座、盖等细部。壶身有口、流、肩、腹、把等细部。根据壶的把、盖、底、形的不同来划分壶的种类，基本形态有近 200 种。常用的壶有侧把壶(壶把在壶嘴的对面，为耳状)、提梁壶(壶把在盖上方，为虹状)、直把壶(壶把与壶身呈 90°角，近似圆柱形)。

茶壶的选择“宜小不宜大，宜浅不宜深”，还要讲究“三山齐”(即壶柄、壶钮、壶嘴在一条线上)。

图 4-9　直把壶

图 4-10　侧把壶

图 4-11　提梁壶

2. 盖碗(图 4-12)

盖碗，又称盖盅，是由盖、碗、托三个部分组成，分别象征着“天”“人”“地”。茶碗之上加盖子，可以防止灰尘进入茶碗，又可保温；茶碗之下的承托，方便手托茶碗，拿取方便，又可以避免茶碗烫手。盖碗的材质大多为景德镇的青花、粉彩。此外还有玻璃和紫砂盖碗。

盖碗是万能的泡茶器，陶瓷质地细密，吸水率为零，可以准确表达出茶的香气韵味；而且盖碗没有流口，茶人可以随意控制出汤量，自由自在，淋漓尽致。

图 4-12　盖碗

【思考讨论】

盖碗的由来与含义

盖碗，又称“三才碗”“三才杯”，是一种上有盖、下有托、中有碗的茶具。盖为天、托为地、碗为人，暗含天地人和之意，也是中华民族源远流长茶文化的一种体现。盖碗，也不是自古就有之，主要是源于明朝朱元璋“废团兴散”后，茶的主要展现形式变为散茶，冲泡方式也发展为以壶和盏冲泡为主，后面为了让热水充分浸泡茶叶，又加了碗盖。之后，随着不断演化发展，到了清代雍正年间，使用盖碗泡茶，便逐渐盛行起来。

3. 茶碗(盏)(图 4-13～4-14)

茶碗，常称为茶盏，既可用来泡茶，也可用来点茶。根据碗体形状不同分为两种，一种为常见的碗形(圆柱形碗)，另一种是圆锥形碗(斗笠形)。

图 4-13　瓷质茶盏

图 4-14　玻璃茶盏

4. 玻璃杯

玻璃杯可用来泡茶、品茶，其材质通透，便于观赏茶汤色泽和芽叶形态，其容量为 120～200 毫升。

(三) 盛汤器

盛汤器是盛放从泡茶器中分离出来的茶汤的器具，包括匀杯(公道杯)和品茗杯两种。

1. 匀杯(公道杯)(图 4-15～4-17)

匀杯，分有柄、无柄两种，用以盛放和分斟茶汤，因为具有均匀茶汤浓度的功能，所以又叫公道杯。主要材质有瓷、紫砂、玻璃、银等。

匀杯既要实用，不烫手、出水顺利、断水干净，还要形状低调而优雅。匀杯的容积大小要与茶壶或盖碗相配，为避免分杯烫手，茶汤在匀杯内的最大容量，不宜超过匀杯高度的二分之一。

图 4-15　青花瓷公道杯

图 4-16　玻璃公道杯

图 4-17　白瓷公道杯

2. 品茗杯(图 4-18～4-20)

品茗杯又名饮用杯，是连接品饮者和主泡者最为直接的媒介，分小杯(70 毫升以下)和大杯(70～150 毫升)。小品茗杯用来品饮茶汤，主要材质有陶、瓷、玻璃等。

图 4-18 青花瓷品茗杯

图 4-19 建盏

图 4-20 钧窑品茗杯

(四) 辅助泡茶用具

除主要茶具外，泡茶、饮茶时所需的其他各种器具统称辅助器(用)具，可简单分为泡茶桌凳、辅助器(用)具和其他器(用)具等几类。

品茗杯　泡茶用具

1. 泡茶桌凳(图 4-21)

(1) 茶桌。茶桌即用来泡茶的桌子，长约 150 厘米，宽约 60～80 厘米，高 65 厘米。

(2) 茶凳。茶凳是泡茶时的坐凳，其高低应与茶桌相配。

2. 桌布

桌布铺在桌面上，并向四周下垂，作为茶席的铺垫。其材质为各种纤维织物。

图 4-21 泡茶桌凳

3. 茶巾

茶巾用来擦洗、抹拭茶具，为棉织物，根据用途分为两种：一种为浅色茶巾，谓之洁方，用于擦拭泡饮器内壁或杯口边沿；另一种为深色茶巾，又称为受污，用于擦拭溅出的水滴，或吸干壶底、杯底之残水，或用于托垫壶底。

4. 泡茶盘(图 4-22～4-23)

泡茶盘用以盛放茶杯、茶碗等茶具，茶盘分单层茶盘、双层茶盘两种，双层茶盘下层贮水。

5. 奉茶盘(图 4-24)

奉茶盘用以放置盛有茶汤的茶杯，端奉给品茶者。通常为长方形、圆形等。

图 4-22 竹制茶盘

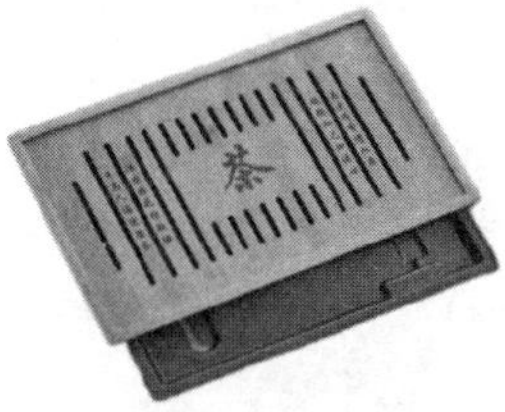

图 4-23 双层木制茶盘

图 4-24 竹制茶盘

6. 茶叶罐(图 4-25～4-27)

茶叶罐是贮茶容器，用于盛放茶叶，放在茶桌上，一般体积较小，装干茶 50 克以内。

图 4-25　锡茶叶罐

图 4-26　瓷茶叶罐

图 4-27　紫砂茶叶罐

7. 茶匙和茶匙架(图 4-28)

茶匙为从贮茶器中拨取干茶或舀取抹茶的工具，与茶匙架搭配使用。茶匙架用竹、木、金属等制成，用来搁置茶匙或茶针等小物件。

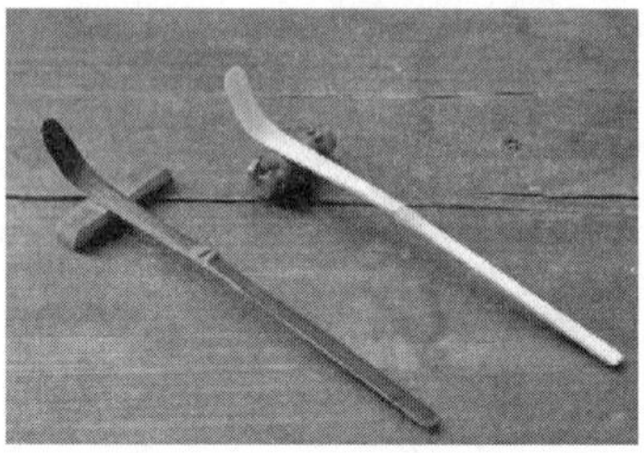
图 4-28　竹茶匙和茶匙架

8. 茶荷(则)(图 4-29～4-30)

茶荷古时称茶则，是用来测茶量的器皿，现在茶荷多用木、竹、玻璃、银、铜等制成。茶荷还可用于观看干茶样和置茶分样用。

图 4-29　瓷质茶荷

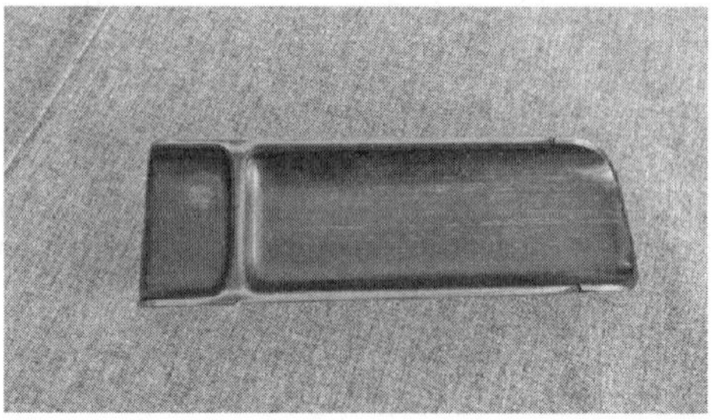
图 4-30　电子茶则

9. 杯托(图 4-31～4-33)

杯托用于搁置茶杯，有玻璃、紫砂、竹木、金属等材质。

图 4-31　青花瓷杯托

图 4-32　陶制杯托

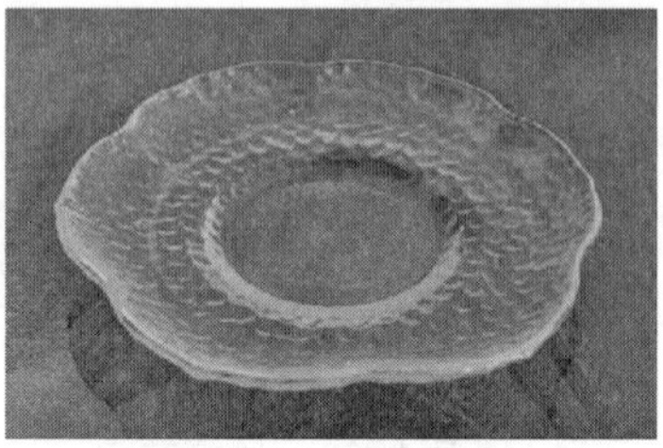
图 4-33　玻璃杯托

10. 壶承(图 4-34～4-36)

壶承用以放置茶壶、茶碗、盖碗等泡茶器,既可增加美感和方便操作,又可防止茶壶烫伤桌面。

图 4-34　钧窑壶承

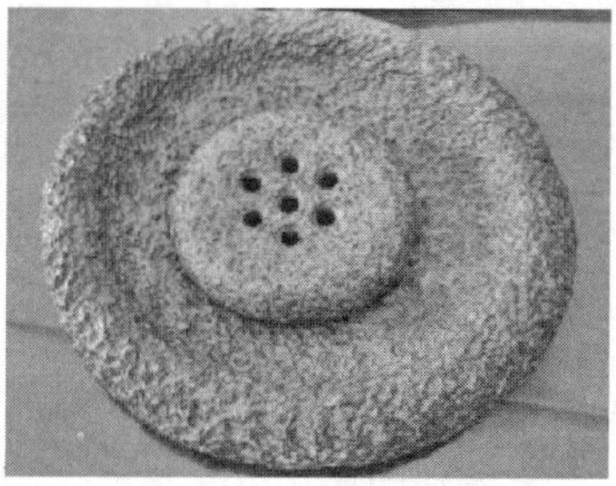

图 4-35　陶制壶承

图 4-36　钧窑壶承

11. 盖置(图 4-37～4-38)

盖置是泡茶时用来放置壶盖所用的器具,有金属、陶质、瓷质等不同材质。

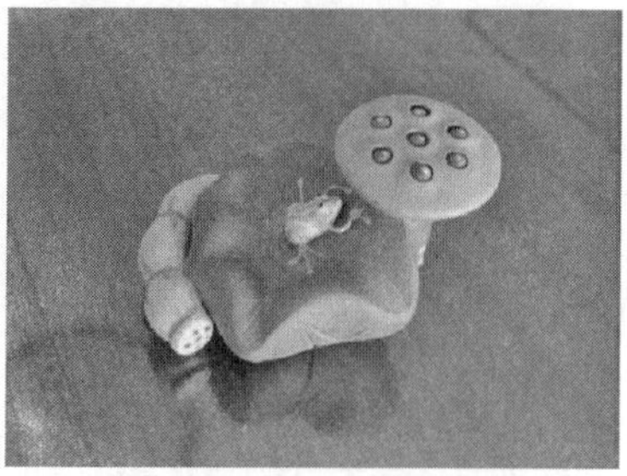

图 4-37　紫砂莲蓬盖置

图 4-38　白瓷盖置

12. 茶筅(图 4-39)

茶筅是点茶时使用的竹制用具。

图 4-39　茶筅

13. 水盂(图 4-40～4-41)

水盂是盛放弃水、茶渣等物的器皿,亦称"滓盂""滓方"。

图 4-40　紫铜水盂

图 4-41　白瓷水盂

14. 花器(图 4-42～4-43)

花器为插花用的瓶、篓、篮、盆等器皿，用于装饰茶席，一般材质为竹、陶、瓷等。

图 4-42　钧窑红釉花瓶

图 4-43　陶瓷花瓶

15. 香器(图 4-44～4-45)

香器为焚香时用的器具，如香炉、香插等，材质多为铜、陶、瓷、木等。

图 4-44　香炉

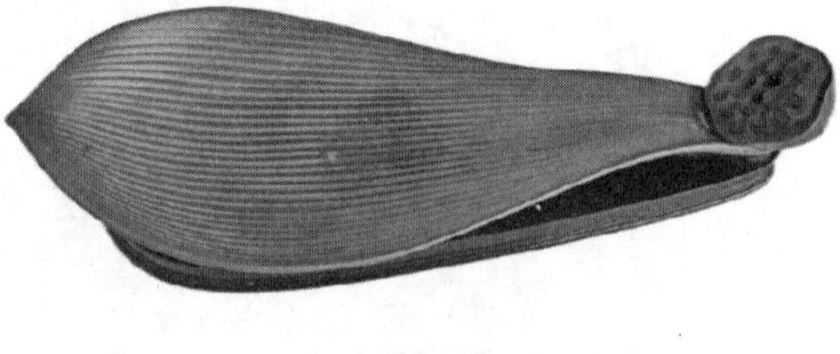

图 4-45　香插

16. 都篮(图 4-46～4-47)

陆羽《茶经・四之器》提到一种茶具曰“都篮”，以“悉设诸器而名之”。有了都篮，陆羽外出做茶事，茶具可担而行之。都篮为竹编的有盖提篮，放置泡茶用具及茶罐等，可携带外出泡茶。都篮环保耐用，又可以培养茶人细心收纳整理的心性。

图 4-46　都篮一

图 4-47　都篮二

二、茶具选配

1. 绿茶(图 4-48)

可选用透明无花纹的玻璃杯,或白瓷、青瓷、青花瓷盖碗。以无花纹的玻璃杯为佳,方便观赏绿茶形态和色泽。

图 4-48　玻璃茶具套组

2. 红茶(图 4-49)

可选用内壁施白釉的紫砂茶具,或白瓷、红釉瓷的瓷壶、盖碗等,以便更好衬托红茶如玛瑙般的汤色。

图 4-49　白瓷茶具套组

3. 青茶(图 4-50)

清袁枚说,“茶必武夷,壶必孟臣,杯必若琛”,道出工夫茶具沏泡组合,冲泡乌龙茶可选用白瓷质地的壶、盖碗或紫砂质地的茶具,衬茶色,聚茶香。

图 4-50　紫砂茶具套组

4. 黄茶(图 4-51)

可选用奶白瓷、黄釉瓷或以黄、橙为主色的五彩瓷壶、杯具、盖碗等,也可选用玻璃杯具,可将茶色衬托得更加艳丽。

图 4-51　玻璃茶具套组

5. 白茶(图 4-52)

可选用白瓷盖碗、杯具,或反差较大的内壁施白釉的黑瓷茶具等,以衬托茶的白毫。

图 4-52　白瓷茶具套组

6. 黑茶(图 4-53)

可选用白瓷杯具、青花瓷杯具,或紫砂壶、飘逸杯等器具。可采用工夫茶冲泡法,紫砂壶+瓷杯,严格控制一把壶只冲泡一种茶,以免串味。用高温冲泡,不宜长时间浸润,否则容易苦涩味重。

图 4-53　紫砂工夫茶具套组

4.3　科学饮茶

一、茶叶的成分与作用

据现代科学分析和鉴定,茶叶中含有 450 多种对人体有益的化学成分,如叶绿素、维生素、类脂、咖啡碱、茶多酚、脂多糖、蛋白质和氨基酸、碳水化合物、矿物质等,对人体都有很好的营养价值和药理作用。茶叶既有天然保健的作用,又有医药功能,这是茶叶天生具有的特性。

1. 消炎杀菌作用

茶叶中的儿茶素类化合物,对金黄色葡萄球菌、链球菌、伤寒杆菌等多种病菌都具有抑制作用;黄烷醇类能间接地对发炎因子组胺产生拮抗作用,从而达到消炎的目的;茶多酚能凝结细菌蛋白质而致细菌死亡。

2. 明目作用

茶叶中含有较丰富的维生素 C,能避免白内障的发生;还有维生素 A 源——胡萝卜素,可参与视黄醛的形成,增强视网膜的辨色能力。

3. 兴奋作用

茶叶中含的咖啡碱和黄烷醇类化合物,能引起高级神经中枢的兴奋;儿茶酚胺能促进循环系统兴奋。

4. 降血压作用

茶叶中含的咖啡碱和儿茶素类能使血管壁松弛,扩大血管管径、弹性和渗透能力,达到降压作用。

5. 降血脂作用

茶叶中丰富的维生素 C 能使胆固醇转移至肝脏,达到降血脂作用。

6. 降血糖作用

茶叶中被认为具有降血糖效果的成分主要包括茶多糖、茶多酚等，茶多糖是茶叶中的一种复合多糖，包含多种糖类和蛋白质，其降血糖效果已被多项研究证实。茶多糖可以降低血糖和血脂，还能提高机体的抗氧化能力，保护胰岛 β 细胞免受自由基侵害，有助于防治糖尿病。茶多酚能够提高胰岛素的敏感性，通过减少肠道内葡萄糖的吸收从而抑制血糖水平上升。

7. 防龋防口臭作用

茶叶中的氟和茶多酚类化合物可杀死齿缝中的乳酸菌以及其他龋齿细菌；茶多酚还能抑制龋齿链球菌；茶叶中还含有芳香物和棕榈酸，可消除口腔中的腥臭味和吸收异味，从而起到防口臭的作用。

8. 利尿作用

茶叶通过其所含的可可碱、咖啡碱和芳香油的综合作用，促进尿液从肾脏中滤出。

9. 抗疲劳作用

茶叶通过利尿作用，使体内的乳酸得以排除，可消除肌肉的疲劳。

10. 止痢作用

茶叶中含的儿茶素类能对肠道中的病原菌产生明显的抑制。

11. 醒酒作用

茶叶中含的维生素 C 能协助肝脏中酒精水解酶的作用，将酒精水解为水和二氧化碳；咖啡碱具有利尿作用，能使酒精迅速排出，并抑制肾脏对酒精的再吸收；浓茶还可刺激被酒精麻痹的大脑神经系统，扩张血管，降低血压，促进血液循环；茶中所含的茶多酚能与乙醇化合，以降低血液中的酒精浓度。

12. 抗衰老作用

茶叶中含的儿茶素类有抗氧化的作用及降血压、降脂等作用，也利于长寿。

13. 抗辐射作用

茶叶中含的多酚类有吸收放射性锶并阻止其扩散的作用，还能提高放疗的白细胞数。

14. 抗癌作用

茶叶中含的茶多酚类和儿茶素类，可抑制和阻断亚硝胺的形成，抑制有些能活化原致癌物的酶系的作用，还能消除自由基。抗癌效果最好的是绿茶，其次为乌龙茶、红茶。

【相关阅读】

茶的抗突变和抗肿瘤形成作用

长期饮茶可以预防和抵抗癌症。正常细胞转变为肿瘤细胞是一个人的基因因素与物理致癌、化学致癌和生物致癌三种外部因子之间相互作用的结果。现在比较公认的化学致癌过程是启动、促进和进展三阶段假说，启动期即正常细胞由于致癌物或紫外线的作用或生物因素的诱导而导致靶细胞的 DNA 损伤，形成启动细胞。大部分终致癌物经过代谢排出体外，少部分未代谢的终致癌物作用于原癌基因的 DNA 或抑癌基因的 DNA，使癌基因得到表达。茶多酚类物质对肿瘤发展的三个阶段均有一定的作用，并且通过对自由基的清除从病源上控制细胞发生突变。

流行病学研究结果显示：绿茶能防止实性肿瘤（乳腺癌、肺癌和胃肠癌等）的发生，尤其对非抽烟和饮酒人群效果更好；绿茶中的化学物质能减慢前列腺癌的发展速度；绿茶能防止黑色素瘤皮肤肿瘤的形成，预防皮肤癌。绿茶能够提高患卵巢癌妇女的生存率，并且有可能减少60%患子宫癌的机会；绿茶提取物可以阻碍结肠癌细胞激活和生长途径，最终抑制肿瘤细胞的生长；绿茶提取物对化学致癌物影响的肾脏上皮细胞的细胞间隙连接信号通路有保护作用，从而抑制肾癌的发生发展。应用绿茶提取物治疗肺癌患者，其病情恶化明显受阻。饮用绿茶还能预防淋巴癌。

在上海进行的饮茶与肺癌的流行病学研究中发现，14名非吸烟妇女饮茶每年达到1 500克，其肺癌发病风险因子仅为非饮茶人群的48%，得病危险性大大下降。

所以长期饮用一定数量的茶对人体不同肿瘤均能起到不同程度的抑制作用。

（资料来源：屠幼英、乔德京《茶学入门》，浙江大学出版社，2015）

二、健康饮茶

1. 合理的饮茶量

茶水过浓，会影响人体对食物中铁和蛋白质等营养的吸收，因此应控制饮茶量。根据人体对茶叶中药效成分和营养成分的合理需求，以及考虑到人体对水分的需求，成年人每天饮茶的量以干茶5～15 g为宜，以8～10杯为宜。喝茶并不是“多多益善”，而须适量，尤其是不宜过度饮浓茶，茶中的生物碱可使中枢神经过于兴奋，心跳加快，增加心、肾负担，晚上还会影响睡眠。而且，高浓度的咖啡因和多酚类等物质对肠胃产生刺激，会抑制胃液分泌，影响消化功能。

该合理的饮茶量只限于对普通人群每天用茶总量的建议，具体还须考虑人的年龄、饮茶习惯、所处生活环境、气候状况和本人健康状况等。如运动量大、营养消耗多、进食量大或是以肉类为主食的人群，可增加每天饮茶量。对长期生活在缺少蔬菜、瓜果的海岛、高山、边疆等地区的人，饮茶量也可多一些，可以弥补维生素等摄入的不足。而对那些身体虚弱或患有神经衰弱、缺铁性贫血、心动过速等疾病的人，一般应饮淡茶，少饮甚至不饮茶。

2. 适宜的饮茶温度

一般情况下饮茶提倡热饮或温饮，避免烫饮和冷饮。喝70 ℃以上过热的茶水不但会烫伤口腔、咽喉及食道黏膜，而且长期的高温刺激还是导致口腔和食道肿瘤的一个诱因。所以，茶水温度过高是极其有害的，建议人们饮用50～60 ℃的茶水。名优绿茶茶叶嫩度好，冲泡水温可控制在75～85 ℃。但是对于乌龙茶、黑茶等高温冲泡的茶汤也要注意稍凉后饮用，不可急饮。

对于现在比较受欢迎的乌龙茶冷饮法和冷泡绿茶，应视具体情况而定。对于老年人及脾胃虚寒者，应当忌饮冷茶。因为绿茶和乌龙茶本身性偏寒，加上冷饮，其寒性得以加强，这对脾胃虚寒者会产生聚痰、伤脾胃等不良影响，对口腔、咽喉、肠道消化等也会有副作用。总之，温饮茶汤是科学的饮茶方法。

3．饮茶的时间及茶类

茶叶的功效与季节变化有密切关系，不同季节饮不同品种的茶，对人体更有益。故科学的饮茶之道是四季有别。

春天，雪化冰消，风和日暖，万物复苏。此时，以饮香馥浓郁的茉莉花茶为好，用以散发冬天积聚在体内的寒邪，促使人体阳气生发，使“精”“气”“神”为之一振。

夏天，气候炎热，盛暑逼人，人体津液大量耗损。此时，以饮用性味苦寒的绿茶为宜，清汤绿叶，给人以清凉之感，用以消暑解热。而且绿茶内茶多酚、咖啡因、氨基酸等含量较多，有刺激口腔黏膜、促进消化腺分泌的作用，利于生津。

秋季，天气凉爽，风霜高洁，气候干燥，余热未消，人体津液未完全恢复平衡。此时，以饮用乌龙茶一类的青茶为好，此茶性味介于红、绿茶之间，不寒不热，既能消除余热，又能恢复津液。在秋季，也可红、绿茶混饮，取其两种功效；也可绿茶和花茶混饮，以取绿茶清热解暑之功、花茶化痰开窍之效。

冬季，北风凛冽，寒气袭人，人体阳气易损，以选用味甘性温的红茶为好。而且红茶红叶红汤，给人以温暖的感觉，可以温育人体的阳气，尤其适用于女性。红茶可加奶或糖，故有生热暖胃之功，同时红茶有助消化去油腻之功，于冬季进补肥腻时有利。

一些嗜茶和善饮茶者，一日不同的时间也可以安排饮用不同的茶。清晨喝一杯淡淡的高级绿茶，醒脑清心。上午喝一杯茉莉花茶，芬芳怡人，可提高工作效率。午后喝一杯红茶，或者牛奶红茶，或喝一杯高档绿茶，外加一些点心和果品，可解困提神，补充营养。晚上，与朋友或家人团聚在一起，泡上一壶乌龙茶，清香味醇，且耐冲泡，边谈心边喝茶，别有一番生活情趣。

4．饮茶注意事项

(1) 忌饮浓茶。浓茶中含有大量的咖啡因、茶碱等，刺激性很强，饮浓茶可导致失眠、头痛、耳鸣、眼花，有的人还会产生茶醉（表现为心慌、出汗、呕吐感等）。另外，孕妇、晚上失眠的人、胃溃疡患者、动脉硬化患者和高血压的人均不宜饮浓茶。

(2) 忌饮冲泡时间太久的茶。茶叶中的茶多酚、类脂、芳香物质等会自动氧化，若冲泡时间太久，不仅会使茶汤色暗、味差、香低，失去品尝价值，而且由于茶叶中的维生素 C、维生素 P、氨基酸等因氧化而减少，使茶汤营养价值大大降低；同时，由于茶汤搁置时间太久，受到周围环境的污染，茶汤中的微生物（细菌和真菌）数量较多，会导致味道苦涩，且细菌滋生，不卫生。

(3) 忌饭前饭后大量饮茶。饭前饮茶会冲淡唾液，使饮食无味，还能暂时使消化器官吸收蛋白质的功能下降，影响蛋白质的吸收。忌饭后立即喝茶。食物在进入胃中后，要经过各种酶和胃酸的作用，才能转化为人体可以吸收的营养物质，而胃酸中又含有浓度为 0.5%的盐酸。因此，饭后如果立即喝茶，茶中含有的多酚能与食物中的蛋白质和铁质发生络合作用，影响人体对蛋白质和铁质的消化吸收。茶水会冲淡胃液，从而延长食物的消化时间，增加胃的负担。长此下去，会使胃受到损害，影响身体健康。一般来说，饭后一小时内不宜喝浓茶。

(4) 特殊人群的饮茶更应该注意科学方法。如贫血患者特别是患缺铁性贫血的病人、神经衰弱者、甲状腺功能亢进者、结核病患者宜饮淡茶；胃及十二指肠溃疡患者宜饮红茶和黑茶;习惯性便秘患者宜饮黑茶。癌症患者、高血压及心脏病患者可用脱咖啡因的茶多酚和茶黄素等保健品代替。吸烟者、采矿工人、核物理工作者、同位素接触人群、辐射较强环境中工作的人群均宜多饮绿茶。脑力劳动者、高原工作者和飞行员等宜多饮红茶,失眠者可喝第二泡以后的茶汤。

【任务小结】

1. 茶是茶叶通过水的冲泡或煮焖而得到的令人身心愉悦的饮品。在泡茶过程中,水的软硬清浊,对茶品质影响极大,尤其是对茶汤的色泽和香味影响最大。

2. 茶具选配需要根据所泡茶类特点、冲泡方法、茶席设计和泡茶场合等因素进行综合考虑,以科学实用为基本原则,兼顾美观与特定需要。

3. 据现代科学分析和鉴定,茶叶中含有450多种对人体有益的化学成分,对人体都有很好的营养价值和药理作用。

4. 健康饮茶要做到合理的饮茶量适宜、饮茶温度适宜、饮茶的时间适宜以及饮茶品类适宜。

【参考资料】

1.《中国茶经》　上海文化出版社　陈宗懋、杨亚军主编

2.《制茶学》　中国农业出版社　夏涛主编

3.《茶艺服务与管理实务》　东南大学出版社　杨湧主编

4.《茶学概论》　中国农业出版社　叶乃兴主编

5.《品茶图鉴》　译林出版社　陈宗懋等著

6.《茶学入门》　浙江大学出版社　屠幼英、乔德京主编

【任务检测】

一、单选题

1. 陆羽《茶经》指出:其水,用山水上,(　　)中,井水下,其山水,拣乳泉石池漫流者上。

A. 河水　　B. 溪水　　C. 泉水　　D. 江水

2. 在冲泡茶的基本程序中的(　　)环节讲究根据茶叶品种不同,达到的要求不同。

A. 选水　　B. 煮水　　C. 奉茶　　D. 收具

3. “(　　)”特点是在紫砂壶上镌刻书画、题铭,融砂壶、诗文、书画于一体。

A. 孟臣壶　　B. 曼生壶　　C. 鸣远壶　　D. 大亨壶

4. 潮汕工夫茶必备的“四宝”中的“若琛杯”是指精细的(　　)。

A. 紫砂小品茗杯　　B. 白色小瓷杯　　C. 青色小瓷杯　　D. 黑釉小瓷杯

5. 泡茶用水按其来源可以分为天然水和(　　)。

A. 泉水　　B. 江水　　C. 再加工水　　D. 雪水

6. 宋徽宗赵佶,他在《大观茶论》中写道:“水以清、轻、甘、(　　)为美。”

A. 冽　　B. 活　　C. 甜　　D. 苦

7. (　　)以“造型古朴挺健、釉色翠青如玉”著称于世。

A. 景德镇青花瓷　B. 河南巩县白瓷　C. 浙江龙泉青瓷　D. 建安窑黑瓷

8. 泥色多变，耐人寻味，壶经久用，反而光泽美观是(　　)优点之一。

A. 金属茶具　B. 紫砂茶具　C. 青瓷茶具　D. 漆器茶具

9. 瓷器茶具按色泽不同可分为(　　)茶具等。

A. 白瓷、青瓷和彩瓷　B. 白瓷、青瓷和黑瓷

C. 玉瓷、青瓷和彩瓷　D. 白瓷、青瓷和红瓷

10. 在各种茶叶的冲泡程序中，茶叶的用量、(　　)和茶叶的浸泡时间是冲泡技巧中的三个基本要素。

A. 壶温　B. 水温　C. 水质　D. 水量

11. 夏天气候炎热，盛暑逼人，人体津液大量耗损，以饮用性味苦寒的(　　)为宜。

A. 绿茶　B. 红茶　C. 乌龙茶　D. 黑茶

12. 脑力劳动者、高原工作者和飞行员等宜多饮(　　)。

A. 绿茶　B. 红茶　C. 乌龙茶　D. 黑茶

13. (　　)又被称作“三才杯”，暗含天、地、人和之意。

A. 玻璃杯　B. 紫砂壶　C. 盖碗　D. 冲水壶

14. 茶水温度过高是极其有害的。建议人们饮用(　　)的茶水。

A. 30～40 ℃　B. 40～50 ℃　C. 50～60 ℃　D. 60～70 ℃

15. 成年人每天饮茶的量以每天泡饮干茶(　　)为宜。

A. 1～5 克　B. 5～15 克　C. 15～20 克　D. 20～30 克

二、判断题

(　　)1. 浓茶中含有大量的咖啡因、茶碱等，刺激性很强，饮浓茶可导致失眠、头痛、耳鸣、眼花。

(　　)2. 春天以饮香馥浓郁的红茶为好，用以散发冬天积聚在体内的寒邪，促使人体阳气生发。

(　　)3. 水盂是盛放弃水、茶渣等物的器皿，亦称“滓盂”“滓方”。

三、简答题

1. 泡茶时对水质有哪些要求？

2. 日常生活中应如何做到健康饮茶？

任务五

体验习茶礼仪

【学习目标】

知识目标：能够了解习茶礼仪的发展过程；
能够了解习茶礼仪的基本内容；
能够掌握习茶礼仪的基本规范。

素质目标：培养学生良好的礼仪意识及行茶过程中良好的礼仪习惯；
培养学生具备自然、得体、高雅的礼仪形象，符合茶艺礼仪规范；
具备规范使用行茶礼仪的能力；
具备一定的行茶礼仪讲解、展示能力。

能力目标：具备自我学习、团队合作学习能力；
具备一定的视频拍摄编辑能力。

【任务导图】

- 任务五 体验习茶礼仪
  - 5.1 古今茶礼变迁
    - 礼的起源
    - 礼的本质和特性
    - 以茶为礼
    - 习茶礼仪
  - 5.2 茶礼基本规范
    - 仪容
    - 站姿
    - 坐姿
    - 行姿与转弯
    - 蹲姿
    - 习茶礼

【案例导入】

茶礼有缘，古已有之

我国饮茶，从神农时代开始，已有至少四千七百多年历史了。茶礼有缘，古已有之。“客来敬茶”，这是我国汉族同胞，最早重情好客的传统美德与礼节。直到现在，宾客至家，总要沏上一杯香茗。喜庆活动，也喜用茶点招待。开个茶话会，既简便经济，又典雅庄重。所谓“君子之交淡如水”，也是指清香宜人的茶水。

我国汉族同胞还有种种以茶代礼的风俗。南宋都城杭州，每逢立夏，家家各烹新茶，并配以各色细果，馈送亲友毗邻，叫作“七家茶”。这种风俗，就是在茶杯内放两颗“青果”即橄榄或金橘，表示新春吉祥如意的意思。

茶礼还是我国古代婚礼中一种隆重的礼节。明代许次纾在《茶疏》中说：“茶不移本，植必子生。”古人结婚以茶为识，以为茶树只能从种子萌芽成株，不能移植，否则就会枯死，因此把茶看作一种至性不移的象征，所以，民间男女订婚以茶为礼，女方接受男方聘礼，叫“下茶”或“茶定”，有的叫“受茶”，并有“一家不吃两家茶”的谚语。同时，还把整个婚姻的礼仪总称为“三茶六礼”。“三茶”，就是订婚时的“下茶”，结婚时的“定茶”，同房时的“合茶”。“下茶”又有“男茶女酒”之称，即订婚时，男家送如意压帖，女方要回送几缸绍兴酒。婚礼时，还要行三道茶仪式。三道茶者，第一杯百果，第二杯莲子、枣儿，第三杯方是茶。吃的方式，接杯之后，双手捧之，深深作揖，然后向嘴唇一触，即由家人收去。第二道亦如此。第三道，作揖后才可饮。这是最尊敬的礼仪。这些繁俗，现在当然没有了，但婚礼的敬茶之礼，仍沿用成习。

案例点评：茶礼是人们借茶事活动在一起共同修身养性的一种生活礼仪。人们在饮茶的特定环境下，按照约定成俗（或大宗师的倡导下形成）的行为模式，通过参与有秩序的置器、控制水火、沏茶、品饮茶汤，互增情谊、交流学习。茶礼的载体是茶事活动的全体人员，也就是说“茶礼”的中心是人，茶礼的目的是以茶为媒、以茶事为契机，沟通思想、交流感情。

5.1　古今茶礼变迁

一、礼的起源

礼的传统由来已久，可追溯到三皇五帝时期。古代先民创造了礼学体系，其核心内容记录在《周礼》《仪礼》和《礼记》“三礼”中。（图 5-1～5-3）

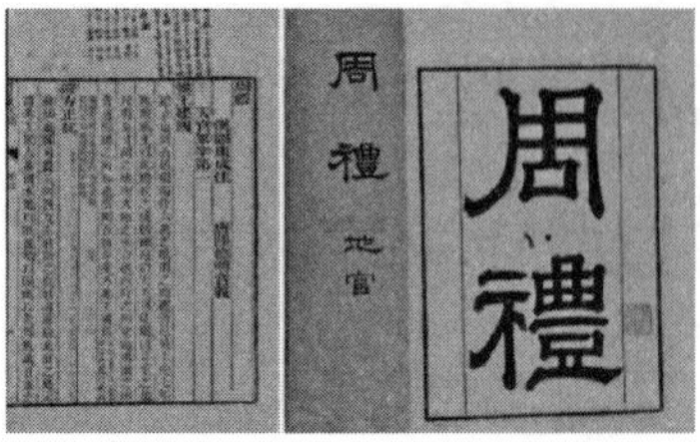

图 5-1　《周礼》

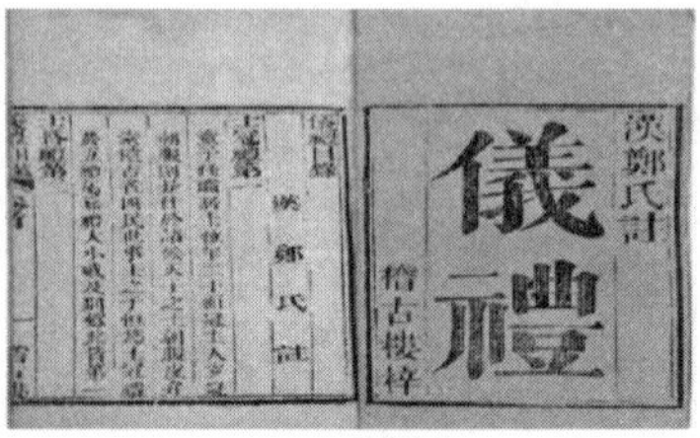

图 5-2　《仪礼》

图 5-3　《礼记》

《周礼》又名《周官》，全书分为天官、地官、春官、夏官、秋官、冬官六篇，六官的架构，暗含着天地四方六合的宇宙格局。《周礼》是一部通过官制来表述治国方略的书，又涉及社会生活的所有方面，内容之丰富在中国古代文献中实属罕见。

“三礼”中，《仪礼》最早取得经的地位，是我国现存最早的记载古代礼仪程式的典籍。《仪礼》共有《士冠礼》《士昏礼》《乡饮酒礼》《士相见礼》等十七篇，内容可靠，涉及面广，从冠、婚、飨、射到朝、聘、祭，无所不备，犹如一幅古代生活的长卷。

《礼记》是《仪礼》的记，共四十九篇。此书广泛讨论了礼的本质、理论、运用等问题，富有哲理，为后人留下了弥足珍贵的思想资源。《礼记》在“三礼”中最晚取得经的地位，却后来者居上，成为礼学大宗，大有取代《周礼》《仪礼》之势。《礼记》深入浅出，上探阴阳，下及民生日用，既能严礼乐之辨，又可究度数之详，是当今习茶者习礼的重要经典。

二、礼的本质和特性

（一）礼是合于理的行为准则

《礼记》说，“礼也者，理也”，又说“礼也者，理之不可易者也”。可见，礼就是理，是不可移易的理的体现。按照礼的要求去做，就是合理的。理是礼的灵魂。

（二）礼是人之所以为人的主要标志

《礼记・曲礼上》说，“人而无礼，虽能言，不亦禽兽之心乎”，人尽管会说话，不懂得礼，与禽兽之心差不多。所以，《礼记》又说，“为礼以教人，使人以有礼，知自别于禽兽”，让人懂礼，自觉地以礼修身，努力成为有理性的人。

（三）礼是对人性的合理节制

《中庸》开篇说：“喜怒哀乐之未发谓之中，发而皆中节谓之和。中也者，天下之大本也。和也者，天下之达道也。致中和，天地位焉，万物育焉。”人要克制，让喜怒哀乐发而皆“中节”，将情绪控制在无过无不及的层次上，恰到好处，才是“和”的境界。

中、和，即《毛诗序》表述的“发乎情，止乎礼义”。礼是合于道的性情与行为。

（四）礼以敬为主

礼主于敬。《礼记》开篇就说：“毋不敬，俨若思，定安辞，安民哉。”东汉郑玄解释说：“礼主于敬。”认为所有的礼都以敬为主。礼是人的内心情感的外在表现。

人的情感中，哪种情感最为重要？是敬。所以，为了提示行礼者内心的敬意，几乎所有的传统礼仪中都安排了“拜”的礼节，包括揖、拜、对拜、答拜、稽首、再稽首等，尽管礼敬的轻重有别，但目的是要体现心中的敬意。可以说，没有敬，就没有礼。

（五）礼是文与质的完美统一

孔子说：“质胜文则野，文胜质则史，文质彬彬，然后君子。”质朴胜过文饰，就显得粗野；文饰胜过质朴，就显得虚浮。只有内外兼修，文与质相得益彰，交相辉映，才是君子应有的风范。可见，礼是文与质的完美统一。

（六）礼是内在思想与外在仪式的完美结合

礼与仪的关系应如何理解？礼有两大要素——形式与思想。“仪”是“礼”的具体表现形式，“仪”是依据“礼”的规定和内容形成的一套系统而完整的程序。

仪是形式，是礼的外壳，思想才是礼的灵魂。只有仪式，没有思想，礼就成了没有灵魂的躯壳，仪式是为思想服务的。

【思考讨论】

茶礼和茶道的关系

茶礼是茶道不可分割的部分。在茶道中，茶礼是与茶艺联系最为紧密的部分之一。茶礼是把茶道精神形式化、规范化、制度化。作为制度与规范，茶礼是茶事引导和茶道思想体现的方法之一，是维护茶事相关人员之间交流沟通的各种礼节仪式的总和。作为茶事的制度与规范，它是需要茶事活动全体人员共同实施、维护的。

三、以茶为礼

中国古代就有以茶为礼的记载。“三茶六礼”是中国古代传统婚姻嫁娶过程中的礼仪。“三茶”是指订婚时的“下茶”，结婚时的“定茶”和同房时的“合茶”。明代许次纾《茶疏·考本》载：“茶不移本，植必子生。古人结婚，必以茶为礼，取其不移植子之意也。今人犹名其礼曰‘下茶’。”古代人经过“三茶六礼”，男女双方结为夫妻，共同承担家庭的责任。

《华阳国志·巴志》载：“周武王伐纣，实得巴蜀之师……漆、茶、蜜……皆纳贡之。”巴蜀以所产茶叶作为贡品，表达对周武王的敬意和诚意。

历代文人之间，赠茶表友爱、敬爱，礼轻情义重。唐宋诗人以谢茶为题吟诗，不乏脍炙人口的佳句。如白居易《萧员外寄新蜀茶》“蜀茶寄到但惊新，渭水煎来始觉珍”，李群玉《答友人寄新茗》“愧君千里分滋味，寄与春风酒渴人”。

民间以茶待客表敬意。宋代杜耒在《寒夜》诗中写道：“寒夜客来茶当酒，竹炉汤沸火初红。寻常一样窗前月，才有梅花便不同。”寒夜客来，以茶代酒，清雅而不俗。谚语说“待客茶为先”“好茶客常来”“来客无烟茶，算个啥人家”……民间敬神祭祖、婚丧嫁娶都以茶为礼，客来敬茶成为中华民族传统礼仪之一。

四、习茶礼仪

习茶礼仪是茶艺的重要组成部分。

具有悠久历史和深厚底蕴的茶道（茶艺）与礼仪同为中华传统文化的组成部分，体现了中华民族共同的核心价值，作为炎黄子孙的中华茶人，应以奉行中华传统礼仪为己任（图 5-4）。

图 5-4 茶具摆台

1. 习茶礼

习茶之礼的形式，按主体分，有习茶人的礼、品茗者的礼、品茗者与品茗者之间的礼。按形式分，有鞠躬礼、伸掌礼、示意礼、拜礼、揖礼、对拜礼、答拜礼、稽首礼、再稽首礼等。按场合分，有见面礼、迎接礼、奉茶礼、欢送礼等。

习茶礼的核心是敬，习茶之人把敬字“大写”，放在心中，心有德，对人、对自然有敬意、有敬畏之心。

2. 习茶礼仪

仪是礼的形式，习茶礼的系统组合可以形成习茶礼仪。如：鞠躬礼、伸掌礼、鞠躬礼的组合，或是作揖、伸掌礼、作揖的组合，或前后各鞠躬、作揖一次。3 个组合对应 3 个奉礼，分别称为奉前礼、奉中礼、奉后礼，组成一个奉茶礼仪。

3. 习茶礼深含敬意

面对面奉茶时，习茶者与品茗者之间的距离拉近。人与人之间的距离越近，心与心的距离也会越近，所以，有的茶室做得很小，这样人与人、心与心之间距离更近。奉茶礼仪表达习茶人对品茗者的浓浓敬意，体现礼的隆重。品茗者接受了习茶者的礼之后，一般要回以同样的礼，称之为答谢礼。如条件有限，无法完成，可以简化为点一下头或说声“谢谢”，或者右手中指与食指弯曲，指节间面轻扣桌面，表示“叩谢”之意，也称为示意礼。

品茗者与品茗者之间也要相互礼让，互怀敬意，如进茶室、入座、品茶时，都可以让对方为先、以长者为先或以远道客人为先。这杯茶如果是先奉给我，可以礼让一下，品茶前，向身边的品茗者说一声“我先喝了”。

总之，发自内心的尊敬贯穿于习茶和茶事全过程，习茶者熟练运用茶礼，品茗者潜移默化，约定、无言、默契中以茶为载体，表达对人、对地、对天、对万物的尊重，这就是习茶之礼。

5.2 茶礼基本规范

一、仪容

1. 发型

男士留短发，发式整洁，不蓄胡须。留长发的女士宜将长发盘起来或编成辫子，不宜长发披肩(图 5-5)。

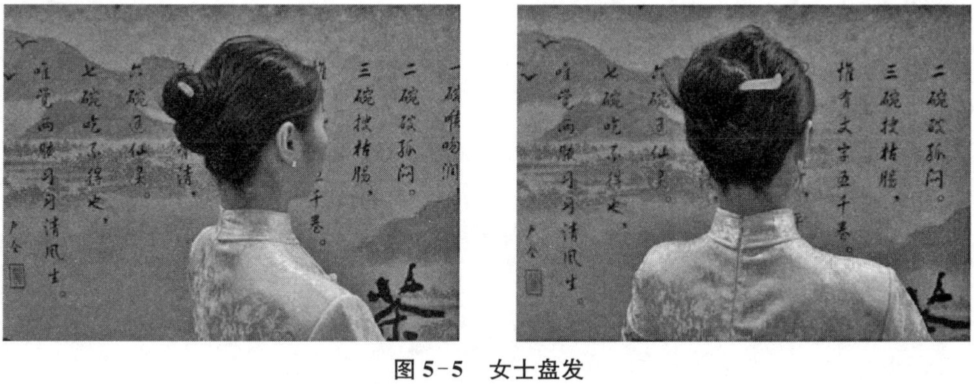

图 5-5　女士盘发

2. 双手

双手不留长指甲，指甲修平，手指上不戴饰品，以防划伤器具，有条件的活可佩戴一只手镯作装饰(图 5-6)。

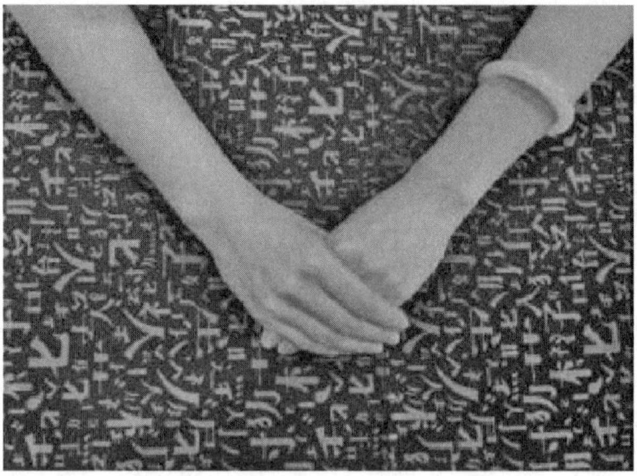

图 5-6 手指甲修平

3. 表情

行茶过程中，面部表情应安详、平和、放松(图 5-7)。

a b

图 5-7 表情平和

二、站姿

1. 女士站姿

身体中正，挺胸收腹，目光平视，下巴微收，表情放松安详；双肩平衡放松，手臂自然下坠。

腰以上挺直，腰以下松沉，双脚脚跟并拢，脚尖自然分开。脚跟、臀部、后脑勺在一条直线上(图 5-8)。

a　　b　　c

图 5-8　女士站姿

双手自然放松，四指并拢弯曲，在腹前虎口交叉，右手上左手下，离开腹部半拳距离（图 5-9）。

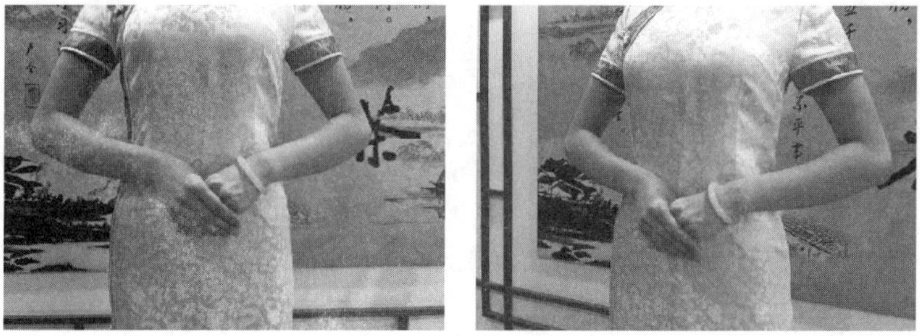

a　　b

图 5-9　双手自然并拢

女士站姿

2. 男士站姿

身体中正，不僵不硬，精神集中（图 5-10）。

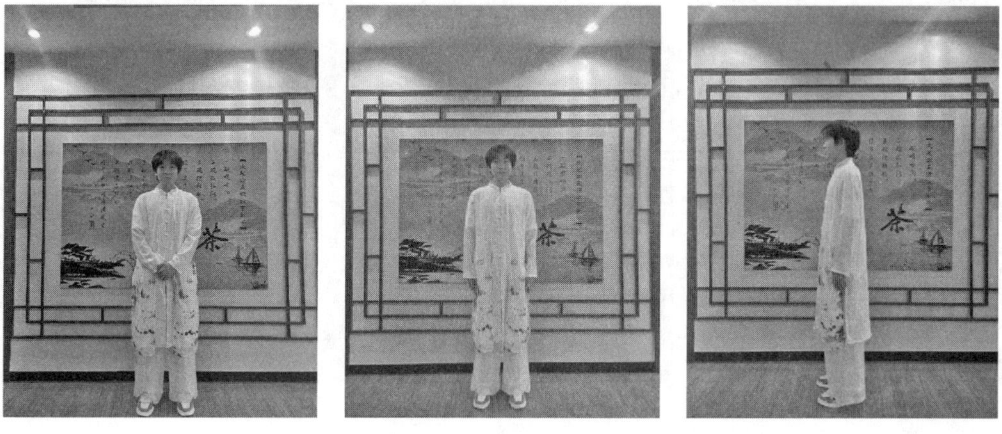

a　　b　　c

图 5-10　男士站姿

双手自然放松，四指并拢弯曲，在腹前虎口交叉，右手上左手下，离开腹部半拳距离。

男士站姿

三、坐姿

1. 女士坐姿

（1）站于凳子的左（右）侧，脚尖与凳子的前缘齐平，左（右）脚向前迈出一小步，后脚跟上，与前脚并拢（图 5-11）。

a　　b　　c

图 5-11　女士坐姿步骤(1)

（2）右（左）脚向右（左）一步，重心移至右（左）脚上。左（右）脚跟上，身体移至凳子前，两脚并拢。双手五指并拢成弧形，掌心向内，女士捋一下后背的衣裙，边捋边坐下，男士直接坐下（图 5-12）。

a　　b　　c

图 5-12　女士坐姿步骤(2)

(3) 坐下后，上身姿态如站姿，双臂自然下坠，两手虎口交叉，右手在上，左手在下，或双手五指并拢，放于左右腿的根部。臀部外边缘处于凳子二分之一到三分之二处，双膝并拢，双脚自然下坠，并拢或前后分开至舒适的位置(图 5-13)。

a

b

女士坐姿

图 5-13　女士坐姿步骤(3)

2. 男士坐姿

(1) 双腿略分开，与肩同宽，脚尖朝前。双手半握拳，与肩宽同宽或略比肩宽，轻搁于桌面上或五指并拢平放于大腿上。后背挺直，臀外部边缘坐在凳子三分之二处(图 5-14)。

a

b

男士坐姿

图 5-14　男士坐姿步骤(1)

（2）起身。右（左）脚向右（左）一步，左（右）脚跟上，两脚并拢。左（右）脚向右（左）后退一小步，右（左）脚跟上，两脚并拢（图 5-15）。

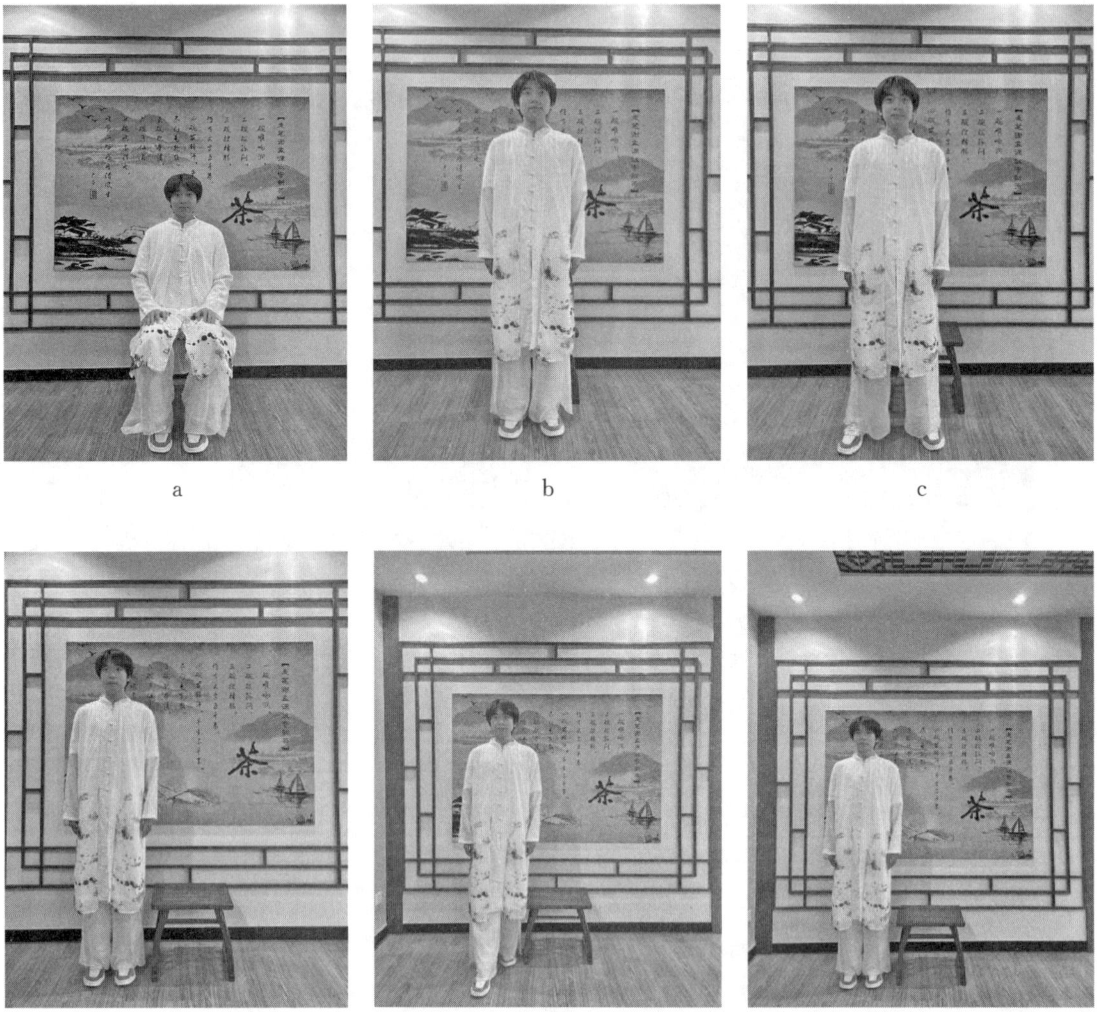

图 5-15 男士坐姿步骤（2）

四、行姿与转弯

1. 行姿：右脚开步，步幅适当，频率快，上身正，不摇摆。女士双手虎口交叉于腹前，右手上左手下，行走时给人以轻盈之感；男士双手可前后小幅度摆动，给人以“雄健”之感（图 5-16）。

2. 转弯：向左（右）转时，以左（右）脚跟为中心，左（右）脚转 90 度，身体转 90 度后，右（左）脚跟上，与左（右）脚并拢（图 5-17）。

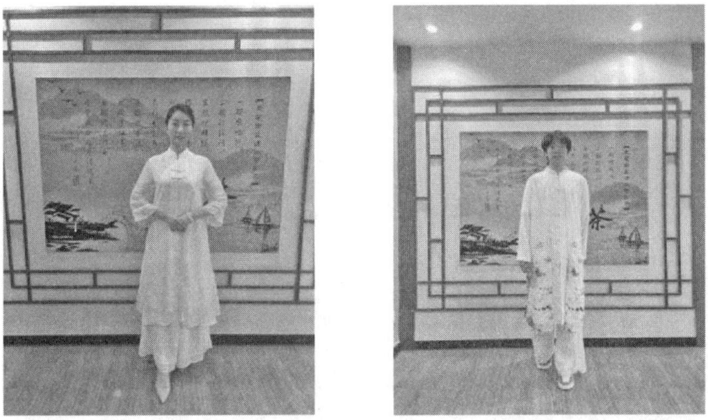

a　　　　b

图 5-16　行姿

行姿转弯

a　　　　b　　　　c

图 5-17　转弯

五、蹲姿

蹲姿仅适用于女士。下蹲时，上身姿态与站姿相同。上身中正挺直，膝关节弯曲，身体重心下移，右(左)脚在前，左(右)脚在后不动，脚尖朝前，右脚与左脚成 45 度角，左(右)膝盖顶住右(左)膝窝(图 5-18)。

a　　　　b

图 5-18　蹲姿

蹲姿

六、习茶礼

1. 男士鞠躬礼

双脚分开，与肩同宽，双手中指贴裤中缝，以腰为中心，背、后脑勺成一条直线，上半身前倾15°，稍作停顿，回复到站姿。此为平辈之间行礼。若是向长辈行礼，则前倾30°(图5-19)。

a

b

男士鞠躬

图 5-19　男士鞠躬礼

2. 女士鞠躬礼

双脚并拢，双手松开，贴着身体向下移至大腿根部，手带着上半身，前倾15°，背、后脑勺成一条直线，稍作停顿，身体缓缓站直，带着手回复到站姿。此为平辈之间行礼。若是向长辈行礼，手紧贴大腿，移至大腿中部，身体前倾30°(图5-20)。

a

b

女士鞠躬

图 5-20　女士鞠躬礼

3. 男士奉茶礼

奉前礼。正面对品茗者，双手端茶盘，以腰为中心，身体前倾，行鞠躬礼，茶盘与身体的距离不变，随身体重心下移略微下移(图 5-21a)。

奉中礼。弯腰奉茶，伸出右手，五指并拢，手掌与杯身成 45°，示意“请用茶”(图 5-21b)。

奉后礼。奉茶完毕，左脚后退一步，右脚跟上，与左脚并拢，再行鞠躬礼，示意“请慢用”(图 5-21c)。

男士奉茶

a　　b　　c

图 5-21　男士奉茶礼

4. 女士奉茶礼

奉前礼。正面对品茗者，双手端茶盘，以腰为中心，身体前倾，行鞠躬礼，茶盘与身体的距离不变，随身体重心下移略微下移(图 5-22a)。

奉中礼。蹲姿奉茶，伸出右手，五指并拢，手掌与杯身成 45°，示意“请用茶”(图 5-22b)。

奉后礼。奉茶毕，左脚先后退一步，右脚跟上，与左脚并拢，再行鞠躬礼，示意“请慢用”(图 5-22c)。

女士奉茶

a　　b　　c

图 5-22　女士奉茶礼

5. 回礼

奉茶者行礼时，品茗者应欠一下身体，或点一下头，或说一声“谢谢”，或用右手食指中指弯曲，用指节间轻叩桌面，代表“叩首”之意(图 5-23)。

a　　　　b

回礼

图 5-23　回礼

【茶情物语】

闽南茶礼

宾客往来中，以茶相待，以茶会友，是闽南人世代相承的传统礼俗。闽南人老朋友相互间寒暄，往往是来这么一句：“有闲来阮厝泡茶。”

闽南人的饮茶风俗由来已久，很多人都有喝茶的习惯，有些人甚至对茶的依恋到了痴迷的地步，不可一日无茶。在闽南地区有这么一种说法：“早茶一盅，一天威风；午茶一盅，劳动轻松；晚茶一盅，全身疏通；一天三盅，雷打不动。”在安溪，还流传着“早上喝碗铁观音，不用医生开药方；晚上喝碗铁观音，一天劳累全扫光；三天连喝铁观音，鸡鸭鱼肉也不香”的俗语。

说到闽南人的热情好客时，总也离不开一个“茶”字，因为“闽南人真好客，入门就泡茶”。茶所传递的不仅是茶香，也不仅是味蕾上的享受，它更像是一条纽带一座桥梁，连接起闽南人之间的情感。

在陈拱老先生主编的《安溪民俗文化》中，安溪文化人李启厚就写道：“只要你到安溪来做客，主人必定会拿出珍藏的上好茶叶，点起炉火，烹起茶来，品饮一番，‘未讲天下事，先品观音茶’。”在闽南人家中，几乎家家户户都备有“烹茶四宝”(即电磁炉或“随手泡”、开水壶、紫砂壶或小盖碗、公道杯及小茶杯)和各色茶叶，而请客人喝茶是待客的最基本内容。

茶能联谊，还能化解矛盾。谁与谁有纠纷了，就请来喝杯茶。只要双方把茶杯一端，就表明双方愿意坐在一起“化干戈为玉帛”，正所谓“茶杯一端是好友”。

(资料来源：东南早报，2022.12.16)

【任务小结】

1. 茶礼在我国延续数千年，随着时代的变迁，茶礼也在不断变化，历代文人之间，赠茶表友爱、敬爱，礼轻情义重。

2. 习茶之礼的形式，按主体分，有习茶人的礼、品茗者的礼、品茗者与品茗者之间的礼。按形式分，有鞠躬礼、伸掌礼、示意礼、拜礼、揖礼、对拜礼、答拜礼、稽首礼、再稽首礼等。按场合分，有见面礼、迎接礼、奉茶礼、欢送礼等。

3. 茶礼基本规范包括仪容、站姿、入座离座、行姿转弯、习茶礼等。

【参考资料】

1.《中国茶经》　上海文化出版社　陈宗懋、杨亚军主编

2.《制茶学》　中国农业出版社　夏涛主编

3.《茶艺服务与管理实务》　东南大学出版社　杨湧主编

4.《习茶精要详解》　中国农业出版社　周智修主编

【任务检测】

一、单选题

1. 茶事服务中，让顾客满意的喝好一杯茶的第一步是(　　)。

A. 茶艺服务人员对茶饮的推荐　　B. 茶艺服务人员对茶知识的掌握

C. 茶艺服务人员的热情接待　　D. 茶艺服务人员对茶具的专业度

2. 茶艺馆接待程序主要有迎宾、递送茶单、(　　)、结账收款。

A. 泡茶　　B. 茶艺表演

C. 茶艺服务　　D. 介绍茶叶

3. 对茶艺人员来说，(　　)，端庄的仪态不仅是个人修养问题，也是服务态度和服务质量的一部分，更是职业道德规范的重要内容和要求。

A. 饱满的精神　　B. 标准的动作　　C. 整洁的仪容仪表　D. 专业的知识

4. 茶艺服务人员工作前的自身准备，对仪容仪表的要求，表述错误的是(　　)。

A. 注意手的卫生，不涂指甲油，不佩戴饰物

B. 头发干净、整洁、梳理好，如果是长发，要束到后面

C. 在茶艺馆正式营业前要化淡妆，喷淡香水，不可浓妆艳抹

D. 服装以中式为主，做到洁净、整齐

5. 在巡台时，除客人特殊要求外，发现客人杯内茶水喝至(　　)以下时，就应及时续水。

A. 二分之一　　B. 三分之一　　C. 四分之一　　D. 五分之一

二、判断题

(　　)1. 茶艺服务人员在服务中要注意“三轻”，说话轻、走路轻、操作轻。

(　　)2. 在接待客户时，我们的形象以漂亮、优雅为标准，头发可以散开。

(　　)3. 为茶客沏茶或表演茶艺是茶艺服务人员的主要工作，不论是在茶客的桌上冲泡或在台上表演，坐姿是一种静态造型，坐姿正确会显得懒散无礼、有失高雅。

(　　)4. 在泡茶时，我们茶艺师要看茶泡茶，看人泡茶，看天气冲茶。

(　　)5. 在国家颁布的《茶艺师国家职业标准》中，明确规定茶艺师的职业守则是：热爱专业，忠于职守；遵纪守法，文明经营；礼貌待客，热情服务；真诚守信，一丝不苟；钻研业务，精益求精。

三、简答题

1. 简述礼的本质与特征。

2. 谈一谈对茶礼的认识。

【实训演练】

实训项目	茶事服务接待
实训要求	(1) 掌握茶事服务的程序 (2) 熟悉服务过程中的礼仪注意事项
实训时间	45 分钟
实训环境及工具	(1) 模拟茶艺室 (2) 茶单、茶具、茶叶、托盘、茶服等
实训方法	示范讲解、情景模拟、小组讨论法

模块三

茶艺传承

中国倡导“茶为国饮”，以茶载道，以弘扬中华民族博大精深的传统技艺，促进我国茶文化与茶产业的传承与发展。茶文化优秀的思想精髓和道德情怀，呈现出仪态、礼仪、意境等美感。

中华茶艺以“品茗赏艺、以茶会友，悟道修身、传承文化”为主题，将“传承、创新、绿色、共享”的茶文化精髓融入职业教育中，强调用科学的方法，在冲泡中使茶叶品质与冲泡技法相得益彰，充分展示茶的色、香、味、形，让品饮者得到物质和精神上的双重享受，让“精行俭德”的中华茶德践行于人们的工作之中，让“廉美和敬”的中华茶礼萦绕于人们的生活之间。

任务六

传习生活茶艺

【学习目标】

知识目标：能够了解茶叶的分类、工艺特点；
能够熟悉各类茶叶的品质特征；
能够熟练掌握冲泡各类茶的技术要领。

素质目标：培养学生遵守劳动纪律，养成卫生、安全、节能、环保的意识；
使学生能够具备自然、得体、高雅的礼仪形象，符合茶艺礼仪规范。

能力目标：能区分绿茶、红茶、乌龙茶、黄茶、白茶、黑茶；
能鉴别茶样的优点和缺点；
能识别常用瓷器、陶器以及玻璃茶具的品质；
能识别自来水、纯净水、矿泉水等常用泡茶用水；
能演示温杯、置茶、冲泡、沥汤、奉茶等泡茶基本技能。

【任务导图】

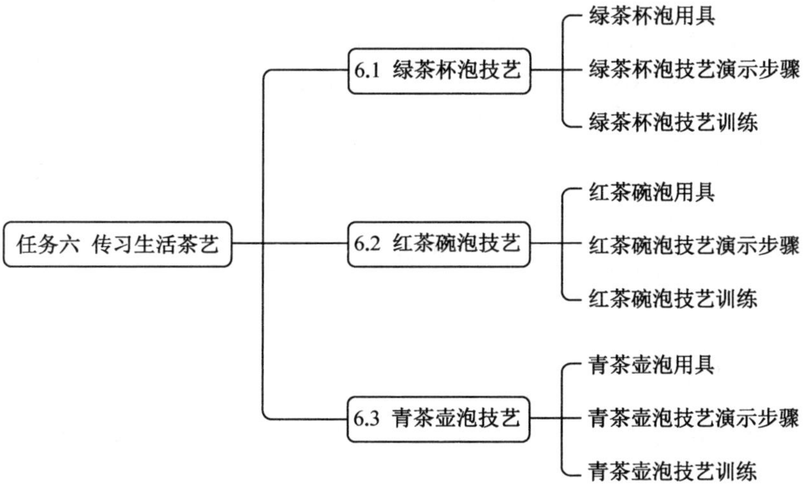

【案例导入】

“中国传统制茶技艺及其相关习俗”缘何能成功申遗

北京时间11月29日晚，我国申报的“中国传统制茶技艺及其相关习俗”在摩洛哥拉巴特召开的联合国教科文组织保护非物质文化遗产政府间委员会第17届常会上通过评审，被列入联合国教科文组织人类非物质文化遗产代表作名录。至此，我国共有43个项目列入联合国教科文组织非物质文化遗产名录、名册，居世界第一。

据了解，“中国茶”的相关知识和技艺主要通过家族、师徒和社区等传统方式进行传承，并已经与正规教育有所融合。值得一提的是，“中国茶”的传承已经进入校园。浙江大学茶叶研究所所长王岳飞说，目前，中国有40多所中职和80多所高等院校开设茶学和茶文化专业，每年培养制茶、茶艺等专门人才3 000多人。

业内专家指出，将“中国传统制茶技艺及其相关习俗”列入人类非遗名录，有助于彰显不同地区对自然界和宇宙的认知，促进对此类遗产实践者群体创造力的尊重；有助于拓展不同制茶技艺、饮茶传统间的对话渠道，并丰富人类的健康实践及文化的多样性。

如何将“中国茶”这一文化遗产发扬光大？中国茶叶博物馆馆长包静认为，应让更多年轻人能够爱茶、学茶、懂茶、知茶。贡茶制作技艺代表性传承人李兴昌认为，作为传承人，不但要传承好技艺，还要保护好古茶树。

“文化和旅游部和相关地方政府将积极支持相关社区、群体和个人组织实施系列保护措施，做好该遗产项目的传承与实践。”王晨阳介绍，为增强传承活力，相关社区、群体和个人成立了保护工作组，并联合制定了《中国传统制茶技艺及其相关习俗五年保护计划(2021—2025)》，鼓励传承人按照传统方式授徒传艺，依托中职院校和高等院校培养专门人才，巩固代际传承；举办保护传承培训班，加强能力建设；建立研学基地，编写普及读本，开展相关巡展活动，提高青少年的保护意识。

案例点评：“我国是世界上最早种植茶树和制作茶叶的国家，茶文化深深融入中国人的生活。”文化和旅游部非物质文化遗产司司长王晨阳说。数千年前，中国人就开始采茶、制茶、饮茶。公元8世纪后期，陆羽写就《茶经》，这是中国最早系统阐述茶叶知识及实践的专著。数千年来，中国的茶文化世代传承，形成了系统完整的知识体系、广泛深入的社会实践、成熟发达的传统技艺、种类丰富的手工制品。不仅如此，“中国茶”还形成了比较完善的传承体系，而这是列入人类非物质文化遗产代表作名录的重要前提条件。

(资料来源：《光明日报》，2021-12-01)

6.1　绿茶杯泡技艺

一、绿茶杯泡用具

泡茶用具：基本茶具为无花纹玻璃杯、石英水壶、茶盘、茶罐、茶荷、茶则、茶匙、茶巾等(图6-1)。

图 6-1　绿茶泡茶用具

二、绿茶杯泡技艺演示步骤

绿茶冲泡流程

绿茶规定茶艺基本演示步骤：备具—备水（端盘上场）—布具—赏茶—温杯—置茶—浸润泡—摇香—冲泡—奉茶—收具—端盘退场。

1. 备具：茶盘、茶道、冲水壶、玻璃杯、茶荷、水盂、茶巾、茶叶罐。

2. 备水：将暖瓶中的水倒入冲水壶中备用。

3. 布具：将茶盘中的器具按照顺序摆放好以备使用（图 6-2）。

a　b　c　d　e　f　g　h　i

图 6-2　绿茶布具(1)

图 6-2　绿茶布具(2)

绿茶布具

4. 赏茶:用茶匙将茶罐中的茶叶拨出少许置于茶荷中,献给嘉宾欣赏茶叶的外形、色泽和闻其干香(图 6-3)。

图 6-3　绿茶赏茶

5. 温杯:将水壶中的开水注入玻璃杯中进行烫杯。泡茶要求所用的器皿必须至清至洁。这道程序是当着各位嘉宾的面,把本来就干净的玻璃杯再烫洗一遍,以示对嘉宾的尊敬

(图 6-4)。

6. 置茶:也称投茶。将茶荷中的茶叶用茶匙拨入玻璃杯中,绿茶的茶水比为 1 : 50 (图 6-5)。

图 6-4　绿茶温杯

图 6-5　绿茶置茶

置茶

7. 浸润泡:将水壶中的开水沿着杯壁注入杯中(开水温度为 80 ℃左右),水量为杯容量的 1/4～1/3。浸润的目的是浸润茶芽,使干茶吸水舒展,便于内含物析出,为将要进行的冲泡打好基础,时间约 30 秒(图 6-6)。

a　　b

图 6-6　绿茶浸润泡

浸润泡

8. 冲泡:经浸润后的茶芽已经散发出一缕清香,这时高提水壶,让水直泻而下,接着利用手腕的力量,上下提拉注水,反复 3 次(雅称“凤凰三点头”,冲入杯内的水至总容量的七成左右,意为“七分茶,三分情”),使杯内的茶叶上下翻动,杯中上下茶汤浓度均匀。“凤凰三点头”不仅是泡茶本身的需要,也是为了显示冲泡者的优美姿态,更是中国传统礼仪的体现。“三点头”像是对客人鞠躬行礼,是对客人表示敬意(图 6-7)。

冲泡

a　　b　　c

图 6-7　绿茶冲泡

9. 奉茶：双手将泡好的茶依次敬给客人，并行伸手礼示意请用茶（图 6-8）。

a　　b　　c

图 6-8　绿茶奉茶

奉茶

10. 收具：奉茶完毕，应将所用茶具收放原位（图 6-9）。

图 6-9　绿茶收具

收具

三、绿茶杯泡技艺训练

1. 训练安排

实训项目	绿茶杯泡技法
实训要求	熟悉名优绿茶的品质特点 能够独立完成绿茶冲泡表演
实训时间	45 分钟
实训环境	模拟茶艺室
实训工具	茶盘、茶叶、玻璃杯、茶道、玻璃冲水壶、茶荷、茶巾、茶服
实训方法	示范讲解、小组讨论、情景模拟

2. 训练步骤及要求

（1）指导教师讲解绿茶杯泡技法的要点；

（2）指导教师演示绿茶杯泡技艺；

（3）分组分步骤练习绿茶的冲泡；

（4）独立进行绿茶杯泡表演。

3. 训练成果展示

提交完整的绿茶杯泡技法视频。

【讨论思考】

如何能泡好一杯茶?

要想泡好一杯茶,应该注意把握茶叶用量、泡茶水温和浸泡时间三个要素。

1. 茶叶用量:指泡茶时所需的茶叶量,它会根据茶具容量和茶叶种类的不同而有所变化。合适的茶叶用量对茶的滋味有直接影响。如果投茶量太少,茶香不足,水味太重;如果投茶量过多,茶味会过浓,导致茶汤苦涩。一般推荐的投茶量标准为 1∶50,即 1 克茶叶用 50 毫升水泡。

2. 泡茶水温:水温的高低直接影响茶汤的香气和滋味。通常情况下,水温越高,茶汤的香气和滋味发挥得越充分。但对于质地细嫩的高级茶叶,可以适当降低水温冲泡,以避免茶叶滋味变得过于苦涩。

3. 浸泡时间:指茶叶在泡茶容器中停留的时间。茶叶中的成分如咖啡碱、氨基酸、茶多酚、维生素和果糖等在遇到沸水时能迅速溶解于水中。因此,茶叶冲泡时须快速出汤,以免茶汤变浓,一般出汤时间为 5～10 秒。

6.2 红茶碗泡技艺

一、红茶碗泡用具

冲水壶、水盂、盖碗、品茗杯(带杯托)、茶道、茶叶罐、茶荷、茶巾等(图 6-10)。

图 6-10 红茶碗泡用具

红茶冲泡流程

二、红茶碗泡技艺演示步骤

红茶规定茶艺基本演示步骤:备具—端盘上场—布具—温具—赏茶—置茶—润茶—冲泡—温盅及品茗杯—分茶—奉茶—收具—端盘退场。

1. 布具:把盖碗等茶具按顺序依次摆放到指定位置。摆放茶具时要注意干湿分离、环形拿取、突出主器、方便取用。表情自然,动作流畅,手法圆滑,操作卫生(图 6-11)。

①

②

③

④

⑤

⑥

⑦

⑧

⑨

⑩

⑪

⑫

⑬

⑭

⑮

图 6-11 红茶布具

2. 温具：向公道杯、盖碗中分别注入少许沸水温具并洁具（图 6-12）。

①

②

③

④

⑤

⑥

⑦

⑧

⑨

⑩

⑪

⑫

图 6-12　红茶温具

红茶温具

3. 赏茶：用茶匙将茶罐中的茶叶拨出少许置于茶荷中，献给嘉宾欣赏茶叶的外形、色泽和闻其干香(图 6-13)。

红茶赏茶

①

②

③

④

⑤

⑥

⑦

⑧

⑨

⑩

⑪

⑫

图 6-13　红茶赏茶(1)

⑬

⑭

⑮

图 6-13 红茶赏茶(2)

4. 置茶:置茶于白瓷盖杯中,红茶茶水比为 1∶50 左右(图 6-14)。

①

②

③

④

⑤

⑥

图 6-14 红茶置茶

红茶置茶

5. 润茶:打开杯盖,向盖碗中注入少许热水。左手托杯底,右手持盖碗,逆时针一快两慢转动盖碗,使杯中茶叶与热水充分接触(图 6-15)。

6. 冲泡:冲入沸水至碗沿,用盖刮去泡沫,加盖。

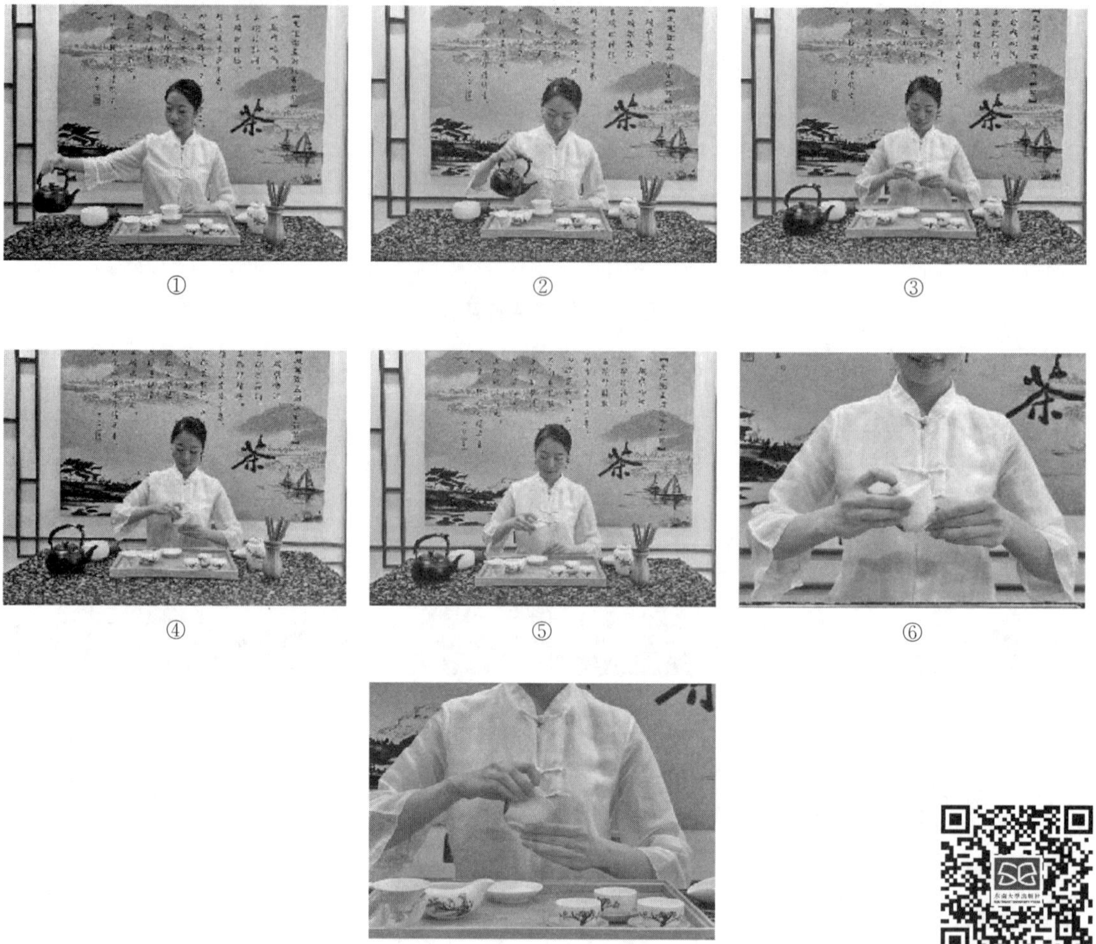

① ② ③ ④ ⑤ ⑥ ⑦

图 6-15　红茶润茶

红茶润茶

7. 冲泡：打开杯盖，向盖碗中注水至七分满(图 6-16)。

图 6-16　红茶冲泡

红茶冲泡

8. 分茶(图 6-17)

(1) 先将茶漏放置在公道杯上，将盖碗左前侧压下一条缝隙，右手持盖碗，将茶汤过滤到公道杯中。

(2) 将公道杯中的茶汤依次均匀注入每个品茗杯中，茶量为杯容量的七分满即可。

①

②

③

④

⑤

⑥

⑦

⑧

⑨

⑩

图 6-17　红茶分茶

红茶分茶

9. 奉茶:双手将泡好的茶依次敬给客人,并行伸手礼示意请用茶(图 6-18)。

红茶奉茶

①

②

③

④

⑤

⑥

图 6-18　红茶奉茶

10. 收具：奉茶完毕，应将所用茶具收放原位（图 6-19）。

①

②

红茶收具

图 6-19　红茶收具

三、红茶碗泡技艺训练

1. 训练安排

实训项目	红茶碗泡技法
实训要求	（1）熟悉名优红茶的品质特点 （2）能够独立完成红茶冲泡表演
实训时间	45 分钟
实训环境	模拟茶艺室
实训工具	茶盘、茶叶、盖碗、公道杯、茶道、冲水壶、茶荷、茶巾、茶服等
实训方法	示范讲解、小组讨论、情景模拟

2. 训练步骤及要求

(1) 指导教师讲解红茶碗泡技法的要点；

(2) 指导教师演示红茶碗泡技艺；

(3) 分组分步骤练习红茶的冲泡；

(4) 独立进行红茶碗泡表演。

3. 训练成果展示

提交完整的红茶碗泡技法视频。

【茶情物语】

如何艺术地泡好一杯茶

泡茶是门艺术也是门技术，需要不断练习，不断思索，不是单纯的模仿动作，要有自己的风格，但也要遵循泡茶中的艺术要领。童启庆老师在《习茶》中非常详细地讲述了泡茶的5个基本要领：

(1)“神”是艺的生命。“神”指茶艺的精神内涵，是茶艺的生命，是贯穿于整个沏泡过程中的连接线。从沏泡者的脸部所显露的神气、光彩、思维活动和心理状态可表现出不同的境界，对他人的感染力也就不同。

(2)“美”是艺的核心。欣赏茶的沏泡技艺，应该给人一种美的享受，包括境美、水美、器美、茶美和艺美。茶的沏泡艺术之美表现为仪表的美与心灵的美。仪表美是沏泡者的外表，包括容貌、姿态、风度等；心灵美是指沏泡者的内心、精神、思想等，通过泡茶者的设计、动作和眼神表达出来。在整个泡茶的过程中，沏泡者始终要有条不紊地进行各种操作，双手配合，忙闲均匀，动作优雅自如，使主客都全神贯注于茶的沏泡及品饮之中，忘却俗务缠身的烦恼，以茶修身养性，陶冶情操。

(3)“质”是艺的根本。品茶的目的是欣赏茶的质量，一人静思独饮，数人围坐共饮，或大型茶会，人们对茶的色、香、味、形之要求都高，总希望喝到一杯好茶，泡茶者千万不要以为自己有青春容貌、华丽服饰、精巧茶具等优势就可以成功。特别是初到一地，由他人提供境、器、水、茶，自己全然陌生，稍一大意，就会有失水准，不一定能泡出好茶来。尤其是在懂茶知茶不多的情况下更要谦逊地向他人求教。

(4)“匀”是艺的功夫。茶汤浓度均匀是沏泡技艺的功力所在。用同一种茶冲泡，要求每一杯茶汤的浓度均匀一致，就必须练就凭肉眼能准确控制茶与水的比例，不至于过浓或过淡的本领。

(5)“巧”是艺的水平。沏泡技艺能否巧妙运用是沏泡者的水平。初学者，常常是单纯模仿他人的动作，而不能真正领悟到泡茶的精髓。

6.3　青茶壶泡技艺

一、青茶壶泡用具

泡茶用具：茶船、紫砂壶、公道杯、闻香杯、品茗杯、杯托、水壶、茶罐、茶荷、茶道组（包括茶则、茶匙、茶漏、茶夹等）、茶巾等。

二、青茶壶泡技艺演示步骤

青茶规定茶艺基本演示步骤：备具—备水（端盘上场）—行礼—布具—温壶—置茶—冲泡—温品茗杯及闻香杯—分茶—奉茶—试饮—收具—端盘退场。以乌龙茶为例进行介绍。

1. 备具：将茶具备好，并依沏泡时的需要顺序合理地放置好（图片 6-20）。

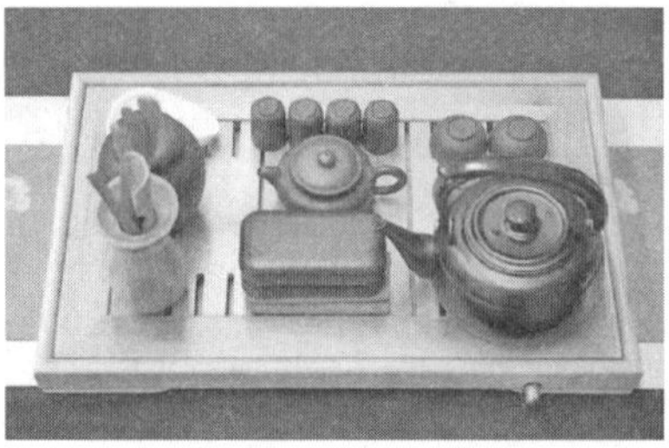

图 6-20　乌龙茶备具

乌龙茶冲泡流程

2. 行礼

3. 布具：将茶盘中的茶具从左到右依次摆放到茶盘两侧和茶盘中间（图 6-21）。

① ② ③ ④ ⑤ ⑥ ⑦ ⑧ ⑨

图 6-21　乌龙茶面具(1)

图 6-21　乌龙茶布具(2)

㉕

㉖

㉗

㉘

乌龙茶布具

图 6-21　乌龙茶布具(3)

4. 温壶(杯):打开紫砂壶盖,向壶中注入沸水,温润紫砂壶。然后将紫砂壶中的热水逐一注入闻香杯和品茗杯中(图 6-22)。

①

②

③

④

⑤

⑥

图 6-22　乌龙茶温壶(杯)(1)

⑦

⑧

⑨

图 6-22　乌龙茶温壶(杯)(2)

备注:此套乌龙茶冲泡步骤中没有温润泡(洗茶)步骤,所以会将温烫紫砂壶的热水注入闻香杯组,在冲泡等候环节再将闻香杯组的热水倒出。如果在日常生活中习惯洗茶,此处可忽略,可将第一泡茶汤用来温烫闻香杯和品茗杯。

乌龙茶温具

5. 置茶(图 6-23)

(1) 左手取茶叶罐放置两手之间,两手大拇指向上将茶盖顶起;

①

②

③

图 6-23　乌龙茶置茶(1)

(2) 用茶匙或茶则取出适量茶叶放置在茶荷(茶则)中并向客人展示茶叶的外形特征。

①

②

③

④

⑤

⑥

图 6-23　乌龙茶置茶(2)

⑦

⑧

⑨

⑩

乌龙茶置茶

图 6-23　乌龙茶置茶(3)

(3) 打开紫砂壶盖,放置在品茗杯上,用茶匙将茶荷中的茶叶拨入紫砂壶中。

①

②

③

④

⑤

⑥

图 6-23　乌龙茶置茶(4)

6. 冲泡(图 6-24)

(1) 提起水壶,对准泡茶壶,从低到高,细水长流,激荡茶叶,激发茶性,以便泡出茶之真味。

(2) 盖上紫砂壶盖,再次用热水浇淋紫砂壶,提升壶温。

7. 温品茗杯及闻香杯:在泡茶等候过程中逐一清洗闻香杯和品茗杯。双手拿起闻香杯将杯中水均匀淋到紫砂壶上。品茗杯则采用狮子滚球的方法逐一温烫。

①

②

③

④

⑤

⑥

⑦

⑧

⑨

⑩

⑪

⑫

⑬

⑭

⑮

图6-24　乌龙茶冲泡(1)

⑯

⑰

乌龙茶冲泡

图 6-24　乌龙茶冲泡(2)

8. 分茶:将紫砂壶在茶巾上吸干壶底水分,茶汤依次巡回多次低斟(避免香气逸失)于紧挨着的闻香杯中,以保证茶汤浓淡均匀。

9. 奉茶(图 6-25)

(1) 将品茗杯逐一翻扣在闻香杯上,双杯翻转过来;

(2) 将翻转的闻香杯组放置在杯垫上,双眼平视客人,然后将杯垫举至眉端,双手顺势向前送出,放在客人面前,行手礼。

①

②

③

④

⑤

⑥

⑦

⑧

⑨

图 6-25　乌龙茶奉茶(1)

⑩

乌龙茶奉茶

图 6-25　乌龙茶奉茶(2)

10. 试饮:拿起闻香杯,嗅闻杯中茶香;然后用右手拇指和食指夹住品茗杯,中指托住杯底,分三口品饮(图 6-26)。

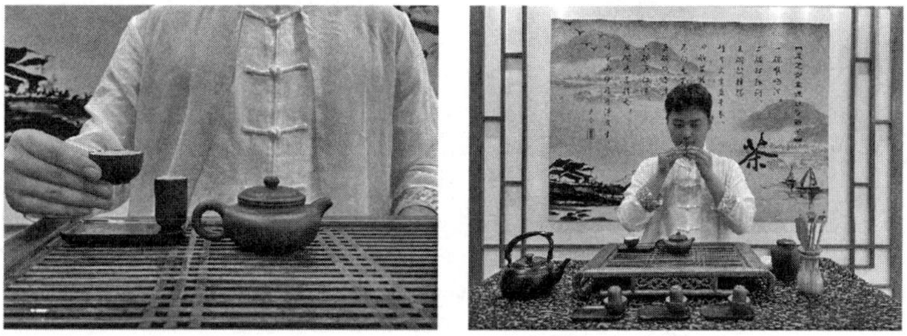

①　　②

乌龙茶试饮

图 6-26　乌龙茶试饮

11. 收具退场(图 6-27)。

乌龙茶收具

图 6-27　乌龙茶收具退场

三、青茶壶泡技艺训练

1. 训练安排

实训项目	青茶壶泡技法
实训要求	熟悉名优青茶的品质特点 能够独立完成青茶冲泡表演
实训时间	45 分钟
实训环境	模拟茶艺室

（续表）

实训项目	青茶壶泡技法
实训工具	双层茶盘、茶叶、紫砂壶、闻香杯、品茗杯、茶道、冲水壶、茶荷、茶巾、茶服
实训方法	示范讲解、小组讨论、情景模拟

2. 训练步骤及要求

（1）指导教师讲解青茶壶泡技法的要点；

（2）指导教师演示青茶壶泡技艺；

（3）分组分步骤练习青茶的冲泡；

（4）独立进行青茶壶泡表演。

3. 训练成果展示

提交完整的青茶壶泡技法视频。

【相关阅读】

六大茶类冲泡技巧

绿茶，重在保持鲜美的口感和鲜嫩的颜色，所以适合用玻璃杯冲泡，可以观其形态。用85～95 ℃的水慢慢将茶叶浸润，让其自然舒展，内含物质缓慢释放。

红茶是全发酵茶，如果冲泡不当很容易出现酸涩味，甚至产生苦味。红茶不宜焖泡，注水后尽快出汤，会获得一杯清甜爽口的红茶。使用的盖碗碗口一定要大，散热透气。置茶量可以少一些，让茶叶有充分的透气空间，而不至于闷坏。出汤要滴干净，不要留有水与茶叶接触过久，出完汤把盖子打开散热。

黄茶属于轻发酵茶，其茶质细嫩，水温太高会把茶叶烫熟，所以冲泡温度在85～95 ℃为宜。冲泡黄茶，按照茶具容量放入四分之一的茶叶，也可以依据自己的口味进行斟酌增减。一、二泡的合适冲泡时间为20～30秒，第三到五泡的冲泡时间为20～35秒，这么泡出来的茶汤口感更佳。用玻璃杯可欣赏茶叶似群笋破土，缓缓升降，堆绿叠翠，有“三起三落”的妙趣奇观。

黑茶在后发酵和储存的过程中，难免会产生一些仓储、陈旧的气味。紧压的黑茶，在饮用之前先解块，放于通风干燥处散几天，再放进透气的陶罐储存一到两个月。冲泡时首泡先润一下，让紧压茶充分展开，散去异气，第二泡更好喝。但须注意润茶时间不可过久，须快速出汤，避免丢失太多内含物质。

福建、广东、台湾是乌龙茶的主要产区，这几个地方盛行的工夫茶泡法就是乌龙茶合适的泡法。小壶和小杯，是工夫茶的标配，冲泡前需要温杯烫壶。冲泡的技巧讲究高冲低斟，很大限度保持茶香茶味。乌龙茶需要用沸水冲泡。条形的单丛茶和岩茶的冲泡要点是即冲即出，而颗粒形乌龙茶时间可以稍微长一点，等茶叶舒展之后再加快出汤速度，而泡到五泡以后，都需要延长时间。

白茶的原料等级一般按照采摘的嫩度分为白毫银针、白牡丹和寿眉。白毫银针和高级白牡丹要保持其鲜甜故不能用沸水，一般以90～95℃水为宜，冲泡时间在20～30秒。普通白牡丹和寿眉可用沸水冲泡，而白牡丹要比寿眉冲泡的时间短一些。寿眉，尤其是存放了三年以上的老寿眉，不仅可以冲泡，还可以煮饮，冲泡到五泡以后，便可放入煮茶壶，按个人口味调整煮茶时间。

【任务小结】

1. 水为茶之母，器为茶之父，想要泡好一杯茶，选择合适的冲泡用具十分关键。一般来说冲泡名优绿茶、黄茶、白茶等适合选用玻璃器具，便于欣赏优美的茶相和清澈明亮的茶汤；冲泡红茶时适合选用盖碗，可以更好地蕴香聚味；冲泡乌龙茶和黑茶则适合选用紫砂茶具。

2. 泡茶时要根据茶叶的不同特性把握好正确的茶水比、冲泡水温、冲泡时间。

3. 作为一名茶艺师要能熟练地演示温杯、置茶、冲泡、沥汤、奉茶等泡茶基本技能。

【参考资料】

1.《中国茶经》 上海文化出版社 陈宗懋、杨亚军主编
2.《茶艺服务与管理实务》 东南大学出版社 杨湧主编
3.《品茶图鉴》 译林出版社 陈宗懋等著
4.《茶学入门》 浙江大学出版社 屠幼英、乔德京主编

【任务检测】

一、单选题

1. 100℃水温对冲泡（ ）茶叶最适宜。

A. 龙井茶 B. 碧螺春 C. 黄山毛峰 D. 铁观音

2. 乌龙茶适用多少度水温冲泡？（ ）

A. 100℃沸水 B. 80℃左右 C. 75℃左右 D. 85～90℃

3. “东方美人茶”实际上是下列哪种茶？（ ）

A. 白毫乌龙茶 B. 冻顶乌龙茶 C. 安徽铁观音 D. 普洱茶

4. 在茶艺演示冲泡茶叶过程中的基本程序是：备器、煮水、备茶、温壶杯、置茶、（ ）、奉茶、收具。

A. 高冲水 B. 分茶 C. 冲泡 D. 淋壶

5. 潮汕工夫茶茶艺中“干壶置茶”是指（ ）。

A. 用沸水烫热茶壶 B. 将茶叶放进干热的茶壶中

C. 用火将茶叶烤干 D. 用沸水淋浇茶壶外壁

二、简答题

1. 简述玻璃杯冲泡法中的“凤凰三点头”动作要领。

2. 简述紫砂壶冲泡法中的布具顺序。

任务七

品鉴生活茶艺

【学习目标】

知识目标：能够掌握茶叶审评的流程与方法；

能够掌握科学沏泡的技术手段；

能够通过专业的解说描述茶叶的品质特征。

素质目标：培养学生遵守劳动纪律，养成卫生、安全、节能、环保的意识；

使学生具备自然、得体、高雅的礼仪形象，符合茶艺礼仪规范。

能力目标：具备茶席布置与茶艺演示能力；

具备自我学习、团队合作学习能力；

具备茶语言的组织与表达能力；

具备根据水浸出物浸出规律设计所泡茶样的冲泡参数的能力。

【任务导图】

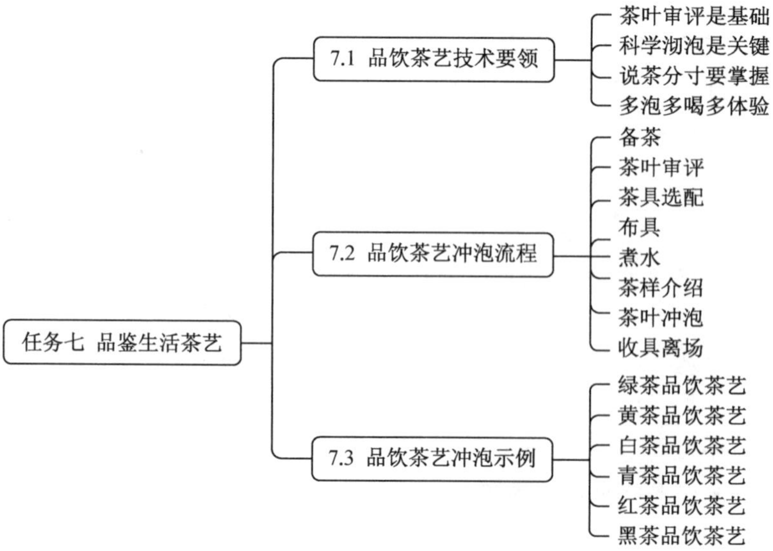

【案例导入】

工匠精神成就茶艺之美 七大项目锻造顶级高手

7月17至20日由中国茶叶学会、中国就业培训指导中心、农业农村部人力资源开发中心共同主办的“第五届全国茶业职业技能竞赛茶艺竞赛总决赛”在江西省遂川县举行。经过前期各省市分赛区的选拔推荐，来自全国26个分赛区的47名优秀茶艺师同台竞技。与往届一样，竞赛分为理论知识和技能操作两个模块，理论考试成绩占总成绩的20%，技能操作成绩占总成绩的80%。但就项目数量和难度在以往的基础上都有了很大提升，最终成绩由理论考试、规定茶艺、自创茶艺、茶席创作、茶汤质量比拼、调饮茶现制、点茶七部分的加权成绩组成。在这样的高手过招中，任何一个单项拿不到高分，都会与大奖失之交臂。三天的比赛中，选手们的身心都接受着高压考验。

在考验泡茶基本功的规定茶艺时新增了演示前的茶叶品质鉴别环节。选手从绿茶、红茶、乌龙茶三款茶叶中随机抽取一款，首先进行茶叶感官审评，再按照对应的玻璃杯冲泡法、盖碗冲泡法和紫砂壶冲泡法进行最基础的茶艺演示。

茶汤质量比拼考核的是选手更为全面的识茶、辨茶、泡茶、荐茶能力。组委会提供质量等级相当的六大茶类供选手抽签，选手不但需要进行茶样品质鉴别，还需要选择与所泡茶样相匹配的器具，同时准备茶叶和泡茶用水，布置茶席后进行三次冲泡。在这一环节，除了选手需要主动向裁判用准确的语言展示茶品及茶文化外，裁判也会随时向选手提出相关问题，以综合考量选手茶汤调控能力、茶叶品质表达能力以及接待礼仪能力等。

“自创茶艺演示”过去叫“自创茶艺表演”。从项目名称的变化上，就可以看出考核重点的变化：在主题有创意、内容有表现力的基础上，冲泡流程是否规范、茶汤质量是否过关依旧是重点。选手们需要演示预先设定的主题、茶席并配以背景、音乐，现场解说，艺术化地展现中国茶文化精神，讲好中国茶故事。

茶席创作曾是竞赛中的单项赛事，本次竞赛也将其纳入个人赛中作为技能操作考核中的一个模块。并且，茶席创作的作品，不能和自创茶艺演示中的茶席设计有重复，这都对茶艺师的创意、审美等方面提出了更高的要求。

本次竞赛内容新增加点茶和调饮茶现制。比赛内容亦古亦今，考核重点依然是如何科学地泡好一杯茶和艺术地展示好一杯茶。点茶环节中，选手须用组委会提供的茶具和抹茶，除了在规定时间内点出一杯完美的沫浡外，更为关键的是仍要保证色、香、味的表现；调饮茶现制则是以茶、奶、水果、蔬菜等天然食材为原料，选手们需要通过科学配方，现场调制一款色、香、味、形俱佳的调饮茶。

案例点评：全国茶业职业技能竞赛是茶业从业人员切磋技艺、施展才艺的一个平台，也是对我国茶业从业人员的一次大检阅。比赛前三名的选手将获得人社部授予的“全国技术能手”称号，竞赛的规格之高、含金量之高便可窥见一斑。茶艺师，是茶叶宣传推介、茶文化传播中最一线的工作者和践行者，是整个茶产业发展链条中非常重要、不可或缺的组成部分。只有弘扬工匠精神、坚定文化自信，不断培育精益求精的茶艺人才，促进整体技能水平提高，才能促进中华茶艺向科学、健康的方向发展。

（资料来源：《贵州茶叶》，2022-07-25）

品饮茶艺，是在中国茶道精神指导下，强调用科学的方法，充分展示茶的色、香、味、形，让品饮者得到物质和精神上的享受。品饮茶艺以冲泡出高质量的茶汤为目的，同一款茶冲泡三次，旨在提升茶艺师在沏茶基本技能上的“茶叶品鉴”技能，考量茶艺师茶汤调控能力、茶叶品质的表达能力以及接待礼仪能力。

7.1 品饮茶艺技术要领

一、茶叶审评是基础

茶叶审评是通过技术手段对茶叶的外形与内质进行的科学审评过程，从而科学、客观地评价一款茶的品质特征。通过审评可以确定茶叶的外形特征和内质香气，以及汤色、滋味、叶底等品质特征，从而更加科学地选择沏茶的技术手段。

茶叶审评是一项难度较高、技术性较强的工作，也是每一个从事茶艺工作的人员必须掌握的基本技能。要掌握这一技能，一方面要通过长期的实践来锻炼自己的嗅觉、味觉、视觉、触觉，使自己具备敏锐的审辨能力；另一方面要学习有关的理论知识，如茶叶审评对环境的要求、审评抽样、用水选择、茶水比例、泡茶的水温及时间、审评程序等。

（一）茶叶感官审评室的环境与设施

1. 环境条件

茶叶感官审评室应空气清新、无异味，温度和湿度使感官审评人员感觉适宜，室内安静、整洁。审评室应背南面北开窗，室内的墙壁和天花板应刷成白色，使室内光线柔和明亮，无异色反光。

2. 茶叶感官审评室的设施要求

(1) 评茶台。评茶台分为干评台和湿评台。干评台是评定茶叶外形的工作台，一般高90厘米，宽60厘米，长度依实际需要而定。台面漆成无反射光的黑色，靠北窗安放。湿评台是评定茶叶内质的工作台，一般高85厘米，宽45厘米，长150厘米，台面漆成无反射光的乳白色，安放在干评台后1米左右。

(2) 样茶柜架。审评室内可配置适当的样茶柜架用以存放待评茶叶。

(3) 审评用具。审评用具包括审评杯碗、评茶盘（匾）、称茶器、网匙、计时器、吐茶桶（图7-1）。

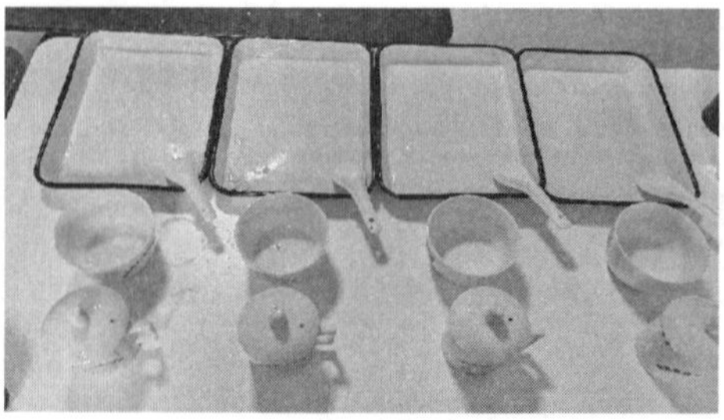

图7-1 审评用具

(4) 审评用水。凡新鲜的雨水、自来水、井水和地表水符合下列条件的都可用于审评用水：第一，理化指标及卫生指标应符合中华人民共和国 GB 5749《生活饮用水卫生标准》的规定；其次，水质无色，透明，无沉淀，不得含有杂质。

(二) 茶叶审评程序

1. 干茶取样

将干茶放于专用的茶样盘中，评定茶叶的大小、粗细、轻重、长短、碎片、末茶情况。干茶的外形，主要从五个方面来看，即嫩度、条索、色泽、整碎和净度(图 7-2)。

a　　　　b

图 7-2　干茶取样

(1) 嫩度。所谓“干看外形，湿看叶底”，就是指看嫩度，这是决定茶叶品质的基本因素。一般嫩度好的茶叶，应该符合该茶类的外形要求(如龙井之“光、扁、平、直”)。此外，还可以从茶叶有无锋苗去鉴别。锋苗好，白毫显露，表示嫩度好，做工也好。如果原料嫩度差，做工再好，茶条也无锋苗和白毫。但是不能仅从茸毛多少来判别嫩度，因各种茶的具体要求不一样，如极好的狮峰龙井是体表无茸毛的。

(2) 条索。指各类茶应具有一定的外形规格，如炒青条形、珠茶圆形、龙井扁形、红碎茶颗粒形等。一般长条形茶，看松紧、弯直、壮瘦、圆扁、轻重；圆形茶看颗粒的松紧、匀正、轻重、空实；扁形茶看平整光滑程度是否符合规格。一般来说，条索紧、身骨重、圆(扁形茶除外)而挺直，说明原料嫩、做工好、品质优；如果外形松、扁(扁形茶除外)、碎，并有烟、焦味，说明原料老、做工差、品质劣。

(3) 色泽。茶叶色泽与原料嫩度、加工技术有密切关系。各种茶均有一定的色泽要求，如红茶乌黑油润、绿茶翠绿、乌龙茶青褐色、黑茶黑油色等。但是无论何种茶类，好茶均要求色泽一致，光泽明亮，油润鲜活，如果色泽不一，深浅不同，暗而无光，说明原料老嫩不一、做工差、品质劣。茶叶的色泽还和茶树的产地以及季节有很大关系。如高山绿茶，色泽绿而略带黄，鲜活明亮；低山茶或平地茶色泽深绿有光。制茶过程中，由于技术不当，也往往会使色泽劣变。

(4) 整碎。指茶叶的外形和断碎程度应以匀整为好，断碎为次。

(5) 净度。主要看茶叶中是否混有茶片、茶梗、茶末、茶籽以及制作过程中混入的竹屑、木片、石灰、泥沙等夹杂物的多少。净度好的茶，不含任何夹杂物。此外，还可以通过茶的干香来鉴别净度。无论哪种茶都不能有异味，青气、烟焦味和熟闷味均不可取。

2. 开汤审评

茶叶感官审评，是根据茶叶的形、质特性对感官的作用来辨觉、触觉，对茶叶的优次进行评定，是目前国际上对茶叶等级评定最通用的方法。审评时,先干茶审评而后再开汤审评。

干茶审评是指将干茶放于专用的茶样盘中,评定茶叶的大小、粗细、轻重、长短、碎片、末茶情况。干茶审评主要从五个方面判断茶叶的品质特征:嫩度、条索、色泽、整碎和净度。

① 嫩度是决定茶叶品质的基本因素。一般嫩度好的茶叶,容易符合该茶类的外形要求(如龙井茶的"光、扁、平、直",碧螺春的"满披白毫,银中隐翠")。此外,还可以从茶叶有无锋苗去鉴别茶叶的嫩度。茶叶锋苗好,白毫显露,则表示茶叶嫩度高。

② 条索是指各类茶应具有的外形标准,如炒青茶的条形、珠茶的圆形、龙井的扁形、红碎茶的颗粒形等。一般长条形茶,看松紧、弯直、壮瘦、圆扁、轻重;圆形茶看颗粒的松紧、匀正、轻重、空实;扁形茶看平整光滑程度是否符合规格。一般来说 ,条索紧、身骨重、圆(扁形茶除外)而挺直,说明茶叶原料嫩,工艺好,品质优;如果外形松、扁(扁形茶除外)、碎,并有烟、焦味,说明茶叶原料老、工艺差、品质劣。

③ 色泽是指干茶的茶叶色泽。茶叶色泽与原料嫩度、加工技术有密切关系。一般来说,各类茶叶的干茶色泽都有特定的色泽要求,如绿茶色泽嫩绿鲜活、白茶色泽灰绿、黄茶色泽绿黄或微黄、乌龙茶色泽青褐、红茶色泽乌黑油润、黑茶色泽黑褐等。但是无论是何种茶类,好茶的干茶色泽都要求色泽一致,光泽明亮,油润鲜活。如果干茶色泽不一,深浅不同,暗而无光,则说明茶叶原料老嫩不一、工艺差、品质劣。但值得注意的是,茶叶的色泽还会和茶树的产地以及季节有很大关系。如高山绿茶,干茶色泽会绿而略带黄,鲜活明亮;低山茶或平地茶干茶色泽则深绿有光。

④ 整碎是指茶叶的外形和断碎程度,应以匀整为好,断碎为次。

⑤ 净度主要是看茶叶中是否混有茶片、茶梗、茶末、茶籽以及制作过程中混入的竹屑、木片、石灰、泥沙等夹杂物的多少。净度好的茶,不含任何夹杂物。此外,还可以通过茶的干香来鉴别茶叶的净度。无论哪种茶叶都不能有异味,青气、烟焦味和熟闷味均不可取。

开汤审评是指在专用的审茶杯中将干茶用沸水冲泡后将茶汤倒入审茶杯中,观察茶叶内质的汤色、香气、滋味、叶底四个因子。审评时应先嗅香气、再看汤色、细尝滋味、后评叶底。

(1) 汤色。它是茶叶形成的各种色素,溶解于沸水中而反映出来的色泽。汤色在审评中变化较快,为了避免色泽的变化,审评中要先看汤色或者嗅香气与看汤色结合进行。汤色审评主要抓住色度、亮度、清浊度三个方面。常用的评茶术语有:

① 清澈:茶汤清净透明有光泽。

② 鲜艳:汤色鲜明有活力。

③ 鲜明:汤色明亮略有光泽。

④ 明亮:茶汤清净透明。

⑤ 乳凝:茶汤冷却后出现的乳状混浊现象。

⑥ 混浊:茶汤中有大量悬浮物,透明度差,是劣质茶的表现。

【思考讨论】

"冷后浑"是红茶茶叶品质不好的表现吗?

茶汤放置待凉,约 20 ℃以下时,茶汤就会出现浅褐色或橙色乳状的浑浊现象,这种现

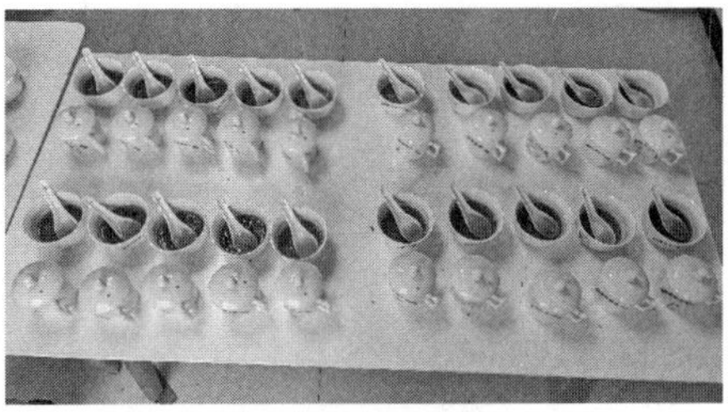

图 7-3　冷后浑

象，即被称为“冷后浑”，也被称为“茶乳酪”。之所以会呈现“冷后浑”，那是由于茶叶中的茶多酚（茶多酚主要以儿茶素的形态存在）在发酵氧化的过程中，会转为茶黄素，也有的转为茶红素。在泡茶的时候，茶黄素的溶解度受水温的影响：在茶汤温度比较高的时分，茶黄素呈现各自游离的状况，溶于热水中，使得看到的茶汤是明澈透亮的；随着茶汤温度逐步变低变凉，茶黄素就会以“扎推”的方式构成一种络合物，即呈现了“冷后浑”景象。所以冷后浑其实是红茶质量优秀的体现（图 7-3）。

（2）香气。它是茶叶冲泡后随水蒸气挥发出来的气味。由于茶类、产地、季节、加工方法的不同，就会形成与这些条件相应的香气。如红茶的甜香、绿茶的清香、乌龙茶的果香或花香、高山茶的嫩香等。审评香气除辨别香型外，主要比较香气的纯异、高低、长短。香气纯异是指香气与茶叶应有的香气是否一致，是否夹杂其他异味；香气高低可用浓、鲜、清、纯、平、粗来区分；香气的长短也就是香气的持久性，香高持久是好茶。常用的评茶术语有：

① 清高：清香高而持久。

② 清香：清鲜爽快。

③ 纯正：茶香不高不低，纯净正常。也适用于红茶香气。

④ 平正：茶香较低，但无异杂气。也适用于红茶香气。

⑤ 焦香：烘干充足或火攻高，使之带有饴糖甜香。

⑥ 甜和：香气虽不高，但有甜感。

⑦ 果香：类似某种干鲜果香。

（3）滋味。它是评茶人的口感反应。评茶时首先要区别滋味是否纯正，一般纯正的滋味可以分为浓淡、强弱、醇和几种；不纯正的滋味有苦涩、异味。好的茶叶浓而鲜爽，刺激性强，或者富有收敛性。常用的评茶术语有：

① 回甘：回味较佳，略有甜感。

② 浓厚：茶汤味厚，刺激性强。

③ 浓醇：浓爽适口，回味甘醇。刺激性比浓厚弱而比醇厚强。

④ 醇厚：茶味醇正浓厚，有刺激性。

⑤ 醇正：清爽正常，略带甜。

⑥ 醇和：醇而平和，带甜。刺激性比醇正弱而比平和强。

⑦ 平和：茶味正常，刺激性弱。

⑧ 淡薄：入口稍有茶味，以后就淡而无味。

⑨ 涩：茶汤入口后，有麻嘴厚舌的感觉。

⑩ 苦：入口即有苦味，后味更苦。

图 7-4　叶底

（4）叶底。它是冲泡后剩下的茶渣。一般好的茶叶的叶底，嫩芽叶含量多，质地柔软，色泽明亮均匀一致，叶形较均匀，叶片肥厚（图 7-4）。

【相关阅读】

茶艺和茶叶审评

茶艺是泡茶与饮茶的技艺，是中国茶文化的重要组成部分和表现形式，由茶美、水美、器美、境美、人美、艺美的茶艺六要素构成。茶叶审评是检验茶叶品质的重要手段和方法，是格式化、严谨的科学。审评员运用视觉、嗅觉、味觉、触觉等对茶叶产品的外形、汤色、香气、滋味及叶底等品质因子进行审评，从而达到鉴定茶叶品质的目的。

茶艺追求美，在泡茶手法上，茶艺师力求发扬茶叶优点，尽量规避、淡化茶叶缺点，将茶叶冲泡过程和效果做到尽善尽美。所以作为一名专业茶行业人员，既要学习茶艺，也要系统深入地学习茶叶审评。茶艺师日常泡茶需要有专业的茶叶基础知识作为打底，更需要具备深厚的评茶功底，才能更好地体现茶艺师的专业性。

茶艺是泡茶的技术和品茶的艺术。一名优秀的茶艺师，不仅要懂得泡茶的艺术要素，更要懂得如何借助技术手段泡好一杯茶，知茶性而科学泡茶，知己知茶才能健康饮茶。

二、科学沏泡是关键

1. 茶水比例

茶叶冲泡时，用茶量和冲泡的水量多少，与汤味浓淡和液层厚薄有着密切关系。用茶量多而水少，叶难泡开，滋味过于浓厚；反之，茶少水多，滋味就过于淡薄。同量茶样，冲泡用水量不同，或用水量相同，用茶量不同，都会影响茶叶香气及汤味或发生审评上的偏差。用茶量相同，冲泡时间相同，因用水量不同，其浸出物也不同。

表 7-1　不同茶叶的茶水比例

茶类	茶水比
名优茶（绿茶、红茶、黄茶、花茶）	1∶50
茶多酚低的名优茶（安吉白茶、太平猴魁）	1∶33
大宗茶（绿茶、红茶、黄茶、花茶）	1∶75
白茶	1∶20～1∶25
普洱茶	1∶30～1∶50
乌龙茶	1∶12～1∶15

2. 投茶方式

明代张源《茶录》提出：“投茶有序，毋失其宜。先茶后汤，曰下投。汤半下茶，复以汤满，曰中投。先汤后茶，曰上投。春秋中投，夏上投，冬下投。”现在的投茶三种方法是指玻璃杯泡绿茶时按照茶的老嫩程度及外形特征，采用上投法、中投法、下投法投茶入杯。

（1）上投法

茶形细嫩，全是芽头或满身披毫的绿茶适合用于此法投放茶叶，如信阳毛尖、碧螺春等。具体方法为“先水后茶”——壶内注水至 7 分满，然后拨入茶叶，再倾斜壶身缓缓旋转两圈，让茶和水充分融合,最后静待 1～2 分钟即可(图 7-5)。

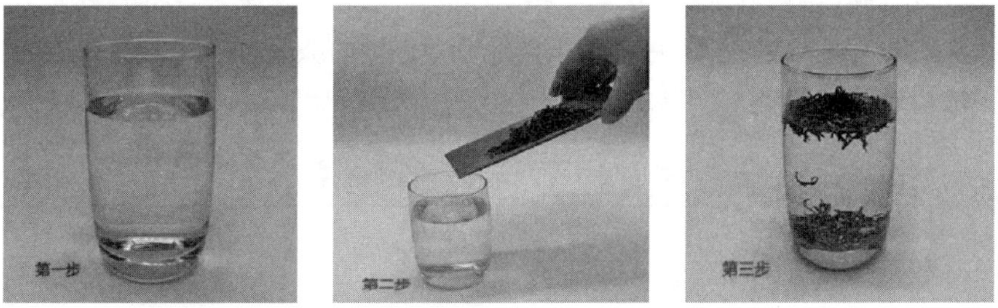

①　②　③

图 7-5　上投法步骤

(2) 中投法

茶形紧结,扁形或嫩度为一芽一叶或一芽二叶的绿茶,适宜采用此法投放茶叶,如西湖龙井、安吉白茶等。具体方法为先在杯中注入三分适宜温度的水,然后投茶,轻轻摇转杯中茶,促使茶叶被水浸润,然后再注水至七八分满。主要冲泡较细嫩且高香、茶形紧结、扁形或嫩度为一芽一叶或一芽二叶的绿茶,比如西湖龙井、吉安白茶、日照扁茶等(图 7-6)。

①　②　③　④　⑤

图 7-6　中投法步骤

(3) 下投法

茶形较松及嫩度较低的绿茶,适宜用此法投放茶叶,如太平猴魁、六安瓜片等。具体方法:先在杯中投入适量的茶叶,然后沿杯壁注入适宜温度的水至七八分满(图 7-7)。

①　②　③

图 7-7　下投法步骤

3. 泡茶水温

泡茶水温的高低，与茶叶老嫩、松紧、芽叶大小有关。一般说来，细嫩、松散、切碎的茶比粗老、紧实、完整的茶浸出速度要快；而粗老、紧实、完整的茶比细嫩、松散、切碎的茶所需的泡茶水温要高。泡茶中还要考虑不同茶叶的细嫩程度，对煮沸的水适当进行凉汤处理。

表 7-2　不同茶叶的泡茶水温

茶类	水温(第一泡)
安吉白茶、太平猴魁	60～65 ℃
一般名优茶	80～85 ℃
黄茶	85～90 ℃
花茶、红茶	95 ℃
白茶、普洱茶	100 ℃
轻发酵乌龙茶	85～90 ℃
重发酵重焙火乌龙茶	90～95 ℃

(1) 高级细嫩的中小叶种茶树鲜叶制成的绿茶、红茶、花茶，泡茶水温要比大叶种茶树鲜叶制成的茶低，一般宜选用 80～85 ℃的水冲泡。

(2) 大宗红茶、绿茶、花茶，由于茶叶加工原料老嫩适中，用 90～95 ℃的水冲泡较为适宜。

(3) 乌龙茶(除白毫乌龙茶外)、普洱茶，由于这些茶要待新梢即将成熟时才采制，原料并不细嫩，加之用茶量较大，须用刚沸腾的开水冲泡，特别是第一次冲泡，更是如此。白毫乌龙茶原料相对嫩度好，一般用 85～90 ℃的水冲泡。

(4) 白茶中白毫银针、白牡丹用 90 ℃的沸水冲泡，贡眉、寿眉等用 90～95 ℃的沸水冲泡，年份久的老白茶则宜用 100 ℃的沸水冲泡。

(5) 黄茶，原料细嫩的黄茶要求水温低，一般黄芽茶、黄小茶用 85～90 ℃的沸水冲泡；原料粗老的黄茶要求水温高，黄大茶要用刚烧沸的水冲泡或煮饮。

(6) 砖茶，制茶原料比较粗老，并在重压后形成砖状。这种茶即使用刚沸腾的开水冲泡，也难以将茶的内含物质浸泡出来，所以，须先将砖茶解散成小块，再放入壶或锅内，用水煎煮后饮用。

【茶情物语】

“水温”的提示

关于泡茶“水温”，确切地说应是水与茶相遇时的温度，而不是烧水壶中水的温度。

实验表明，水与茶相遇时，是不可能达 100 ℃的，因为水壶移动、水柱从壶嘴流出的过程中，水始终在降温。若是冬天，室温 15 ℃左右，刚烧开的水，水壶中水的温度一般只有 97～98 ℃(高原地区沸水还达不到这个温度)，马上用来冲泡茶叶，水与茶相遇时的温度，水温最高能达 90 ℃。

一般来说，水要现煮，急火猛烧，在正常大气压下煮开，根据泡茶需要的水温马上泡茶，或稍放置，降到泡茶需要的温度。经过人工处理的桶装矿泉水或纯净水，只要烧到略高于泡茶所需的水温即可。

4. 浸泡时间

良好的滋味，要建立在适当的浓度基础上，涩味的儿茶素、鲜味的氨基酸、苦味的咖啡碱、甜味的糖类等呈味成分组成之间的互相调和是最为重要的。而茶汤颜色的深浅明暗和滋味的浓淡爽涩，也与茶叶中水浸出物的数量特别是主要呈味物质的泡出量和泡出率有密切关系。绿茶主要呈味成分各次冲泡后的泡出量是头泡最多，而后直线下降。各个成分的浸出速度有快有慢。如呈鲜甜味的氨基酸和呈苦味的咖啡碱最易浸出，头泡的泡出率几乎占总泡出量的2/3，头泡二泡可浸出量达90%以上；而呈涩味的儿茶素浸出较慢，头泡泡出率为52%，二泡约30%，头泡二泡共浸出约80%，其中滋味醇和的游离型儿茶素与收敛性较强的酯型儿茶素两者浸出速度亦有差别，游离型儿茶素的浸出速度较快。

实践证明，冲泡时间不足，会导致汤色浅、滋味淡、红茶汤色缺乏明亮度，因为茶黄素的浸出速度慢于茶红素。冲泡时间过长，也会造成汤色深，涩味的多酚类化合物特别是酯型儿茶素浸出量多，味感差。尤其是泡水温度高，冲泡时间长，会引起多酚类等化学成分自动氧化缩聚的加强，导致绿茶汤色变黄，红茶汤色发暗。

在浸泡时间上，白茶、乌龙茶宜用壶或盖碗泡，普洱茶宜用大壶焖泡法，视温润泡汤色的透明度可进行1～3次温润泡。然后冲泡，当茶汤呈葡萄酒色，即可分茶品饮。

5. 沏泡手法

(1) 回旋斟水法：注入开水约占杯子的三分之一，逆时针方向回旋注水。

(2) 凤凰三点头：提壶向杯中注水上下三次，中间不间断，水量一样。

(3) 高冲低斟法：高冲是指提起水壶于较高处（离茶壶或杯口15 cm左右），逆时针打圈倒水，水流不断；低斟是指倒茶汤时壶嘴最好贴近杯沿，以免香气散失温度降低。

三、说茶分寸要掌握

为了让短暂的品饮茶艺在轻松愉快中度过，应在沏茶过程中紧紧围绕所沏泡的茶叶进行，不然容易造成交流内容混乱。在说茶时要掌握分寸，既不能从头说到尾，更不能从头闷到尾。建议在沏泡过程中与嘉宾交流3～4次为宜，开场一次、结束一次，两杯茶交换时一次，等待过程中一次，务必注意解说不能影响泡茶质量，整个沏茶过程中要始终面带笑容，就好像接待老友或前辈一样。介绍茶叶特色和茶汤品质时，要实事求是，不要留下背诵的痕迹，即使茶叶品质特征没有沏泡出来，但是能将已经泡出的茶汤色香味正确描述，照样可以得到评审用语分值。

四、多泡多喝多体验

泡茶过程中切忌出现不好的沏茶习惯或不规范的操作手势，席面布置与指定茶艺类似，可以根据所泡茶叶品类或者品饮时间和地点适当添加几个点缀的茶席元素。

7.2　品饮茶艺冲泡流程

一、备茶

根据茶叶审评体现出的茶叶品质特点以及主泡器的容量称取适重的茶叶。

二、茶叶审评

根据抽取到的茶样进行茶叶感官审评，正确判断茶样的外形、汤色、香气、滋味、叶底的优点与缺点，时间 30 分钟(图 7-8)。

图 7-8　茶叶感官审评

三、茶具选配

1. 煮水器：包括煮水壶和烧水的底座。

2. 泡茶器：根据人数选择适当容量的盖碗、瓷壶或紫砂壶。

3. 分汤器：选择容量适合的公道杯和品茗杯。公道杯最好选用玻璃材质，可方便客人观察所泡茶叶汤色、明亮度。品茗杯的数量要和品茶的总人数一致。

4. 助泡器：茶盘、壶承、滤网、茶则、茶拨、杯垫、水盂等(图 7-9)。

图 7-9　茶具选配

四、布具

1. 将所有茶具有序放置在茶盘上。

2. 将茶盘放置在茶桌一侧，将茶具有序摆放在茶桌上。
3. 所有茶具的摆放要注意突出主器，干湿分离，拿取方便，操作卫生(图 7-10)。

图 7-10　布具

五、煮水

1. 检查煮水壶中的水量是否够用；
2. 将煮水壶底座打开进行烧水；
3. 随时观察煮水壶的状态，避免煮水壶干烧或者水被煮老，影响茶汤品质。

六、茶样介绍

茶艺师向客人介绍所泡茶叶的茶类、名称、外形特征，注意语言简练优美。

七、茶叶冲泡

茶艺师通过三次冲泡，向客人展现茶叶的香气、汤色、滋味等内质特征。三次冲泡介绍要有侧重点，一般第一泡茶汤主要介绍茶叶香气特征，第二泡茶汤主要介绍茶叶的汤色特征，第三泡茶汤主要介绍茶叶的滋味特征。

八、收具离场

三泡茶结束后，将茶具依照先放的茶具后收，后放的茶具先收的原则，有序收拢在茶盘上，行礼退场。

7.3　品饮茶艺冲泡示例

一、绿茶品饮茶艺

【情境描述】
1. 人数：5 人。
2. 茶品：西湖龙井。
绿茶的茶水比一般为 1∶50，如果想要出汤速度快一些，也可将茶水比增大到 1∶30。
3. 茶器：盖碗、干泡盘、公道杯、品茗杯(垫)、茶漏(也可不用)、茶巾、水盂、茶则、茶匙(架)。

主泡器可选用玻璃壶、瓷壶和盖碗，容量有 140 mL、160 mL、180 mL 不等。主泡器的容量大小应根据品茶的人数适当增减。

【入场布具】将茶盘放置在茶桌一侧，行礼，入座，将茶具一一摆放好。冲水壶放置在加热底座上进行加温。

【礼仪交流】各位嘉宾，下午好！宋代大文豪苏东坡有诗云："戏作小诗君勿笑，从来佳茗似佳人。"今天我要冲泡的就是一款"色绿、香郁、味醇、形美"的绿茶——西湖龙井。现在请各位嘉宾看一下这款茶的外形特征——西湖龙井茶外形扁平挺秀尖削，色泽绿润，匀齐。向嘉宾展示茶叶，停留 3～5 秒，收回茶则，准备温盏烫杯。

【首次冲泡】

1. 温器

(1) 语言交流：俗话说好茶配好水，今天我们生水现烧，在泡茶前先为各位嘉宾温盏烫杯。

(2) 操作手法：冲水入盖碗、公道杯中进行温烫。盖碗水倒入水盂，公道杯中的水逐一注入品茗杯中。

2. 凉汤

(1) 语言交流：绿茶茶芽细嫩，泡茶水温不宜过高，所以先将煮好的沸水凉汤后再来冲泡最为合适。

(2) 操作手法：将煮沸的水注入公道杯中适当凉汤。凉汤时，再来温烫品茗杯。

3. 投茶：将茶叶拨入盖碗。

4. 浸润泡：将公道杯中的水注入盖碗(壶)1/3；适当摇香。

5. 续水冲泡：水壶环绕缓慢注水至盖碗 2/3 处，静置稍许，出汤。

6. 分茶、敬茶

将盖碗中的茶汤倾入公道杯中，再将公道杯中的茶汤均匀分至每个品茗杯中，要做到茶量均匀，不滴不洒。将品茗杯一一奉至每位客人面前，行伸手礼，并说"请您品茶"。

7. 品茶

(1) 语言交流：泡茶讲究先观其色，后闻其香，再品其味。这第一泡茶汤汤色嫩绿明亮，清香持久，栗(兰)香明显。

(2) 操作手法：将品茗杯移至鼻前细嗅茶香。品茶后可以再次嗅闻杯底的香气，判断茶汤的持久度。

【第二次冲泡】

1. 语言交流：接下来我为大家冲泡第二道茶。

2. 加水冲泡，分茶

(1) 语言交流：这第二泡茶的汤色更加嫩绿明亮，香气持久。

(2) 操作手法：分茶前先观察一下宾客杯中是否有余茶，如果有则征询客人意见："我帮您换杯茶好吗？"确保客人杯中没有余茶再将公道杯中的茶汤均匀分至每个品茗杯中。要做到茶量均匀，不滴不洒。切记不要将两泡茶汤混合。如果感觉茶汤温度过高，不适合立即饮用，可以稍微凉汤一会儿，再进行分茶。

【第三次冲泡】

1. 语言交流:接下来我为大家冲泡第三道茶。

2. 加水冲泡,分茶

(1) 语言交流:这第三泡茶我们主要品尝滋味。绿茶茶芽细嫩不耐冲泡,冲泡到第三次,我们细品滋味依然能感受到龙井茶特有的鲜醇甘爽。

(2) 操作手法:分三口细细品味茶汤滋味,感受龙井茶的滋味特点。

【收具退场】

好时光总是那么短暂,在这炎炎夏日的午后,能与各位嘉宾一起品尝这鲜醇甘爽的龙井茶,是我与茶的缘分,更是与大家的茶缘。今天的茶艺分享告一段落,期待与嘉宾的再次相聚,行礼!

二、黄茶品饮茶艺

【情境描述】

1. 人数:5 人。

2. 茶品:蒙顶黄芽。

3. 茶器:盖碗、干泡盘、公道杯、品茗杯(垫)、茶漏(也可不用)、茶巾、水盂、茶则、茶匙(架)。

【入场布具】将茶盘放置在茶桌一侧,行礼,入座,将茶具一一摆放好。冲水壶放置在加热底座上进行加温。

【礼仪交流】各位嘉宾,下午好!今天我要为大家冲泡的是一款黄茶——蒙顶黄芽。唐代诗人白居易曾写诗道“琴里知闻唯渌水,茶中故旧是蒙山”。蒙顶黄芽就是产自四川雅安的蒙顶山,是一款历史名茶。它的外形扁平挺直,嫩黄油润,全芽披毫,匀整,现在就请各位嘉宾看一下这款茶的外形特征。向嘉宾展示茶叶,停留 3～5 秒,收回茶则,准备温盏烫杯。

【首次冲泡】

1. 温器

(1) 语言交流:精茗蕴香,借水而发,无水不可与论茶也。在泡茶前先为各位嘉宾温盏烫杯。

(2) 操作手法:冲水入盖碗、公道杯中进行温烫。盖碗水倒入水盂,公道杯中的水逐一注入品茗杯中。

2. 凉汤

(1) 语言交流:茶芽细嫩,泡茶水温不宜过高。所以先将煮好的开水适当放置降温,再来冲泡最为合适。

(2) 操作手法:将煮沸的水注入公道杯中适当凉汤。凉汤时,再来温烫品茗杯。

3. 投茶:将茶叶拨入盖碗。

4. 浸润泡:将公道杯中的水注入盖碗(壶)1/3;适当摇香。

5. 续水冲泡:环绕缓慢注水至盖碗 2/3 处,静置稍许,出汤。

6. 分茶、敬茶

将盖碗中的茶汤倾入公道杯中,再将公道杯中的茶汤均匀分至每个品茗杯中,要做到茶量均匀,不滴不洒。

将品茗杯一一奉至每位客人面前，行伸手礼，并说“请您品茶”。

7. 品茶

(1) 语言交流：“未尝甘露味，先闻圣妙香。”这第一泡茶我们先来闻茶香。蒙顶黄芽由于特有的焖黄工艺故而茶叶甜香馥郁。

(2) 操作手法：将品茗杯中的茶汤移至鼻前细嗅茶香。品茶后可以再次嗅闻香气的持久度。

【第二次冲泡】

1. 语言交流：接下来我为大家冲泡第二道茶。

2. 加水冲泡，分茶

(1) 语言交流：这第二泡茶我们主要看汤色，蒙顶黄芽的汤色是浅绿黄、明亮。

(2) 操作手法：分茶前先观察一下宾客杯中是否有余茶，如果有则征询客人意见：“我帮您换杯茶好吗？”确保客人杯中没有余茶再将公道杯中的茶汤均匀分至每个品茗杯中，要做到茶量均匀，不滴不洒。切记不要将两泡茶汤混合。如果感觉茶汤温度过高，不适合立即饮用，可以稍微凉汤一会儿，再进行分茶。

【第三次冲泡】

1. 语言交流：接下来我为大家冲泡第三道茶。

2. 加水冲泡，分茶

(1) 语言交流：这第三泡茶我们主要品尝滋味。蒙顶黄芽的茶芽细嫩不耐冲泡，冲泡到第三次，我们细品滋味依然能感受到黄茶特有的鲜醇，回甘。

(2) 操作手法：分三口细细品味茶汤滋味，感受黄茶的滋味特点。

【收具退场】

“一杯春露暂留客，两腋轻风几欲仙。”好茶使人神清气爽，心情愉悦。希望今后再有机会与各位嘉宾共品佳茗。今天的茶艺分享告一段落，期待与嘉宾的再次相聚，行礼！

三、白茶品饮茶艺

【情境描述】

1. 人数：5 人。

2. 茶品：白牡丹。

3. 茶器：盖碗、干泡盘、公道杯、品茗杯(垫)、茶漏(也可不用)、茶巾、水盂、茶则、茶匙(架)。

【入场布具】将茶盘放置在茶桌一侧，行礼，入座，将茶具一一摆放好。冲水壶放置在加热底座上进行加温。

【礼仪交流】各位嘉宾，下午好！宋代刘学箕有诗云：“白茶诚异品，天赋玉玲珑。”今天我为大家推荐的茶品就是一款品相优美的白茶——白牡丹。

白牡丹属于中国六大茶类中的白茶，它的外形特点是芽叶连枝、毫心肥壮、叶缘垂卷、色泽灰绿。向嘉宾展示茶叶，停留 3～5 秒，收回茶则，准备温盏烫杯。

【首次冲泡】

1. 温器

(1) 语言交流：“洁性不可污，为饮涤尘烦。”在泡茶前先为各位嘉宾温盏烫杯。

(2) 操作手法:冲水入盖碗、公道杯进行温烫。盖碗水倒入水盂,公道杯的水逐一注入品茗杯中。

2. 投茶:将茶叶拨入盖碗。白牡丹芽叶连枝,泡茶水温 90 ℃左右最为合适。

3. 冲泡:环绕缓慢注水至盖碗 2/3 处,静置稍许,出汤。

4. 分茶、敬茶

将盖碗中的茶汤倾入公道杯中,再将公道杯中的茶汤均匀分至每个品茗杯中,要做到茶量均匀,不滴不洒。

将品茗杯一一奉至每位客人面前,行伸手礼,并说"请您品茶"。

5. 品茶

(1) 语言交流:这第一泡茶我们先来闻茶香。白茶在加工中十分注重萎凋工艺,萎凋充分的白牡丹茶会有毫香和花香。

(2) 操作手法:将品茗杯中的茶汤移至鼻前细嗅茶香。品茶后可以再次嗅闻香气的持久度。

【第二次冲泡】

1. 语言交流:接下来我为大家冲泡第二道茶。

2. 加水冲泡,分茶

(1) 语言交流:这第二泡茶我们主要看汤色,白牡丹茶的汤色是浅杏黄、明亮的。

(2) 操作手法:分茶前先观察一下宾客杯中是否有余茶,如果有则征询客人意见:"我帮您换杯茶好吗?"确保客人杯中没有余茶再将公道杯中的茶汤均匀分至每个品茗杯中,要做到茶量均匀,不滴不洒。切记不要两泡茶汤混合。如果感觉茶汤温度过高,不适合立即饮用,可以稍微凉汤一会儿,再进行分茶。

【第三次冲泡】

1. 语言交流:接下来我为大家冲泡第三道茶。

2. 加水冲泡,分茶

(1) 语言交流:这第三泡茶我们主要品尝滋味。虽然冲泡到第三次,但我们细品滋味依然能感受到白牡丹茶特有的鲜醇甘爽。

(2) 操作手法:将杯中茶汤分三口细细品味滋味,感受白茶的滋味特点。

【收具退场】

白茶不炒不揉,天然晾晒,被誉为"一年茶,三年药,七年宝"。今天有幸与各位嘉宾共同品饮了这款好茶,齿颊留香,实在是一种美妙的感受。这是我与茶的缘分,更是与大家的茶缘。今天的茶艺分享告一段落,期待与嘉宾的再次相聚,行礼!

四、青茶品饮茶艺

【情境描述】

1. 人数:5 人。

2. 茶品:大红袍。

3. 茶器:盖碗、干泡盘、公道杯、品茗杯(垫)、茶漏(也可不用)、茶巾、水盂、茶则、茶匙

(架)。

【入场布具】将茶盘放置在茶桌一侧,行礼,入座,将茶具一一摆放好。冲水壶放置在加热底座上进行加温。

【礼仪交流】各位嘉宾,下午好! 宋代大文豪范仲淹曾在诗中写道:“年年春自东南来,建溪先暖冰微开。溪边奇茗冠天下,武夷仙人从古栽。”今天我要为大家冲泡的就是一款来自武夷山的名茶——大红袍。

这款茶的外形特征——条索壮结,稍扭曲,色泽乌褐匀齐。向嘉宾展示茶叶,停留 3～5 秒,收回茶则,准备温盏烫杯。

【首次冲泡】

1. 温器

(1) 语言交流:“从来名士能评水,自古高僧爱斗茶。”从古至今,品茶、鉴水、备具都是极为讲究。大红袍属于乌龙茶类,是一种半发酵茶,适宜沸水冲泡。为了更好地泡出茶香,在泡茶前先为各位嘉宾温盏烫杯。

(2) 操作手法:冲水入盖碗、公道杯进行温烫。盖碗水倒入水盂,公道杯的水逐一注入品茗杯中。

2. 投茶:将茶叶拨入盖碗。

3. 冲泡:悬壶高冲注水至盖碗 2/3 处,静置稍许,出汤。

4. 分茶、敬茶

将盖碗中的茶汤倾入公道杯中,再将公道杯中的茶汤均匀分至每个品茗杯中,要做到茶量均匀,不滴不洒。

将品茗杯一一奉至每位客人面前,行伸手礼,并说“请您品茶”。

5. 品茶

(1) 语言交流:品味岩茶,“先嗅其香,再试其味”,大红袍是一款焙火很足的茶叶,所以这第一泡茶我们先来嗅闻茶香。

(2) 操作手法:将品茗杯中的茶汤移至鼻前细嗅茶香。嗅闻茶香有热嗅、温嗅和冷嗅之分。热嗅主要是嗅闻茶叶有无异杂味,温嗅则是嗅闻茶叶的本香,如绿茶的嫩香、板栗香,红茶的甜香、花蜜香,乌龙茶的火香、花香等。品茶后可以再次嗅闻香气的持久度。

【第二次冲泡】

1. 语言交流:接下来我为大家冲泡第二道茶。

2. 加水冲泡,分茶

(1) 语言交流:这第二泡茶我们主要看汤色,大红袍的汤色是橙红、明亮。

(2) 操作手法:分茶前先观察一下宾客杯中是否有余茶,如果有则征询客人意见:“我帮您换杯茶好吗?”确保客人杯中没有余茶再将公道杯中的茶汤均匀分至每个品茗杯中,要做到茶量均匀,不滴不洒。切记不要两泡茶汤混合。如果感觉茶汤温度过高,不适合立即饮用,可以稍微凉汤一会儿,再进行分茶。

【第三次冲泡】

1. 语言交流:接下来我为大家冲泡第三道茶。

2. 加水冲泡，分茶

(1) 语言交流：武夷岩茶滋味更加醇厚，武夷山独特的地理环境造就了大红袍独特的岩骨花香特点，岩韵明显。所以武夷岩茶素有“岩岩有茶，非岩不茶”之说。

(2) 操作手法：分三口细细品味茶汤滋味，感受乌龙茶的滋味特点。

【收具退场】

清代袁枚在《随园食单》中曾描写武夷岩茶：先嗅其香，再试其味，徐徐咀嚼而体贴之。一杯之后，再试一二杯，令人释躁平矜、怡情悦性。三杯茶尽，我的茶艺分享也告一段落，期待与嘉宾的再次相聚，行礼！

五、红茶品饮茶艺

【情境描述】

1. 人数：5 人。

2. 茶品：祁门金针。

3. 茶器：盖碗、干泡盘、公道杯、品茗杯（垫）、茶漏（也可不用）、茶巾、水盂、茶则、茶匙（架）。

【入场布具】将茶盘放置在茶桌一侧，行礼，入座，将茶具一一摆放好。冲水壶放置在加热底座上进行加温。

【礼仪交流】各位嘉宾，下午好！很高兴能在这里与大家一起进行茶汤品鉴。唐代诗人司空图在《红茶花》中写道：“景物诗人见即夸，岂怜高韵说红茶。”今天我为大家带来的就是一款祁门金针。这款茶条索紧细挺直，金毫显，色泽乌润。向嘉宾们展示茶叶，停留 3～5 秒，收回茶则，准备温盏烫杯。

【首次冲泡】

1. 温器

(1) 语言交流：古语云“水为茶之母，器为茶之父”，从古至今，泡茶用水、用具都是极为讲究的，在泡茶前我们先来温盏烫杯。

(2) 操作手法：冲水入盖碗、公道杯进行温烫。盖碗水倒入水盂，公道杯的水逐一注入品茗杯中，再来温烫品茗杯。

2. 投茶：将茶叶拨入盖碗。

3. 冲泡：环绕缓慢注水至盖碗 2/3 处，静置稍许，出汤。

4. 分茶、敬茶

将盖碗中的茶汤倒入公道杯中，再将公道杯中的茶汤均匀分至每个品茗杯中，要做到茶量均匀，不滴不洒。将品茗杯一一奉至每位客人面前，行伸手礼，并说“请您品茶”。

5. 品茶

(1) 语言交流：红茶属于全发酵茶类，具有红叶红汤的特点。这第一泡茶我们先去嗅闻它的独特的祁门香。

(2) 操作手法：将品茗杯中的茶汤移至鼻前细嗅茶香。红茶的香气一般为甜香、花蜜香、果香等。品茶后可以再次嗅闻香气的持久度。

【第二次冲泡】

1. 语言交流：接下来我为大家冲泡第二道茶。

2. 加水冲泡，分茶。

(1) 语言交流：这第二泡茶我们主要看汤色。红茶的汤色是橙黄、明亮，金圈显。

(2) 操作手法：分茶前先观察一下宾客杯中是否有余茶，如果有则征询客人意见："我帮您换杯茶好吗？"确保客人杯中没有余茶再将公道杯中的茶汤均匀分至每个品茗杯中，要做到茶量均匀，不滴不洒。切记不要两泡茶汤混合。如果感觉茶汤温度过高，不适合立即饮用，可以稍微凉汤一会儿，再进行分茶。

【第三次冲泡】

1. 语言交流：接下来我为大家冲泡第三道茶。

2. 加水冲泡，分茶

(1) 语言交流：祁门红茶位列世界三大高香茶，其独特的祁门香和甜醇的滋味受到茶人们的一致好评。

(2) 操作手法：分三口细细品味茶汤滋味，感受红茶的滋味特点。

【收具退场】

好时光总是那么短暂，在这温暖的冬日午后，能与各位嘉宾一起品尝这甜醇滑润的红茶，是我与茶的缘分，更是与大家的茶缘。今天的茶艺分享告一段落，期待与嘉宾的再次相聚，行礼！

六、黑茶品饮茶艺

【情境描述】

1. 人数：5 人。

2. 茶品：普洱熟茶。

3. 茶器：紫砂壶、干泡盘、公道杯、品茗杯(垫)、茶漏(也可不用)、茶巾、水盂、茶则、茶匙(架)。

【入场布具】将茶盘放置在茶桌一侧，行礼，入座，将茶具一一摆放好。冲水壶放置在加热底座上进行加温。

【礼仪交流】各位嘉宾，下午好！我今天要为大家冲泡的是一款普洱熟茶。普洱熟茶是以云南大叶种晒青毛茶为原料经人工渥堆、发酵加工制成的茶叶。这款茶条索紧结，色泽红褐。向嘉宾展示茶叶，停留 3～5 秒，收回茶则，准备温盏烫杯。

【首次冲泡】

1. 温器

(1) 语言交流：普洱茶冲泡对水温要求高，最适宜沸水冲泡。所以在泡茶前我们先来温盏烫杯，提升器具温度以利于茶叶有效滋味的析出。

(2) 操作手法：冲水入紫砂壶、公道杯进行温烫。将紫砂壶中的水倒入水盂，公道杯中的水逐一注入品茗杯中。

2. 投茶：将茶叶拨入紫砂壶。

3. 冲泡：定点缓慢注水，根据茶叶老嫩程度判断是即泡即出还是静候稍许出汤。

4. 分茶、敬茶

将紫砂壶中的茶汤注入公道杯中，再将公道杯中的茶汤均匀分至每个品茗杯中，要做到茶量均匀，不滴不洒。将品茗杯一一奉至每位客人面前，行伸手礼，并说“请您品茶”。

5. 品茶

(1) 语言交流：普洱熟茶是利用微生物进行发酵的茶类，具有愈陈愈香的特点。这第一泡茶我们先去嗅闻它的独特的陈香。

(2) 操作手法：将品茗杯中的茶汤移至鼻前细嗅茶香。普洱熟茶的香气一般为陈香、枣香、荷香等。品茶后可以再次嗅闻香气的持久度。

【第二次冲泡】

1. 语言交流：接下来我为大家冲泡第二道茶。

2. 加水冲泡，分茶

(1) 语言交流：这第二泡茶我们主要看汤色，普洱熟茶的汤色是红浓、明亮。

(2) 操作手法：分茶前先观察一下宾客杯中是否有余茶，如果有则征询客人意见：“我帮您换杯茶好吗？”确保客人杯中没有余茶再将公道杯中的茶汤均匀分至每个品茗杯中，要做到茶量均匀，不滴不洒。切记不要两泡茶汤混合。如果感觉茶汤温度过高，不适合立即饮用，可以稍微凉汤一会儿，再进行分茶。

【第三次冲泡】

1. 语言交流：接下来我为大家冲泡第三道茶。

2. 加水冲泡，分茶

(1) 语言交流：这第三泡茶我们来感受普洱熟茶特有的醇厚滋味。普洱熟茶历经岁月，会在微生物的作用下，将茶叶中的小纤维逐步分解使其可溶于水，从而使得茶汤厚度提升。这也是普洱熟茶为何存放时间越久，滋味愈发醇厚的原因之一。

(2) 操作手法：分三口细细品味茶汤滋味，感受普洱熟茶的滋味特点。

【收具退场】

有人说生茶带你看世界，熟茶伴你过日子。普洱熟茶就像我们的一位老友，历经岁月，它默默陪伴着我们，在宁静的日子里让生活过得从容有趣。今天的茶艺分享告一段落，期待与嘉宾的再次相聚，行礼！

【相关阅读】

茶艺国赛中品饮茶艺怎么比

品饮茶艺是在中国茶道精神指导下，以冲泡出高质量的茶汤为目的，同一款茶冲泡三次，考量选手茶汤调控能力、茶叶品质的表达能力以及接待礼仪能力的茶艺比赛形式。

一、比赛流程

选手抽签确定茶样后，对茶样进行品质鉴别，时间为 30 分钟。再从执委会提供的茶具中选择与所泡茶样相匹配的器具，同时准备茶叶和泡茶用水，时间为 15 分钟。带上茶、水、器进入冲泡区域，布置茶席后进行冲泡，冲泡三次。评委就茶汤的色、香、味以及主题阐述、冲泡技法、服务礼仪等模块进行考核，当场给出评分。比赛时间为 10～15 分钟。

二、品饮茶艺评分标准

序号	项目	分值	要求和评分标准	扣分标准	扣分	得分
1	仪容神态（5分）	5	仪容、神态自然端庄，站姿、坐姿、行姿大方，礼仪规范	（1）发型、服饰欠自然得体，妆容过浓，扣1分； （2）动作、手势、姿态欠端正，扣1分； （3）动作、手势、姿态不端正，扣2分； （4）其他因素扣分。		
2	茶样品质鉴别（10分）	10	能正确判断茶样的外形、汤色、香气、滋味、叶底的优点与缺点	（1）正确描述茶样的优缺点9个（含）以上，不扣分； （2）正确描述茶样的优缺点7～8个，扣2分； （3）正确描述茶样的优缺点5～6个，扣4分； （4）正确描述茶样的优缺点3～4个，扣6分； （5）正确描述茶样的优缺点1～2个，扣8分； （6）正确描述茶样的优缺点0个，扣10分； （7）其他因素扣分。		
3	茶汤质量（60分）	10	汤色明亮，深浅适度	（1）过浅或过深，扣1分； （2）欠清澈、浑浊或有茶渣，扣1分； （3）欠明亮、暗沉，扣1分； （4）三泡之间汤色差异过大，扣1分； （5）其他因素扣分。		
		20	汤香持久，能表现所泡茶叶品质特征	（1）香低不持久，扣1分； （2）茶汤不纯正、有异味，扣1分； （3）茶品本具备的香型特征不显，扣2分； （4）沉闷不爽，扣2分； （5）其他因素扣分。		
		20	滋味浓淡适度，能突出所泡茶叶的品质特色	（1）略浓或略淡，扣1分； （2）过浓或过淡，扣2分； （3）茶品本具备的滋味特征表现不够，扣2分； （4）三泡之间滋味差异大、均衡度或层次感差，扣2分； （5）弃汤，扣1分； （6）三泡混合，扣1分； （7）其他因素扣分。		
		7	所奉茶汤温度适宜	（1）过高或过低，扣3分； （2）略高或略低，扣2分； （3）其他因素扣分。		
		3	所奉茶汤适量	（1）过多（溢出茶杯沿）或偏少（低于茶杯二分之一）扣1分； （2）各杯不匀，扣1分； （3）其他因素扣分。		

（续表）

序号	项目	分值	要求和评分标准	扣分标准	扣分	得分
4	冲泡过程（10分）	3	茶具准备有序，茶席布具合理	(1) 茶具准备不全，扣1分； (2) 茶席布具无序、不合理，扣1分； (3) 其他因素扣分。		
		4	冲泡程序契合茶理，动作自然，冲泡过程完整、流畅	(1) 冲泡不符合茶性，洗茶，扣2分； (2) 未能连续完成，扣1分； (3) 冲泡姿势矫揉造作、不自然，扣0.5分； (4) 奉茶姿态不端正，扣0.5分； (5) 其他因素扣分。		
		3	收具动作干净、简洁	(1) 顺序混乱，茶具摆放不合理，扣0.5分； (2) 动作仓促，出现失误，扣0.5分； (3) 其他因素扣分。		
5	说茶（10分）	10	表达清晰、色香味描述准确，亲和力、感染力强	(1) 茶品辨认错误，未能准确介绍，扣1分； (2) 茶品色、香、味描述不准确，扣1分； (3) 亲和力或感染力不强，扣1分； (4) 其他因素扣分。		
6	时间控制（5分）	5	在10～15分钟内完成演示	(1) 误差1分钟～3分钟，扣1分； (2) 误差3分钟～5分钟，扣2分； (3) 超过规定时间5分钟，扣5分； (4) 其他因素扣分。		
	合计	100	实际得分			

【任务小结】

1. 茶叶审评是通过技术手段对茶叶的外形与内质进行的科学审评过程，从而科学、客观地评价一款茶的品质特征。通过干茶取样和开汤审评确定茶叶的外形特征和内质香气，以及汤色、滋味、叶底等品质特征，从而更加科学地选择沏茶的技术手段。

2. 在专业审评后能够具体掌握茶叶的品质特征，再通过一定的茶水比例、合适的水温和恰当的浸泡时间就可以泡出一杯色香味美的好茶。

【参考资料】

1.《中国茶经》　上海文化出版社　陈宗懋、杨亚军主编

2.《制茶学》　中国农业出版社　夏涛主编

3.《茶艺服务与管理实务》　东南大学出版社　杨湧主编

4.《茶学概论》　中国农业出版社　叶乃兴主编

5.《品茶图鉴》　译林出版社　陈宗懋等著

6.《茶学入门》　浙江大学出版社　屠幼英、乔德京主编

【任务检测】

一、单选题

1. 品饮茶艺是在中国茶道精神指导下，强调用(　　)的方法，充分展示茶的色、香、味、形，让品饮者得到物质和精神上的享受。

A. 艺术　　B. 科学　　C. 严谨　　D. 复杂

2. 品饮茶艺以冲泡出高质量的茶汤为目的，同一款茶冲泡(　　)次。

A. 1　　B. 2　　C. 3　　D. 4

3. 评定茶叶的大小、粗细、轻重、长短、碎片、末茶情况是属于茶叶审评中的(　　)。

A. 干茶审评　　B. 开汤审评　　C. 外形审评　　D. 内质审评

4. (　　)是茶叶形成的各种色素溶解于水中而反映出来的色泽。

A. 干茶色泽　　B. 汤色　　C. 叶底　　D. 条索

5. 茶形较松及嫩度较低的绿茶，适宜用(　　)方法投放茶叶，如太平猴魁、六安瓜片等。

A. 上投法　　B. 中投法　　C. 下投法　　D. 直投法

二、判断题

(　　)1. 茶叶锋苗好，白毫显露，表示嫩度好，做工也好。

(　　)2. 绿茶的滋味是甜醇。

三、简答题

1. 什么是品饮茶艺？

2. 茶叶审评具体包括哪些内容？

【实训演练】

一、实训安排

实训项目	名茶鉴别
实训要求	1. 能够熟练掌握茶叶质量鉴别的方法与流程 2. 能够熟练使用茶叶鉴别用具
实训时间	2 课时
实训环境及工具	1. 可以进行茶叶鉴别的茶艺实训室 2. 多媒体教室、六大类茶叶的代表茶叶 3. 天平秤、计时器、样茶盘、审评杯套装、煮水壶、品茗杯、审评单
实训方法	示范讲解、情境模拟、小组讨论法
实训过程	1. 资讯：小组讨论完成实训任务需要掌握的知识与技能，通过网上学习、小组讨论的形式收集并整理相关知识点 2. 计划：制定实训任务完成的时间、地点、内容、人员分配等内容 3. 组织、实施：①老师讲解、示范；②分组训练；③完成实训任务并填写审评单 4. 监督、检查：实训效果评估

二、实训步骤及要求

1. 了解茶叶审评工具的使用方法

2. 掌握茶叶审评的程序与注意事项

(1) 分组讨论，对各审评盘中的茶叶进行识别分类；

(2) 摇盘：观察审评盘中每种茶叶的外形特征；

(3) 取样：用电子秤称取适量茶叶(3.0 克)置于鼻下端，嗅一下茶叶的香型；

(4) 冲泡：4 种茶叶为一组进行茶叶审评，将称量好的茶叶倒入审评杯中迅速注入沸水加盖；(提示：绿茶浸泡 4 分钟；黄茶、红茶、白茶、乌龙茶浸泡 5 分钟；普洱茶分两次冲泡，第一次浸泡 2 分钟出汤审评，第二次浸泡 5 分钟出汤审评。)

(5) 审评：出汤后及时嗅闻香气，观察审评碗中茶叶的汤色，品尝滋味，观察叶底。

3. 填写茶叶审评报告单

茶叶审评报告单

茶叶名称	外形	香气	汤色	滋味	叶底
西湖龙井					
黄山毛峰					
洞庭碧螺春					
信阳毛尖					
祁门红茶					
小种红茶					
滇红					
英德红茶					
铁观音					
大红袍					
冻顶乌龙					
凤凰单丛					
莫干黄芽					
霍山黄大茶					
白毫银针					
云南普洱					

任务八

传承仿宋茶艺

【学习目标】

知识目标：能够掌握宋代团饼茶制作的流程与方法；
能够掌握现代手工磨茶茶粉制作的方法；
能够通过专业的解说描述茶百戏的表现特征。

素质目标：培养学生遵守劳动纪律，养成卫生、安全、节能、环保的意识；
使学生具备自然、得体、高雅的礼仪形象，符合茶艺礼仪规范。

能力目标：具备七汤点茶茶席布置与演示能力；
具备自我学习、团队合作学习能力；
具备茶百戏的演示能力。

【任务导图】

- 任务八 传承仿宋茶艺
  - 8.1 团茶茶粉制作
    - 团茶制作工艺
    - 茶粉制作流程
  - 8.2 七汤点茶演绎
    - 七汤点茶法
    - 七汤点茶用具
    - 七汤点茶布席
    - 七汤点茶操作流程
  - 8.3 点茶创作品鉴
    - 走进茶百戏
    - 茶百戏创作

【案例导入】

茶百戏的前世今生

一部热播剧《梦华录》将“茶百戏”带进了大众视野，使来自福建武夷山的古老非遗技艺茶百戏颇受关注。

“茶百戏”又称分茶、水丹青、茶戏等，始于唐而盛于宋，是以研膏茶为原料，将研膏茶碾细成粉、搅拌形成茶汤的悬浮液，用清水使茶汤变幻图案的独特技艺。1983 年，还在福建农学院（现福建农林大学）茶叶专业就读的章志峰偶然在古籍中发现了有关茶百戏的介绍时，立刻就被吸引了。但在兴奋之余，一个难题横在眼前：到近代后，这门技艺已濒临失传。“当时在学校，大部分人都不支持我做相关研究。”章志峰说。因为“茶百戏”是历史文化，与当代茶叶生产技术关系不大，所学无用武之地。面对诸多质疑，还是他导师的一席话令他茅塞顿开：“‘茶百戏’是中国的优秀传统文化，是认知宋代茶文化的一个重要窗口。作为茶专业研究者，探索未知当为己任。”

恢复“茶百戏”，困难一定有，但难度系数还是超出了章志峰的想象：仅收集古籍这第一项工作就花费了 10 多年。经过大量史料考证初步判断点茶法的研究是重要切入渠道，为了探寻点茶法的遗存，章志峰于 1997 年和 2004 年两度赴日留学，学习日本茶道，探明日本如何对中国的点茶法核心特征进行活态传承。经过科学实践，章志峰终于在 2005 年恢复点茶原料研膏茶加工，并以研膏茶为原料进行了点茶和“茶百戏”实践。此后进程迅速加快，2008 年至 2009 年完成抢救性恢复“茶百戏”。2010 年 10 月，“茶百戏”正式列入福建省武夷山市级非遗项目。2017 年茶百戏被列为福建省级非遗项目。

“茶百戏”将茶从饮品上升为艺术，实现了从物质到精神的升华。古人对点茶和“茶百戏”的工具进行了人格化，将每件工具冠以姓、名、号，赋予其独特思想内涵，实际每种工具对应的是人的品格，具有很强的启发意义。如茶筅姓竺，名副帅，号雪涛公子；茶磨姓石，名转运，号香屋隐君等。再如古人对茶碾的品格描述为“柔亦不茹，刚亦不吐”，形容其品格刚正不阿，俨然一个秉公执法的法官。

“茶百戏”可以很好地融入点茶、斗茶的各项活动中。陆游有诗云：“矮纸斜行闲作草，晴窗细乳戏分茶。”李清照写有：“生香熏袖，活火分茶。”宋徽宗在其《文会图》中则表现了他和大臣用“茶百戏”消遣娱乐的场景。在当代，“茶百戏”在节庆和各种主题活动中毫不违和，其体现的待客之道十分妥帖，更易得到理解和认同。

案例点评：茶是古人休闲娱乐、待客访友、寄托思想、表达情感的重要载体，宋人“客来点茶，客罢点汤”，点茶历来为文人墨客和大众所推崇，茶百戏作为生活艺术化的写照，其中更是蕴含着丰富的中华优秀传统文化内涵。茶百戏传达的是一种美好体验，一种爱生活、懂生活、富于品位的情志。

（资料来源：《中国文化报》，王彬，2023-02-22）

8.1　团茶茶粉制作

当代的六大类茶，是按制作工艺进行的分类，再加上花茶、紧压茶，基本已囊括了所有的制作工艺。不过宋代的团饼茶和这些工艺都不相同。我们不能简单地用现代的制作工艺去理解宋茶。

一、团茶制作工艺

宋代团饼茶可以概括为蒸青、研膏、微发酵饼茶。《北苑别录》将制茶过程分为开焙、采茶、拣茶、蒸茶、榨茶、研茶、造茶、过黄八步。

1. 开焙

严格意义上来说，这算是一个仪式，一般在惊蛰前三天开始。宋代的贡焙在北苑的凤凰山(今福建南平建瓯市东峰镇)。是日，官吏、茶农等共同上山，击鼓鸣金，高声呼喊“茶发芽，茶发芽”。梅尧臣的《次韵和再拜》诗云:“先春喊山掐白萼，亦异鸟觜蜀客夸。”现今的福建南平建瓯市，在每年春天，政府与茶农还在仿效古制进行喊山仪式。

2. 采茶

宋人对采茶的时间和方法要求甚严。“撷茶以黎明，见日则止”，意思是只能拂晓时分采摘，一旦太阳出来，则会“鸣锣以聚之”，即像打仗一样，用敲锣来统一号令，一起收工，以避免有人为贪多超时采摘。这段时间非常短暂，所以经常出现千人闻鼓而动、蜂拥上山同采的状况。摘茶时，还规定必须以指甲掐断茶，绝不能用手指将茶芽揪下来。这是考虑人的手指有温度且会出汗，恐怕其与茶芽接触过多影响茶品。指甲掐断处会露出叶脉的横截面，为了防止该部位氧化发红而影响茶色，采茶人还要随身携带水罐，将茶芽投入其中，以阻挡氧化。

3. 拣茶

采下的茶要精挑细选一下，摘去鱼叶、乌蒂、紫芽。鱼叶不去则有损茶味，乌蒂不去则会有损茶色。所挑出来的茶芽，以像针大小的水芽为上，小芽其次，而一枪一旗再次，剩下的皆不可用。挑拣过的茶皆为精品，且纤维状态趋同，才可进入下一步骤。

4. 蒸茶

挑好的茶芽经过再三的洗涤之后，开始放入甑内进行蒸汽杀青。蒸必须适度，太过则颜色发黄，气味淡薄;蒸不熟则颜色发青，点茶时不易起沫，还会出现青草或桃仁之气。

5. 榨茶

蒸好的茶被称作“茶黄”，需要立即用冷水淋洗几次冷却。榨茶分为两步:第一步先用小榨去除水分，第二步再把茶叶用布包起来，外层束以竹片，大榨去除膏汁。经过一晚压榨，茶中的膏汁才能完全除去，这些膏汁指的是让茶发苦发涩的物质，这时由于入榨时间较长，会出现轻微发酵的现象。

6. 研茶

宋人把榨好的茶黄放入陶盆中研磨。摩擦会产生热量，使茶中的水分蒸发、变干，这被称之为“一水”。然后再注水研磨，再干，再注水……如此循环。给皇家最好的贡茶，要研磨至十六水。唐代的饼茶使用捣的方式，成茶多能看见茶纤维，而宋茶经过多次研磨，叶片几乎都变成细末，这为之后的磨茶点饮带来很大的方便。研茶极消耗体力，十二水以上的团茶，一名壮汉一天也只能研磨一饼。

7. 造茶

研好的茶从研盆中取出，通过揉搓使其变得细腻均匀，然后放入模具中。这些模具有圆有方，图案有龙有凤。

8. 过黄

制成的饼茶，先用大火烘焙，再以热气熏蒸，如此反复三次，最后再烘一宿。第二天用温火复烘。焙火时间的长短，要根据团饼茶的厚薄而定。最高级的贡茶甚至要连续焙火十五个晚上。焙火完毕，还要用热水在茶饼表面轻沾一下，再迅速放入密室狂扇，这样操作就会得到一饼色泽光洁的上好团茶。

范仲淹曾经写过一首诗《和章岷从事斗茶歌》，可以算是一部活色生香的采茶、制茶、斗茶纪录大片。全诗共二十一联 289 个字，一气呵成，生动有趣，读来酣畅淋漓。这首诗涉及了茶叶的产地、采摘、制作、斗茶、茶文化等多方面内容，一写出来就成了脍炙人口的佳作。我们从诗人的笔下，可以再感受一遍史上珍贵的茶的诞生。

【茶情物语】

审安老人的“十二先生”

南宋一位名叫审安老人的人用图谱形式作了一本名为《茶具图赞》的书。作者将宋代盛行的十二种点、斗茶器物绘制成图，称之为“十二先生”。审安老人依据每位先生在饮茶流程中的功用，以宋代官制为其赋名并赞，这十二位先生分别是韦鸿胪、木待制、金法曹、石转运、胡员外、罗枢密、宗从事、漆雕秘阁、陶宝文、汤提点、竺副帅、司职方。

韦鸿胪，生火焙茶之竹器。赞曰：祝融司夏，万物焦烁，火炎昆岗，玉石俱焚，尔无与焉。乃若不使山谷之英堕于涂炭，子与有力矣。上卿之号，颇著微称。

木待制，碎茶工具。赞曰：上应列宿，万民以济，禀性刚直，摧折强梗，使随方逐圆之徒，不能保其身，善则善矣，然非佐以法曹、资之枢密，亦莫能成厥功。

金法曹，碾茶为末。赞曰：柔亦不茹，刚亦不吐，圆机运用，一皆有法，使强梗者不得殊轨乱辙，岂不韪欤。

石转运，磨茶为末。赞曰：抱坚质，怀直心，啖嚅英华，周行不怠，斡摘山之利，操漕权之重，循环自常，不舍正而适他，虽没齿无怨言。

胡员外，葫芦所制取水器。赞曰：周旋中规而不逾其间，动静有常而性苦其卓，郁结之患悉能破之，虽中无所有，而外能研究，其精微不足以望圆机之士。

罗枢密，罗筛茶末。赞曰：几事不密则害成，今高者抑之，下者扬之，使精粗不至于混淆，人其难诸。奈何矜细行而事喧哗，惜之。

宗从事，清扫工具。赞曰：孔门高弟，当洒扫应对事之末者，亦所不弃，又况能萃其既散、拾其已遗，运寸毫而使边尘不飞，功亦善哉。

漆雕秘阁，漆雕盏托。赞曰：危而不持，颠而不扶，则吾斯之未能信。以其弭执热之患，无坳堂之覆，故宜辅以宝文，而亲近君子。

陶宝文，有条纹的茶盏。赞曰：出河滨而无苦窳，经纬之象，刚柔之理，炳其绷中。虚己待物，不饰外貌，位高秘阁，宜无愧焉。

汤提点，注水点茶之器。赞曰：养浩然之气，发沸腾之声，中执中之能，辅成汤之德，斟酌宾主间，功迈仲叔圉，然未免外烁之忧，复有内热之患，奈何。

竺副帅，竹制茶筅。赞曰：首阳饿夫，毅谏于兵沸之时，方金鼎扬汤，能探其沸者几稀！子之清节，独以身试，非临难不顾者，畴见尔。

司职方，清洁茶器的布巾。赞曰：互乡之子，圣人犹与其进，况瑞方质素，经纬有理，终身涅而不缁者，此孔子所以与洁也。

（资料来源：沈冬梅《茶与宋代社会生活》，中国社会科学出版社，2007）

二、茶粉制作流程

准备好如下器具，我们以寿眉级别白茶为例，描述茶粉制作流程。

（一）器具准备

1. 捣臼：一个。
2. 罗：30 目及 500 目罗各一个。
3. 石磨：一个。
4. 茶刷：1 号茶刷、2 号茶刷各一把。
5. 其他辅助物品：茶勺、茶巾、茶罐。

（二）磨茶步骤

1. 捣茶

将适量寿眉级白茶放入石臼中，先用捣棰上下轻捣，将大片叶子基本粉碎，再沿臼底旋转研磨，使碎末更加细小。

2. 过罗

将碎茶置入 30 目罗中过筛。通过粗罗的碎茶，放入石磨等待下一步研磨。没有通过的，拣去明显的茶梗，余茶可重复捣、罗一遍。最终还是没有通过的碎茶，大多是粗纤维叶子、茶梗，可另外装好供日后泡饮使用。

3. 磨茶

将过罗得到的碎茶从石磨孔道置入，转动石磨。旋转力度要均匀，速度根据出末状况进行增减，随时关注孔道中碎茶的状况。待全部碎茶磨好后，使用 1 号茶刷将茶末扫入 500 目罗中。

4. 清洁茶磨

将上磨盘移开，用 1 号茶刷轻轻将上下磨盘的孔道清理干净。如果孔道内残留茶末，一旦受潮会将上下磨盘粘连，无法转动。

5. 罗茶

由于 500 罗的罗筛孔隙极小，一般仅靠抖动是无法顺利筛取末茶的。可使用 1 号茶刷配合在茶罗表面轻压，帮助茶末通过罗筛。

6. 装茶

使用2号茶刷，将达到500目标准的末茶收纳好，标注好名称。没有达到标准的茶末，可以用于日常练习，也可用来泡茶。

手工磨茶损耗普遍大于机器磨茶。日本抹茶使用茶碾研磨，在手工研磨前就已经拣选出茶梗、粗叶、黄片等杂质，保证了原料的纯、细，非常利于研磨。我们当前的六大类散茶，原料状况不一，因此要特别注重前两步碎茶的处理过程，要挑拣出不利于研磨的粗纤维物质。

茶碾过去主要用于制作团饼茶。团饼茶在制作时，就已经研磨得非常细腻，茶碾对其粉碎即可。茶碾很难磨断茶叶的纤维，所以我们磨叶子茶时应尽量使用石磨。如果有条件，可以根据原料细嫩程度去选择大小、重量不同的石磨。

【相关阅读】

是不是所有茶都可以磨末点饮？

理论上来说，茶都可以磨末点饮，不过结合宋代点茶的特殊性，要考虑以下几点：

第一，磨出来的末茶要能击拂出沫饽。宋代点茶追求的就是美丽汤花，如果不起沫饽就缺少了核心意趣。从经验上来讲，树种、山场、工艺三者中，对起沫影响较大的因素是制作工艺。

第二，茶原料必须干净。宋代的茶树种植过程中肯定还没有化肥、杀虫剂等化学产品，按今天的概念来说，茶绝对是有机的。由于点茶法中茶叶是完全吃下肚的，所以当代选择草茶原料的时候，务必先要做到没有农残污染。

第三，要选择制作环节干净的草茶。茶除了原料要有保证，制作环节的洁净也不能忽视。像有渥堆工艺的黑茶，这类茶中微生物和灰尘等很容易超标，选择时必须慎重。

第四，尽量选择新茶。如果有老茶，一定要查看茶的存放状况，注意是否出现发霉、异味的现象。

（资料来源：沈冬梅《茶与宋代社会生活》，中国社会科学出版社，2007）

8.2　七汤点茶演绎

一、七汤点茶法

宋徽宗《大观茶论》里记载了一种被后世称为“七汤点茶法”的击拂方法，把点茶上升到了一种行为艺术的标准，可以说是点茶的最高级别手法。《延福宫曲宴记》《保和殿曲宴记》中记载，他按这个标准给臣子们点茶，大臣们备感宠幸之际亦惶恐至极。宋徽宗可以称为当之无愧的世界点茶第一人。

“七汤点茶法”，顾名思义，就是向茶盏中七次注水点茶。点茶被详解为七个步骤，每个步骤如何运水、如何击拂、茶汤达到什么标准才可进入下一步，都有详细的要求。“点茶不一，而调膏，继刻以汤注之……妙于此者，量茶受汤，调如融胶。”

“点茶不一”这四个字有很强的“中国式思维”。中国人的饮食文化独步天下，但你去翻看菜谱，多是写着加盐若干、醋少许、香油几滴、干辣椒小把等，计量单位多是模糊的。中国人认为每次炒菜时的条件不一样，每个人的口味咸淡不一，要根据彼时的情况“看菜炒菜”。点茶亦如此，也没有一个固定的、必须完全遵守的规则。投多少茶、注多少水或者击拂多少下，每盏茶都是不一样的，要“看茶点茶”。

二、七汤点茶用具

1. 茶匙或茶勺：用来盛取末茶。
2. 茶罐：又称茶合，盛放末茶。
3. 筅托：校正茶筅用，可与茶筅看作一体。
4. 茶筅：点茶必备击拂工具。
5. 盏托：茶盏辅助器具，可与茶盏看作一体。
6. 建盏：点茶必备，茶汤在盏中被击拂。
7. 汤瓶：用于注汤。
8. 涤方：存放洗涤茶具的废水(图 8-1)。

图 8-1　七汤点茶用具

三、七汤点茶布席

(一) 空间原则

最常用的初级茶席，宜摆成一条直线，尽量避免在行茶过程中，身体出现跨越茶具的情况。

(二) 功能原则

1. 以常用茶器为核心

使用率越高的茶器越靠近中心，方便取用。不常用的器具放在两端，避免大幅度的动作多次发生。茶盏是茶汤产生之处，应放在正中。七汤点茶法中，需要多次使用的汤瓶和茶筅，紧靠两边。茶罐、茶勺只取一次末茶；而涤方基本不动，只在开始和结束发生清洗动作时，才会接受茶盏中废水，所以都放在最外侧。

2. 分工平衡

点茶时，双手的分工要基本平衡。七汤点茶法需要七次拿壶注水，七次拿筅击拂，需要在 2～3 分钟内频繁地拿起放下茶器至少 14 次，如果都由一只手完成，可想而知会显得慌乱。左右分开，则会从容很多。建议用左手执壶注汤，右手持筅击拂。此法也早有惯例，南宋《罗汉图》中的童子点茶即是如此。至今日本的四头茶会，也还是这般行茶。

3. 茶席布置

茶盏置于正中，盏托居其下。左手侧依次向外摆放执壶、涤方。右手侧依次向外摆放茶筅、筅托、茶罐、茶勺等。宋代多用茶匙盛取茶末。茶匙比现在日本茶道常用的茶勺要短很多，可以放置在筅托的托盘上(图 8-2)。

图 8-2　七汤点茶布席

四、七汤点茶操作流程

1. 熁盏

即用火烤茶盏。《茶录》曰:“凡欲点茶,先须熁盏令热,冷则茶不浮。”建盏的厚壁熁盏时吸收了热量,在点茶过程中可以辅助茶汤保持高温,激发茶香。这个习惯一直被保留下来,今天经常看到茶事中有对茶具预加热的步骤,只不过火烤多演变成用热水烫洗。

2. 调膏

使用斗茶盏取一小茶匙(约 0.5 克)即可。末茶置入后,先倒入少许的水,茶筅在盏底缓慢转动调和。水一定不要多,刚好能调成膏状即可。宋徽宗特意提出这一步骤,还有一层深意。当我们倒入末茶的时候,它通常会不规则地洒在盏底,或隆起成团,调膏可以让末茶最终均匀地分布在盏底、盏壁。宋徽宗非常重视“匀”这一要求,后面环形注水、击拂等都是为了达到“匀”的效果。调膏均匀,点茶时会有助于发挥茶力。

调膏还有另外两个好处。其一,这是水与茶的最初相见,扑鼻茶香自盏中四溢开来,沁人心脾,先发夺人,引人注目。其二,高手通过调膏便可观茶性、水性、融合性,以便确定后续的击拂手法。调膏虽然出现了注水动作,向茶盏中添加了一点儿水,但这不能算第一汤。因为光是调膏这一点儿水,不足以达到一汤“疏星皎月,灿然而生”的效果。调膏后,即开始注汤,七汤法才真正开始。

3. 注汤

“环注盏畔,勿使侵茶。势不欲猛,先须搅动茶膏,渐加击拂。手轻筅重,指绕腕旋,上下透彻。如酵蘖之起面,疏星皎月,灿然而生,则茶面根本立矣。”七汤就像盖楼,一层层地积累。注汤是点茶用水的第三个难点。注水量要有个整体概念,茶汤量最终约占整个盏高的60%,这样的水量,比较适合击拂,既不会太少影响激荡,也不会太多溢出盏外。注水手法要一圈一圈环形注在盏壁上,不能直接注在茶面上,注水的气势也不能太迅猛。击拂前要先搅动一下茶膏。这都是为了保证茶味达到“均匀”的效果。

第一汤的基础必须打好。茶筅轻触盏底,前后快速运动,通过手指手腕的灵活带动,让茶筅的力量穿透整个茶汤。汤面渐渐起沫,能看到像和面、酿酒发酵时物体表面产生的小气泡。黑色的盏与混沌的茶水,似夜幕中的苍穹,此时茶汤通过击拂初显白色,像一轮皎洁的满月在夜空中灿然升起。达到这个效果,第一汤就算圆满完成。

“第二汤自茶面注之,周回一线。急注急止,茶面不动,击拂既力,色泽渐开,珠玑磊落。”第二次注水,继续注在茶汤水平面以上的盏畔,注意保持“茶面不动”。第二汤,大约注到茶杯一半左右位置,接下来,茶筅要开始激烈地运动,必须给以充足的激荡空间。“击拂既力”,充分发力让末茶与水碰撞,尽可能析出内含物。茶筅迅速甩动,兼顾左右,形成 N 型路线。刚开始击拂时,会听到“哗哗”的水声,不一会儿,就变为浓汤会发出的“噗噗”声,手上也明显感觉到茶筅受到的阻力增加。茶的颜色比之前更加显白,出现更多大小不一的不规则气泡,即“珠玑磊落”。

“三汤多寡如前,击拂渐贵轻匀,周环旋复,表里洞彻,粟文蟹眼,泛结杂起,茶之色十已得其六七。”第三次注水,大约到盏的 2/3 略下一点儿的位置。前三汤基本已经注入总注水量的 90%以上。后续四汤只需少量注水。此时水量已超过盏高的一半,击拂的力量须开始收敛，防止动作太猛导致沫饽溅出盏外。茶筅略微提起，进入茶汤一半即可。手上开始增加一些旋转力，茶筅击拂路线为M型。二汤产生的不规则气泡，逐渐被击碎变小，大小如小米或者螃蟹眼睛，密密麻麻地结在茶汤表面。此时，茶之色已经完成了百分之六七十。

“四汤尚啬。筅欲转稍宽而勿速，其真精华彩，既已焕然，轻云渐生。”第四汤开始，注水变为少量。茶筅提起至茶汤的约四分之一深度，击拂半径变得大一些，注意不要再上下激烈鼓荡，以免重新激发大气泡。主要在沫饽表面轻拂，茶的真精华彩在这一刻被焕发，气泡更加绵密，在茶汤的表面慢慢堆积，看起来像大朵白云。

“五汤乃可稍纵，筅欲轻盈而透达。如发立未尽，则击以作之。发立已过，则拂以敛之。结浚霭，结凝雪，茶色尽矣。”第五汤注水后，击拂可以随意一些。技术层面的操作基本完成后，宋徽宗开始强调艺术层面的要求了。茶筅在手上的力量，要有一种空灵的感觉，不要使拙劲。筅可以从茶汤中稍微再提起一些，击拂集中在茶汤表面，力量要轻盈，但是要透达到茶筅的顶端，用心去感受筅尖与沫饽的共舞。这时候，如果沫饽的形成还有欠缺，就再把它激发出来，如果沫饽已经很多了，可以轻拂收敛。

点茶不是一味地追求沫饽多、厚，而是“适中”。结浚霭、结凝雪就是最佳状态。茶色就被完全激发出来了。“茶色尽矣”是不是就可以喝了呢？现代人可能早已经等不及了，不过，对于宋徽宗这样的超级点茶艺术家来讲，还缺两道工序呢，请看下面的操作。

“六汤以观立作，乳点勃然，则以筅著居，缓绕拂动而已。”第六汤“以观立作”，主要是观看沫饽变化。茶内所含的蛋白质、果胶等物质，以及击拂技巧决定了沫饽的稳定状态。不稳定的气泡会很快破裂掉，耳朵甚至能听到“呲呲”的爆破声。气泡在趋于稳定的变化中，可能会出现茶汤表面不平整的“乳点勃然”，可用筅在汤面缓慢拂动抚平。

“七汤以分轻清重浊，相稀稠得中，可欲则止。乳雾汹涌，溢盏而起，周回旋而不动，谓之咬盏。宜匀其轻清浮合者饮之。”七汤后，茶汤稳定下来。按照宋徽宗的说法，越靠近上面轻清的茶汤越好，“宜匀其轻清浮合者饮之”。沫饽浓稠度既不能太厚，也不可太薄，两者都会影响口感。个人根据自己的喜好，达到满意的状态就可以完成点茶了。

学习七汤点茶法，千万不能流于形式，变成简单的“走流程”，要领会每一个步骤、动作之后的深意，每一次的练习更要全身心投入，在训练中领悟茶汤之味，练就自己的点茶三昧手。

【相关阅读】

范仲淹《和章岷从事斗茶歌》

宋代的斗茶，从茶民制茶者到茶商，从民间到皇宫，从百姓到文人雅士，几乎各个阶层都爱玩斗茶。茶民制茶者玩斗茶，是为了自己的茶得个好名次；商家玩斗茶，是为了更好地推销自己的茶饼；百姓与文人雅士及皇宫玩斗茶，则是闲情逸趣。流行的宋代斗茶，使宋代茶文化上了一个新台阶。北宋文学家范仲淹曾作《和章岷从事斗茶歌》，描绘了一场酣畅淋漓的斗茶景象：

年年春自东南来，建溪先暖冰微开。
溪边奇茗冠天下，武夷仙人从古栽。
新雷昨夜发何处，家家嬉笑穿云去。

露牙错落一番荣，缀玉含珠散嘉树。
终朝采掇未盈襜，唯求精粹不敢贪。
研膏焙乳有雅制，方中圭兮圆中蟾。
北苑将期献天子，林下雄豪先斗美。
鼎磨云外首山铜，瓶携江上中泠水。
黄金碾畔绿尘飞，紫玉瓯心雪涛起。
斗茶味兮轻醍醐，斗茶香兮薄兰芷。
其间品第胡能欺，十目视而十手指。
胜若登仙不可攀，输同降将无穷耻。
吁嗟天产石上英，论功不愧阶前蓂。
众人之浊我可清，千日之醉我可醒。
屈原试与招魂魄，刘伶却得闻雷霆。
卢仝敢不歌，陆羽须作经。
森然万象中，焉知无茶星。
商山丈人休茹芝，首阳先生休采薇。
长安酒价减千万，成都药市无光辉。
不如仙山一啜好，泠然便欲乘风飞。
君莫羡花间女郎只斗草，赢得珠玑满斗归。

这首脍炙人口的茶诗，以生动形象的手法描述了当时斗茶的情况。茶器的精美、茶汤的优质、茶味的隽永、茶香的悠长，都在诗人笔下一一展现。胜者仿佛登临仙界，输者犹如战败囚徒，两种表情，两种心态，两相对照，鲜明突出。诗人意犹未尽，还以夸张豪放的诗句，极写茶的神奇功效："吁嗟天产石上英，论功不愧阶前蓂。众人之浊我可清，千日之醉我可醒。屈原试与招魂魄，刘伶却得闻雷霆。卢仝敢不歌，陆羽须作经。森然万象中，焉知无茶星。商山丈人休茹芝，首阳先生休采薇。长安酒价减百万，成都药市无光辉。"茶的功效不下于阶前的瑞草，可使迷惑状态的屈原招回魂魄，可使鼾声如雷的刘伶从沉睡中清醒过来。卢仝敢不为茶献上一首千古绝唱？陆羽能不为茶书万年经典？万木葱茂的大山，冥冥悠遥的苍穹，怎能说没有茶业中的伟人？商山四皓不需要再吃灵芝，首阳先生不需要采薇而食。长安城的酒价，减去百万；成都府的药市，失掉光辉。最后归结到一点："不如仙山一啜好，泠然便欲乘风飞。"统统不如饮此佳茗，轻轻地乘风而去。整首诗飘溢着茶味的芬芳，是斗茶之风普及全国的艺术写照。

（资料来源：余悦《茶路历程：中国茶文化流变简史》，光明日报出版社，1999）

8.3　点茶创作品鉴

一、走进茶百戏

茶汤里，还有一场大戏。北宋初年，陶毂完成了一部笔记小说《清异录》，共两卷三十七门，其中关于茶的部分，被后世单拿出来辑为一本茶书《荈茗录》。在《荈茗录》里，陶穀记载了一种当时极为高明的点茶手法——茶百戏。

茶百戏在当今点茶界可是鼎鼎大名，对茶百戏的理解也众说纷纭，那茶百戏到底是什么呢？我们先看看陶穀原文："近世有下汤运匕，别施妙诀，使汤纹水脉成物象者。禽兽虫鱼花草之属，纤巧如画，但须臾即就散灭。此茶之变也，时人谓之茶百戏。"这可厉害了，居然可以用茶匕在茶汤中运划，让茶汤表面的沫饽形成纹路，像禽兽，虫鱼，像花草，且像画上去一样，不过很快就散灭了。这种用茶匕刻画导致茶汤表面幻化的，被称为茶百戏。

"茶百戏"的前面还写有一条，叫作"生成盏"，另外记录了一种比茶百戏还厉害的手法：水丹青。"馔茶而幻出物象于汤面者，茶匠通神之艺也。沙门福全生于金乡，长于茶海，能注汤幻茶成一句诗，并点四瓯，共一绝句，泛乎汤表。小小物类，唾手办耳。檀越日造门求观汤戏，全自咏曰：生成盏里水丹青，巧画工夫学不成。却笑当时陆鸿渐，煎茶赢得好名声。"这里，把直接能在茶汤表面作画的技巧夸上了天，叫作"通神之艺"，而会这种技艺的人，也被称为"茶匠"！有一位茶匠和尚名叫福全，生在济宁的金乡，在茶乡长大。他的技艺神到了什么水平呢？他用热水作画！他向点好的茶汤里注入热水，热水在沫饽上出现的水痕，居然可以形成文字。小小的茶盏里能容下一句诗。他要是同时点四盏茶汤，还可以组成一首绝句。至于山水花鸟一类的小物象，更是随手可成。每天来他这里观看表演的人络绎不绝。他为此洋洋自得，还作了一首诗来笑话茶圣陆羽当年的煎茶太过简单。

茶百戏用茶匕作画，而水丹青用水流作画，后者看起来更加难以控制，更加技高一筹。在当代的实践过程中，我们尝试先按茶百戏记录的方法，在白色沫饽上作画。

先用茶匕或茶筅运转沫饽，拨弄"汤纹水脉"，使其勾勒出物象。接着，再尝试用茶匕直接划开沫饽。匕痕形成图案，沫饽随之会在不稳定的爆破中重组，过一会儿，渐渐模糊不见。这比较符合"须臾而散"的记录。当然也有的茶汤，匕痕划过之后，并无太大反应。

使用水丹青方法时，向茶汤中注入热水，被水浇过的地方，在水的稀释下会形成与茶汤底色不一致的水痕，从而显露出图案。不过这通常在茶汤颜色不是特白的时候有效，比如青白、黄白。如果茶汤纯白，就会导致水痕不明显，画作不彰。

古人从很早开始就追求白色的沫饽，晋朝的《荈赋》即写"焕如积雪，晔若春敷"。宋人也是追求茶色纯白为上，点茶界的老大宋徽宗更是给茶色定了性"以纯白为上真"。如果说宋徽宗的时代是点茶的巅峰，对白的追求到了极致，那么在宋初的时候，也有一位文人林逋在诗里写道"筋点琼花我自珍"，把茶汤沫饽描写成白色的琼花，说明"追白"这件事，自古就没变过。

考虑到《荈茗录》成书在宋初，记录的事极有可能发生在更早的五代，我们对当时的制茶工艺放松一点要求，可能福全的茶汤是黄白之色，但一定不能是纯绿或深褐色。不然主流都在追白，草野人士搞出个黑乎乎的茶汤，怎么好意思笑话茶圣呢。

其实纵观两宋及以后的茶书，只有《荈茗录》对水丹青、茶百戏有明确记载。杨万里的《澹庵坐上观显上人分茶》算是偶尔提到和水丹青有关的诗了："银瓶首下仍尻高，注汤作字势嫖姚。"

宋人多提"分茶"的概念，如陆游的《临安春雨初霁》："晴窗细乳戏分茶"，张炎《春从天上来》:“难问钱塘苏小,都不见,擘竹分茶”,但都无具体的动作描写。《荈茗录》里还有一条叫“漏影春”的有趣方法,相对比较简单,严格来说不能算真正意义上的点茶,只是一种艺术性的玩法。“漏影春法,用镂纸贴盏,糁茶而去纸,伪为花身;别以荔肉为叶,松实,鸭脚之类珍物为蕊,沸点汤搅。”用事先镂空刻好图案的纸贴在茶盏表面,撒上末茶粉。揭开纸后,茶粉形成像花身一样的图案,然后再用荔枝肉装饰成叶子,松果、银杏等干果装饰成花蕊,一幅美丽的图画就在盏底呈现出来。喝的时候,如点茶一样,将沸水注入并击拂。想起现在流行的金箔咖啡,也许不久就会出现漏影春法的金箔点茶了。

【思考讨论】

茶百戏和咖啡拉花是一回事吗?

茶百戏和咖啡拉花只是看起来相似而已,事实上,它们在历史背景和形成原则上存在着很大的差异,这也可以从深层次上反映出中西方国家的文化差异。

首先,茶百戏与咖啡拉花所形成的原理不同。茶百戏通过茶和水形成各种图案,而咖啡拉花则是通过咖啡和牛奶两种不同液体的融合,最终形成各种不同的图案,其本质是不同的。

其次,茶百戏与咖啡拉花图案在存在时间上也有很大的差异。众所周知,泡沫只能存在很短的时间,茶百戏的泡沫只是由茶汤形成。过了一段时间,茶汤上的图案就会自然消失,而咖啡拉花形成的图案相对不会轻易消失。

最后,茶百戏与咖啡拉花所形成的意象也不同。宋代文人雅士十分重视意向。在茶百戏中,描绘的图案大多是中国传统的书法和绘画,字、山、鸟、兽层出不穷,突出了意境之美,而咖啡拉花形成的图案大多很简单,即使很复杂,也大多是对称平衡的图案。

二、茶百戏创作

当代,在沫饽上做艺术表达的茶汤游戏也有突破。形式有多种,但原理相同,都是在茶汤中人为造成液体的色泽、浓度不一,对比生成图案。

一种可称之为汤画。事先准备好浓稠度较高的茶膏,点茶完毕后,直接用工具蘸着茶膏在沫饽上书写。茶膏和沫饽的浓度、颜色不一,两者叠加对比自然产生图案。此法底色的沫饽多为白色,而茶膏多为绿色、褐色。有人也尝试加入其他颜色的植物汁液作画,比如呈红粉色的草莓汁等。

另一种则是事先准备好浓郁的、颜色略深的茶汤作画底,然后用带尖器具蘸水,在茶汤表面作画、写字,利用水稀释茶汤形成水痕。此法茶汤底色多呈绿色或褐色,宋人呼为“下茶”。

茶汤游戏不论怎么玩,都要以能喝、好喝为第一要务。如果游戏弄得太过了,茶就会变了味道。有的茶汤奇浓无比,末茶放入十数倍于正常的剂量,泡出来黑乎乎的一大坨。这样虽有利于稀释出图案,不过饮用的时候却是异常苦涩无法入口,更别提有人还往里面加入了非茶的“黏稠稳定剂”。这就完全背离了点茶本来的追求,茶汤仅变成一种“画布”,成了一种杂耍。茶是大自然的恩赐,是“擅瓯闽之秀气,钟山川之灵禀”的英华,浪费茶之罪过无异于糟蹋粮食,“茶百戏”务必要以适度为宜。

【任务小结】

1. 宋代团饼可以概括为蒸青、研膏、微发酵饼茶三类,团饼茶制茶过程分为开焙、采茶、拣茶、蒸茶、榨茶、研茶、造茶、过黄八步。

2. “七汤点茶法”顾名思义,就是向茶盏中七次注水点茶。熁盏、调膏和注汤是点茶操作过程中的三个难点。

3. 茶百戏是在茶汤中人为造成液体的色泽、浓度不一,对比生成图案的茶事艺术。

【参考资料】

1.《中国茶经》　上海文化出版社　陈宗懋、杨亚军主编

2.《茶与宋代社会生活》　中国社会科学出版社　沈冬梅著

3.《茶百戏:复活的千年茶艺》　福建教育出版社　章志峰著

【任务检测】

一、判断题

(　　)1. 宋代团饼茶可以概括为蒸青、研膏、微发酵饼茶。

(　　)2. 茶百戏就是用清水在茶汤上作画。

二、简答题

1. 七汤点茶法布席应遵循哪些原则?

2. 简述七汤点茶法的操作流程。

模块四

茶艺创新

中华民族是守正创新的民族，有着守正创新的传统，无论时代如何发展，都要激发守正创新、奋勇向前的民族智慧。我们要努力实现传统文化的创造性转化、创新性发展，使之与现实文化相融相通，共同服务于以文化人的时代任务。创新是更好的传承。所谓茶艺创新：一是指创新茶艺中不太适应时代发展需要的东西，革故鼎新，与时俱进；二是指发展创新茶艺中原先就缺乏的东西，丰富内容，引领未来；三是更重要的是指创新一种茶艺传承、传播形式，以一种人们喜闻乐见的方式让人们接受茶艺并喜欢上茶，逐步实现茶艺文化自觉和茶艺文化自省与自信。一味强调茶艺传承，往往会带来茶艺的故步自封，致使发展缺乏新鲜活力；致力进行茶艺创新，往往会将茶艺领入失去根本的沙漠；唯有不忘本来，才可以开辟未来，只有将茶艺传承与创新发展齐头并进，才能让茶艺成为茶产业发展重要引擎！

任务九

品味调饮茶艺

【学习目标】

知识目标：能够了解调饮茶主要分类；
能够掌握调饮配方知识；
能够识别调饮茶艺创新基本原则。

素质目标：培养学生崇尚工匠，具有文化自信、生态文明、科技创新的意识；
使学生能够具备沟通和协调人际关系的能力，形成团队合作意识。

能力目标：具备自我学习、团队合作、自主创新能力；
具备一定的调饮茶艺编创和调饮研发能力。

【任务导图】

- 任务九 品味调饮茶艺
  - 9.1 调饮经典技法
    - 调饮茶主要分类
    - 调饮茶常规器具
    - 调饮茶调制技法
  - 9.2 调饮素材精选
    - 调饮茶感官科学基础
    - 调饮茶主副材料
    - 调饮茶植物源辅料
  - 9.3 调饮茶艺创作
    - 简单养生茶调饮
    - 特色创意调饮茶
    - 调饮师职业竞赛

【案例导入】

2021 年，人力资源社会保障部、国家市场监督管理总局、国家统计局联合发布集成电路工程技术人员、调饮师等 18 个新职业(图 9-1)。

图 9-1　新职业的发布文件

为充分适应和反映人力资源开发管理需求，促进劳动者就业创业，人力资源社会保障部建立了新职业发布制度，实施职业分类动态调整。2021 年 3 月 18 日，经自主申报、专家评估论证、书面征求中央和国家机关有关部门意见、面向社会公示征求意见等程序，人力资源社会保障部会同国家市场监督管理总局、国家统计局向社会正式发布了集成电路工程技术人员、调饮师、职业培训师、酒体设计师等 18 个新职业信息。此次发布的新职业信息主要有以下特点：数字化技术发展催生出新职业、企业高质量发展孕育出新职业、绿色发展理念和食品安全要求涌现出新职业、人民日益增长的美好生活需要派生出新职业。

新职业的发布，对于增强从业人员的社会认同度、促进就业创业、引领职业教育培训改革、推动产业发展等，都具有重要意义。新职业发布后，人力资源社会保障部将会同相关部门和单位加快新职业的职业标准开发，指导人才培养培训，提升从业人员的素质和能力，打造数量充足、素质优良的从业人员队伍。

案例点评：随着生活模式的改变及生活节奏的加快，原先单一的茶叶、牛奶或酸奶等饮品，已难以满足消费者多样化需求，近年来出现了将茶叶、奶、果蔬等融合开发出的新式可口健康饮品，广受群众特别是年轻人的喜爱。“调饮师”作为新兴职业，不仅有利于促进灵活就业，还可带动茶叶、奶类及果蔬等产业的发展。调饮师定义：对茶叶、水果、奶及其制品等原辅料，通过色彩搭配、造型和营养成分配比等，完成口味多元化调制饮品的人员。调饮师的主要工作任务：①采购茶叶、水果、奶制品和调饮所需食材；②清洁操作吧台，消毒操作用具；③装饰水吧、操作台，陈设原料；④依据食材营养成分设计调饮配方；⑤调制混合茶、奶制品、咖啡或时令饮品；⑥展示、推介特色饮品。

(资料来源：人社部官网，2021-03-18)

【茶情物语】

新式茶饮助力三茶统筹高质量发展

2022 年底，我国新式茶饮市场规模逼近 3 000 亿元大关，成为继传统杯泡热饮、工业化瓶装冷饮之后的第三大饮茶消费方式。2022 年 12 月 28 日，新华网联合中国农业科学院茶叶研究所、新茶饮赛道开创者奈雪的茶共同发布《2022 年新式茶饮高质量发展报告》，从原料迭代、用户调研、技艺创新及乡村振兴等维度解读新茶饮产业现状与未来发展。“杯泡热饮”限于泡茶技艺和沏泡繁复，导致饮茶伤神耗时；“瓶装冷饮”囿于科学技术和文化素养，导致好茶做不出好饮品；唯有“新式茶饮”既融合沏茶科技，又切合优质茶品，调制一杯热冷相宜同美好生活匹配的精品茶饮，为提高“人民生活品质”开辟发展新领域新赛道(图 9-2)。

图 9-2　新式茶饮高质量发展的报道

2022 年新式茶饮行业市场规模超过 2 900 亿元，采购上游茶叶原料超过 20 万吨，直接带动茶产业一产增值超 100 亿元。门店直营意味着对原料品质有更高标准的要求，这也是品牌坚持使用名优茶作茶底的关键原因。通过塑造年轻人全新的喝茶方式，让更多年轻人了解茶、爱上茶，有力地推动了中国茶文化的创新发展。新茶饮成年轻人了解茶文化的窗口，其中近七成用户关注饮品中茶叶的使用。报告显示，有 46.90％的“90 后”表示在新茶饮消费过程中认识了更多的传统茶，44.68％的“90 后”表示了解了不同茶叶品类，54.68％的“90 后”认为感受到了中国茶文化的强大魅力，还有 45.94％的“90 后”表示对中国传统文化产生了极大的兴趣。

新茶饮严控茶原料标准，推动茶叶上游供应链品质提升。注重品质，是年轻一代消费者最为显著的特征，“90 后”群体中，有 66.14％的人表示关注新式茶饮中原叶茶的使用，60.25％的人表示排斥使用茶粉的新式茶饮产品。优质的产品让消费者迅速了解好茶风味，相应地，消费者对于“好茶”的要求，也促使新茶饮品牌在原料甄选标准上不断提升。新式茶饮茶原料从以红茶、乌龙茶为主，逐步拓展至中国传统的六大茶类。把控上游只是新茶饮原料高质量发展的第一步，原料如何才能同时满足新茶饮对于“口味”“香气”“回甘”及其与鲜奶鲜果搭配和谐的多维要求，最大限度保留茶味、提高茶香、减少苦涩，顺应低糖健康要求，重新定义茶味，培育年轻一代消费者，建立工业化生产体系，茶原料供给数字化、健康化，茶饮品牌国际化，才是关键(图 9-3)。

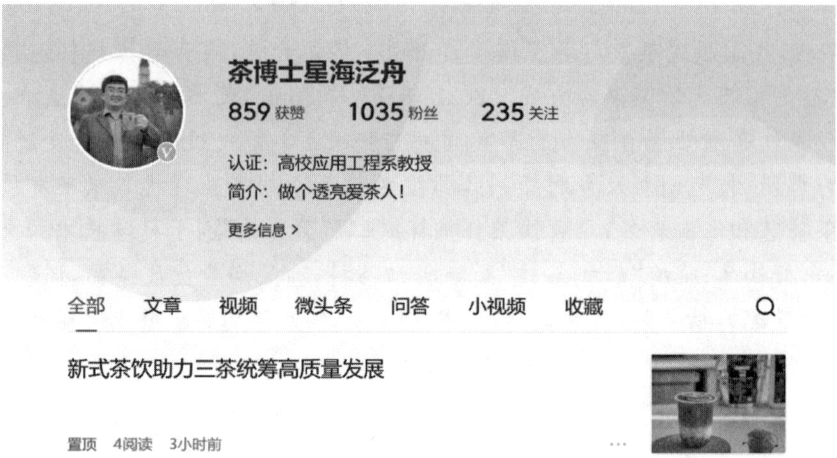

图 9-3　“茶博士星海泛舟”公众号页面

（资料来源：今日头条网，星海泛舟号，2023-01-02）

9.1　调饮经典技法

茶，作为植物的科属种本质特性是不变的，但在不同朝代的加工技术条件和消费意识引导下，茶品的差异性较为显著，通常表现在：一是茶叶成品的外形不同，历史上出现了饼茶、团茶、末茶、叶茶等，这些差异较大的外形，主要由制茶技术与方式不同造成，由此也产生了茶叶内质成分和品质的差异；二是茶品的纯粹性，自古以来就有两个去向，去向一是以茶叶单独的滋味形态存在，谓之“真茶”，去向二是调和其他植物或香味、滋味等来形成新茶品，谓之“调和茶”；三是茶汤的滋味偏好，茶一直兼容着三大功用即药用、食用和饮用，侧重药用功用则依据中药理论不求滋味入口愉悦，侧重食用功能则以果腹、香甜为目的，立于以茶入饮的初衷，则既要体验感官审美愉悦，又要坚守解渴康养效用。茶的饮用方式就是围绕“药用、食用、饮用”中某一个或多个目的而采取的一种符合时代背景的适宜方式。没有先进与落后一说，每一步微小的革新，都是时代先哲们不休的探索，才构筑了今天社会饮茶技艺纷繁多变的争奇斗艳呈现。

所谓“调饮茶”，又称调配型茶饮料，是以茶叶为主体，添加果汁、糖奶、香精等配料中的一种或几种，经过摇制或调和而成的茶饮料。按照调饮师国家职业技能标准（职业编码 4-03-02-10），调饮应该是由调饮师“以水果、奶、茶叶等食材为原料，设计、调配、制作口味多元化调制饮品”。调饮茶一般有三类，即地域性的风俗茶饮、健康保健茶饮及民族特色茶饮。饮茶方式的变化，是和时尚与流行联系在一起的，甚至会成为时尚与流行的“风向标”。饮茶法不断变迁，经历了唐朝的严谨规范煎茶法，到宋代浪漫时尚的点茶法，又经过明清曲折摇曳的瀹茗法，经过了“千年茗饮之宗”的散茶改革，著书立说让“泡茶自饮”的明清茶文化呈现一派豁然开朗的新局面。现在的盖碗已经被作为泡茶器，用来泡茶然后分给大家喝。虽然都是泡茶，但我们现在是用一种分享的方式。现在有一千多种茶，在国内今后还是以清饮为主，调饮辅之，好喝的同时，更强调好玩。喝茶好，茶好喝，只有真正泡好一杯茶，才真正明白“有好茶喝，会喝好茶，是一种清福”（鲁迅）的真谛。我们总是走在历史的延长线上，只有了解过去，明白从哪里来，才更有可能预知我们将要往哪里去。如今，为了满足消费者对美好生活的向往追求以及对茶饮风味丰富和感官愉悦变化的追求，茶饮企业从清饮茶叶原料精选到调饮辅料搭配上设计，又在前三类传统调饮基础上创新研制出系列现代创意调饮，甚至引进风投，创办新潮茶饮店，成就一番事业。

一、调饮茶主要分类

随着经济的快速发展和人们生活水平的提高，人们对于调饮茶的品位的要求也日益提升。调饮茶的种类日益丰富，口感、外观等也不断提升，大大带动了该产业的迅速发展。更多的消费者开始接受、喜爱并习惯调饮茶带来的丰富口味和独具内涵的品饮文化。按照GB/T 21733—2008《茶饮料》，茶饮料可分为茶汤、复（混）合茶饮料、果汁茶饮料和果味茶饮料、奶茶饮料和奶味茶饮料、碳酸茶饮料、其他调味茶饮料以及浓缩茶七大类。随着人们生活水平的提高，尤其二十大提出“我国已经进入创新型国家行列……开辟发展新领域新赛道……鼓励共同奋斗创造美好生活，不断实现人民对美好生活的向往”，我们不妨对调饮茶进行重新定义，即利用现代化科学技术制备高质量茶汤基底，即以经过萃取、稀释速溶茶粉（汁）等工艺制备的茶汤作为基底，满足人们对新茶饮“口味、香气、回甘”等多维要求，按科学原则、合理工序，将其与花、果、叶、糖、奶、酒等食材辅料，通过色彩搭配、营养配比和美学造型等进行口味多元化调配，制成饮品。从食材辅料搭配上来划分，调饮茶大致可以分为以下五类：

1. 茶＋食材辅料

①茶＋奶类：转化奶类融入茶汤的形式，打破茶汤中直接加入奶类的常规，增加饮品口感的厚度；②茶＋花果：将茶直接加至饮品中，或是用以装饰，都使得饮品更加色泽饱满，且富含花香果甜、曼妙盈香的特点；③茶＋咖啡：将各自特有的韵味进行交融，茶的香醇与咖啡的芳醇融合，提增饮品的香味与口感；④茶＋酒类：将茶的温性与酒的烈性进行中和，口感上具有冲击但并不刺激味蕾；⑤茶＋其他时尚元素：紧跟时尚，传统与潮流交相映衬，由此也体现出精品茶调饮虽基于传统茶，而精于传统茶。

2. 茶疗调饮

茶与中草药结合的方子可以说是五花八门，这些茶疗方子大多数可以分为三大类：汉方草药茶、花草茶、五谷茶。汉方草药茶是将单方或复方的中草药与茶叶搭配，采用冲泡或煎煮的方式，作为防治疾病用的茶方。

药茶中的茶材主要有茶叶，芳香性植物如姜、肉桂，及一些经由冲泡或煎煮后，会将其有效成分溶出的花、叶，与新鲜或干燥的根茎、果实等。李时珍《本草纲目》中列出了多种以茶和中草药配合而成的药方。

五谷茶是将一种由单种或者多种五谷杂粮研磨成粉，或与其他茶叶一起浸泡，具有消炎明目、活血补身等多种养生功效。花草茶是以花卉植物的花蕾、花瓣或嫩叶为材料，经过采收、干燥后加入茶中泡饮。

3. 少数民族特色茶饮

三道茶，是云南白族招待贵宾时用的一种饮茶方式。驰名中外的白族三道茶，以其独特的“头苦、二甜、三回味”的茶道早在明代时就已成了白族待客交友的一种礼仪。除此之外还有别的民族茶饮，如藏族的酥油茶、蒙古的咸奶茶、侗族的打油茶、傣族的竹筒茶、回族的罐罐茶等，这些都是调饮茶。

在《茶香非遗·2023茶日历》中图文并茂地讲解了34款少数民族特色茶饮，并手绘代表民族特色的着装服饰(图9-4)。

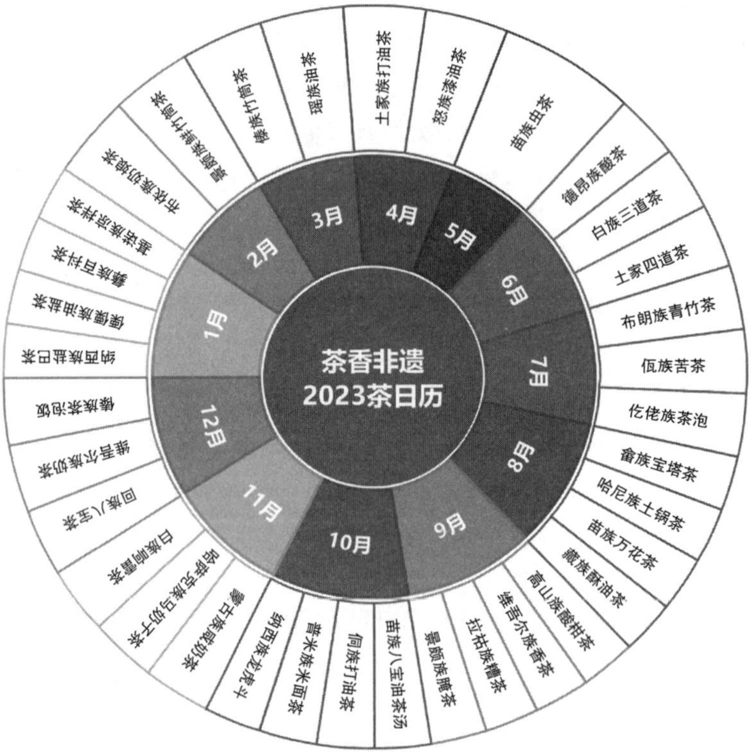

图9-4　茶香非遗·2023茶日历

【思考讨论】

茶调饮与茶拼配的区别?

拼配是先将原料混合，再冲泡。调饮是将原料冲泡，再将各种液体按先后次序以不同比例混合。简单地说，拼配是先混合后冲泡，调饮是先冲泡后混合；拼配是固体之间的混合，调饮是液体之间的混合。拼配适合工业化生产，调饮适合现场服务。

二、调饮茶常规器具

工欲善其事，必先利其器。二十大指出“以科学的态度对待科学、以真理的精神追求真理，以满腔热忱对待一切新生事物，不断拓展认识的广度和深度，以新的理论指导新的实践”。调饮师是近几年才涌现出来的新职业，茶调饮一直没有专门的调饮器具，大多沿用具有多年历史的调酒师器具，同时融合奶茶店器具，可以说目前还有许多创新的空间。查阅大量文献，很难找到关于茶调饮器具的专门文章，不妨根据茶调饮的关键工序将茶调饮器具分为五个方面：一是调饮主料茶汤基底制备器具；二是调饮辅料食材预处理器具；三是调饮茶品调制操作过程中使用器具；四是盛放、装饰、造型调饮茶品器具；五是收纳、储存、备料所用器具等。

1. 调饮主料茶汤基底制备器具

除了大家相对比较熟悉的沏泡茶常规器具外，为了得到相对比较高品质的基底茶汤，可以借助现代新科技沏茶器具，如根据每类茶特点，模拟大师沏茶技艺的智能多功能一体化泡茶机，还有发挥调饮师沏茶水平，提供快速调温热水机（45 ℃、65 ℃、75 ℃、85 ℃、99 ℃）以及方便沏泡容器和快速干燥的吹风机、称量茶叶重量的电子天平等器具。

2. 调饮茶辅料食材预处理器具

这部分器具在结合调酒器具外，可以参考奶茶店调饮茶辅料预处理器具，如多功能沙冰破壁机，既可以快速碎冰，更可以破碎新鲜果蔬和粉碎五谷杂粮等；手持橙汁柠檬压榨器、手动水果切片机、叶形装饰食材修剪套装，多功能不锈钢开罐器套装、可弹式挖球器、果粉奶粉定量机、多功能全自动榨汁机、全自动果糖定量机、快速研磨型压碎棒等。

3. 调饮茶品调制操作过程中使用器具

水果茶工具、鸡尾酒和柠檬茶饮品制作调酒器套装，主要有不锈钢冰夹、不锈钢压汁器、不同规格不锈钢杯、大小号短款弯吸管、珍珠粗吸管、不锈钢长毛刷、带刻度波士顿调酒器、不锈钢方柄勺、304 不锈钢吧勺、刺猬头冰锤、双头盎司杯等；调制饮品套装，主要有冰夹、滤冰器、果粉勺、吧勺、红柄漏勺、镊子、PC 雪克杯、量杯、刺猬头碎冰棒、奶茶过滤器、柠檬压汁器等；其他器具还有 PP 破冰棒、制冰格、收纳盒、大龙移液器、探针式温度计、玻璃糖压瓶、木柄带刻度量杯、不锈钢酒嘴、不锈钢双层打奶泡器、不锈钢苦艾勺、不锈钢凿冰器、海马刀、迷你手持电动搅拌器等（图 9-5）。

图 9-5　调饮茶品调制器具

4. 盛放、装饰、造型调饮茶品器具

杯子大多时候都是约定俗成的搭配，大体上，基本款的杯子只有三种：低杯、高杯、高脚杯。高杯，如海波杯和科林杯，科林杯会比海波杯更细长一点，容量略大一点。低杯，如岩石杯或叫古典杯，实际上低杯的容量和高杯接近。高脚杯，如马天尼杯，一般来说高脚杯越大越高越酷。此外还有玛格丽特杯、塔杯、笛形杯、甜酒杯、飓风杯、白兰地杯、爱尔兰咖啡杯、苦艾酒杯与酸酒杯、大型杯。还有经常用到的制冰机套装等。

① 调酒器：调酒器又称摇酒器、摇酒壶或摇桶，它是由银或不锈钢制成的混合器，也有少数为玻璃制品，是一种能将各种不同的调酒材料充分混合并且凉透的工具。市场上出售

的全部为进口产品，多为酒店、歌厅等的专业酒吧所用。家庭调制鸡尾酒，只要能找到具有相同或相近功能的代用品就完全可以了。例如用带螺丝口铁盖的玻璃酱菜瓶，只要将它洗干净，使它无异味，同样能调出令人满意的鸡尾酒。

② 调酒杯：一种阔口厚玻璃杯，容积有大有小。其作用是将各种不同的调酒材料充分混合、凉透。

③ 酒吧匙：容量约 3.5 毫升的长柄小匙，是一种将各种不同的调酒材料进行充分混合时的搅拌工具，经常和调酒杯一同使用。家庭普遍具备的长柄汤匙具有同样的作用。

④ 调酒棒：一种由塑料或玻璃制成的细棒，也是一种搅拌工具，同时还具有一定的装饰作用。人们每天使用的筷子，是它非常理想的代用品。

⑤ 开瓶器：用不锈钢制成的开瓶工具，以具有螺丝钻、开瓶、开罐等多功能的为佳。

⑥ 滤冰器：一种带网眼的滤冰工具，大多为不锈钢制品。在家庭里，这种工具的代用品不难找到。

除此之外，如果有条件，还应具备的用具包括打蛋器、冰夹、冰勺、冰桶、柠檬挤汁器、电动搅拌器、榨汁机、漏斗、玻璃水罐、吸管、调料罐(图 9-6)。

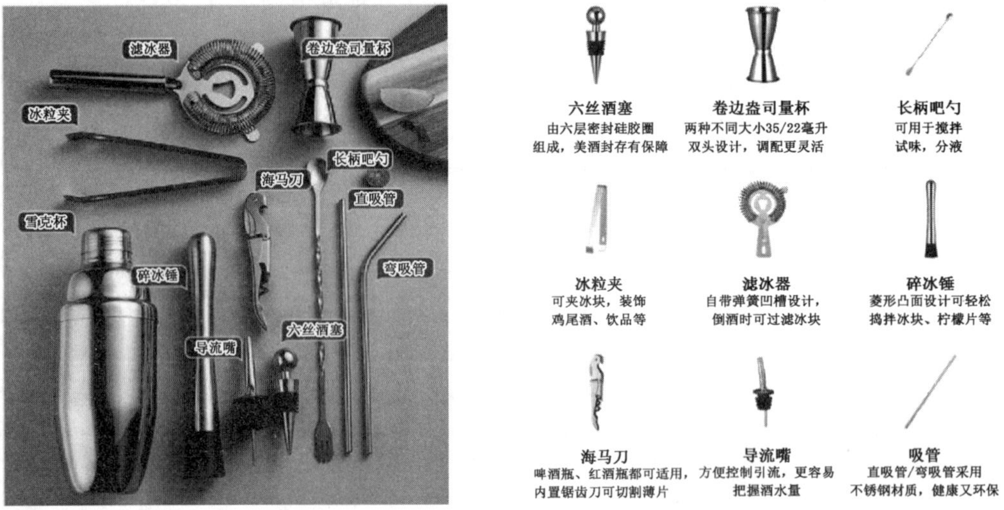

图 9-6　各种调饮茶品器具

三、调饮茶调制技法

1. 摇和法

(1) 操作手法(图 9-7)

① 准备好合适的玻璃杯，将所有材料放入雪克杯中；

② 在雪克杯中加入 2/3 的冰块，盖上杯盖，用一手拇指紧压杯盖，另一手扶稳杯身和杯底；

③ 用力且迅速摇和 12～15 秒，达到冰镇和混合的目的；

④ 打开瓶盖，将液体倒入玻璃杯中。

图 9-7　摇和法

(2) 实操演示

① 在六大茶类中找一款自己喜欢的茶，用茶具泡出来，要求茶叶是平时的两倍，茶汤浓度达到平时的两倍以上；

② 在雪克杯中放入三分之二的冰块，倒入泡好的茶汤；

③ 加入 30 毫升的果糖，用摇和法摇至冰块全化，即听不见冰块的声音为止；

④ 打开上面的小盖子，将摇好的茶汤倒入杯中，打开大盖子，将泡沫倒在茶汤上面，形成自然分层。

2. 调和法

(1) 操作手法(图 9-8)

① 准备好合适的玻璃杯，倒入冰块；

② 加入全部材料；

③ 搅拌均匀。

图 9-8　调和法

(2) 实操演示

【材料：新鲜薄荷叶，黄(绿)柠檬，绿茶茶汤 50 毫升，黄柠檬糖浆 40 毫升，冰块若干，气泡水 70 毫升。】

① 新鲜薄荷叶洗净晾干，黄柠檬洗净擦干，取 1/3 个切小块；

② 将黄柠檬块、绿茶、黄柠檬糖浆放入杯中，用捣棒将柠檬压出汁；

③ 薄荷叶放手掌拍出香气，放入杯中，加冰块至五成满，用调和法搅拌均匀，倒入气泡水至八成满，再加入冰块至满杯。

3. 直兑法

(1) 操作手法

直兑法主要用于分层，通过控制材料的酸甜度，可调制出一杯层次分明的美味饮品。制作时，一般甜度高的材料在下，甜度低的材料在上。

(2) 实操演示(图 9-9)

【材料：蝶豆花 2～3 朵，牛奶或椰奶 100 毫升，果糖 25 毫升，绿茶 100 毫升，冰块若干。】

① 蝶豆花加入开水泡 3 分钟后，用来冲泡绿茶 3 分钟；

② 雪克杯里放入 2/3 的冰块，倒入泡好的茶汤、果糖摇匀；

③ 玻璃杯中放入冰块，加入摇好的茶汤，再用直兑法轻轻倒入牛奶或椰奶。

图 9-9　直兑法

4. 搅拌法(图 9-10)

将混合材料放于搅拌机内，搅拌后彻底混合，倒入杯中即可。

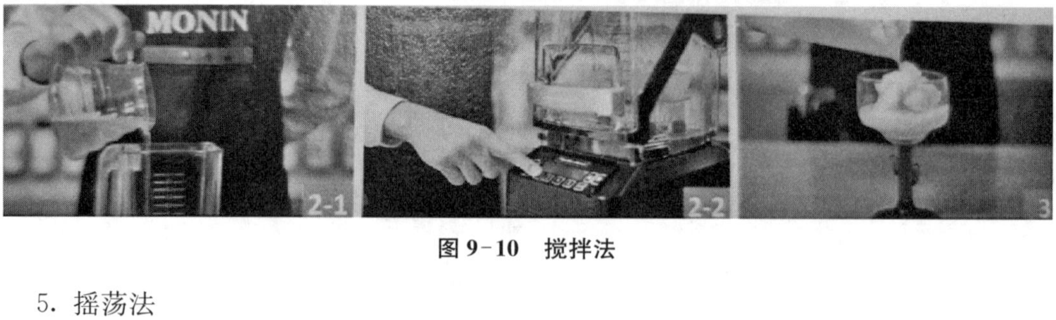

图 9-10　搅拌法

5. 摇荡法

摇荡法是调制调饮茶使用的最普遍而简易的方法，将茶汤及配料、冰块等放入雪克杯内，用劲来回摇晃，使其充分混合即可。注意：摇荡时速度要快并有节奏感，摇荡的声音才会好听。

(1) 器材：雪克杯、量杯、冰饮杯、隔冰器

(2) 操作手法

① 使用摇荡法需准备的基本器材：雪克杯、夹冰器、冰块；

② 将材料以量杯量出正确分量后，倒入打开的雪克杯中；

③ 以夹冰器夹取冰块，放入雪克杯；

④ 盖好雪克杯后，以右手大拇指抵住上盖，食指及小指夹住雪克杯，中指及无名指支撑雪克杯；

⑤ 左手无名指及中指托住雪克杯底部，食指及小指夹住雪克杯，大拇指夹住过滤盖；

⑥ 双手握紧雪克杯，手背抬高至肩膀，再用手腕来回甩动。摇晃时速度要快，来回甩动约 10 次，再以水平方式前后来回摇动约 10 次即可。

6. 直接注入法

直接注入法是把材料直接注入杯子里的一种调饮茶制法，做法非常简单，只要材料分量控制好，初学者也可以做得很好。

(1) 器材：冰饮杯、量杯、冰块、夹冰器

(2) 操作手法

① 将茶汤以量杯量出正确分量后，倒入冰饮杯中；

② 以夹冰器取冰块，放入冰饮杯中；

③ 最后倒入其他配料至满杯即可。

7. 果汁机混合法

用果汁机取代摇荡法主要在有水果类块状材料需要搅拌时，也是目前最流行的做法，混合效果相当好。事先准备好细碎冰或刨冰，在果汁机上座倒入材料，然后加入碎冰(刨冰)，开动电源混合搅动，约 10 秒钟关掉开关，等马达停止时拿下混合杯，把混合液倒入玻璃杯中即可(图 9-11)。

图 9-11　果汁机

(1) 器材：果汁机、量杯、冰块、夹冰器

(2) 操作手法

① 使用果汁机混合法需准备的基本器材：果汁机、量杯、冰块、杯具；

② 将酒类以量杯量出正确分量后，倒入果汁机内；

③ 以夹冰器夹取冰块，放入果汁机内；

④ 开动电源混合搅动，约 10 秒后关机，等马达停止时拿下混合杯，将混合液倒入玻璃杯中。

8. 蓝色香槟鸡尾酒调制实操

(1) 器材：中型冰块 8 块、新鲜柠檬汁 5 毫升(2 茶匙)、蓝橙皮酒 20 毫升、伏特加 20 毫升、甜柠檬糖浆 20 毫升、冰凉的香槟酒。

【特点：色泽高贵；装饰所需：鸡尾酒用带梗樱桃 1 个，还需要调酒壶、隔冰器、冰镇过的香槟酒杯。】

(2) 操作手法

① 把冰块放进调酒壶上层；

② 加进柠檬汁、蓝橙皮酒、伏特加和甜柠檬糖浆，合上调酒壶，用力摇动约 8 秒钟；

③ 透过隔冰器把调好的酒倒进冰镇过的酒杯里，再倒进香槟酒至八分满；

④ 轻轻放进装饰用的樱桃。

稍加变化：把 5 毫升冰凉的木莓香甜酒和 5 毫升的蓝橙皮酒倒进冰镇过的酒杯里，再倒进香槟酒至八分满。挤进一小块柳橙，也可视各人喜好放柳橙皮于饮料中。若想制造特别的气氛，可以把木莓香甜酒和蓝橙皮酒在杯中点燃，然后用香槟酒浇熄。

9.2 调饮素材精选

一、调饮茶感官科学基础

食品风味，其中的风味(flavor)是指人以口腔为主的感觉器官对食品产生的综合感觉(嗅觉、味觉、视觉及触觉)。

(一) 物质基础

1. 风味物质的特点

成分多，含量甚微；大多是非营养物质；味感性能与分子结构有特异性关系；多为对热不稳定的物质。

表 9-1 风味物质感官反应分类

刺激物	感官反应	分类
食品	味觉(甜、苦、酸、咸等) 嗅觉(香、臭等)	化学角度感觉
	触觉(硬、软、黏、热等) 运动感觉(滑、干等)	物理角度感觉
	视觉(颜色、形状等) 听觉(声音等)	心理角度感觉

2. 嗅觉理论(图 9-12)

①立体化学理论：化合物立体分子的大小、形状及电荷有差异，人的嗅觉的空间位置也

有差别。②膜刺激理论：气味分子被吸附在受体柱状神经薄膜的酯质膜界面上。③振动理论：气味特性与气味分子的振动特性有关。

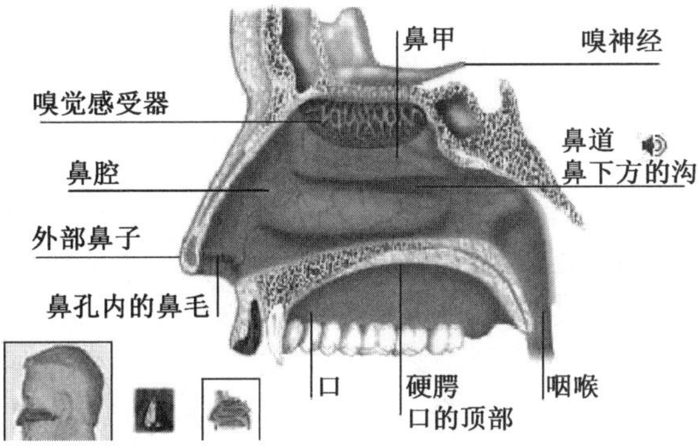

图 9-12　人体嗅觉解剖

3. 呈味物质

食品的基本味(原味)：酸、甜、苦、咸。呈滋味的物质的特点：多为不挥发物、能溶于水、阈值比呈气味物高得多。从味觉的生理角度分类，只有四种基本味觉：酸、甜、苦、咸，但不同地域的人对味感的分类不一样。

日本：酸、甜、苦、辣、咸；欧美：酸、甜、苦、辣、咸、金属味；中国：酸、甜、苦、辣、咸、鲜、涩。

味觉的四面体如图 9-13 所示。酸味：适当的酸味能使人爽快，促进食欲；甜味：是人们最爱好的基本味感，常用于改进食品的可口性和风味；苦味：本身不令人愉快，但可与甜、酸等呈味物质恰当组合形成食物的特殊风味；咸味：是人类的最基本味感，是形成美味佳肴的基础。

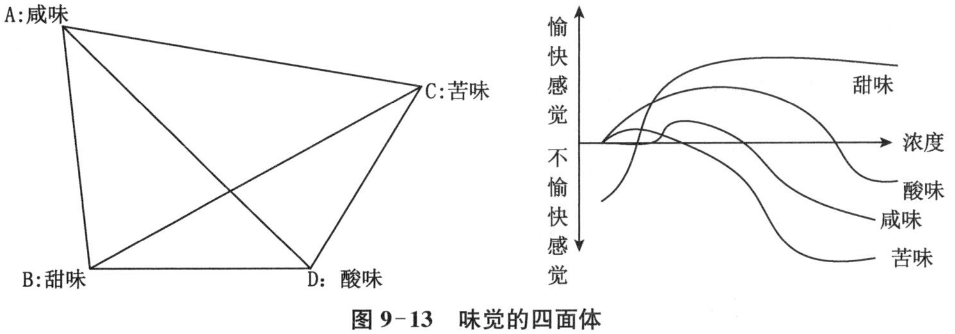

图 9-13　味觉的四面体

4. 影响味觉产生的因素

(1) 物质的味觉

糖类—甜味

酸类—酸味

盐类—咸味

生物碱—苦味

(2) 浓度和溶解度

适当浓度使人愉快，过了则使人不愉快。完全不溶水的物质无味，溶解度小于阈值的物质也无味。所谓阈值是指能够感受到该物质的最低浓度，阈值越小，表明该物质的敏感性越强(图 9-14)。

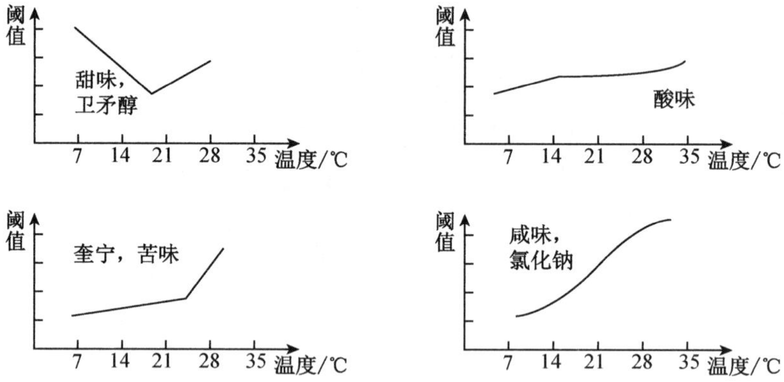

图 9-14　不同味觉的阈值与温度变化关系

(3) 温度

人体对呈味物质在 10～40 ℃时较敏感，在 30 ℃时最敏感(表 9-2)。

表 9-2　味觉温度阈值变化

呈味物质	味觉	阈值	
		常温	0 ℃
盐酸奎宁	苦	0.000 1	0.000 3
食盐	咸	0.05	0.25
柠檬酸	酸	0.002 5	0.003
蔗糖	甜	0.1	0.4

① 甜度受温度变化而变化(图 9-15)

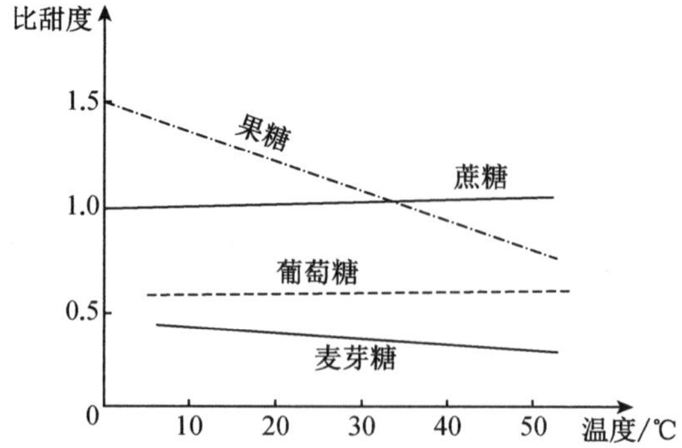

图 9-15　甜度与温度变化关系

② 影响味觉时间

易溶解的物质呈味快，味感消失也快；慢溶解的物质呈味慢，但味觉持续时间也长。各种味觉的相互作用有：味觉的相乘效果、相消效果、味的变调作用、味的疲劳作用。味觉从刺激味蕾开始到感受到滋味，仅需 1.5～4.0 毫秒，比人的视觉（13～45 毫秒）、听觉（12.7～21.5 毫秒）或触觉（2.4～8.9 毫秒）都快得多。

5. 糖的调味作用

添加到食品中的调味料，如食盐、酸等经常与糖一起使用，这些调味料对糖的甜味有影响，但无规律。食盐既能提高蔗糖的甜度，又能降低蔗糖的甜度；盐酸对蔗糖甜度无影响，但醋酸却能降低蔗糖甜度。

（1）食盐和醋酸对蔗糖甜度影响（表 9-3）

表 9-3　食盐和醋酸对蔗糖甜度影响

蔗糖浓度（%）	食盐或醋酸浓度（%）	对甜度的影响
3～10	食盐 1	降低
5～7	食盐 0.5	增高
1～5	醋酸 0.04～0.0	无影响
6 以上	醋酸 0.04～0.06	降低

（2）糖的饱胃感生理作用

在中午时分，吃入相当于 20 克蔗糖的 20%蔗糖液 10 毫升，即可使人产生一种典型的餐后饱胃效应，利用这种性质，可以用少量的糖和果胶纤维素等填充物组成低能量食品。

木糖醇，广泛存在于果蔬中，如胡萝卜、莴笋、花椰菜、菠菜、香蕉、杨梅、黄梅等，它通常与蔗糖的甜度相当，在低温条件下，它的甜度（100～140）蔗糖，并且有防龋齿性能。它易溶于水，不溶于酒精和乙醚。有类似果糖的甜味，溶解度和渗透性大，很容易引起褐变反应。由于它是在人体内不易被吸收利用、不产热能的甜味剂，可供糖尿病和高血压患者食用。

6. 鲜味物质

（1）味精（谷氨酸钠）：L- 型谷氨酸钠是肉类鲜味的主要成分；D- 型异构体则无鲜味。

（2）鲜味核苷酸：主要的呈鲜核苷酸——肌苷酸、鸟苷酸。酵母水解物也是鲜味剂，其呈鲜成分是 5'- 核糖核苷酸。

7. 辣味物质

辣味强度排序：辣椒、胡椒、花椒、姜、葱、蒜、芥末。

8. 涩味物质

涩味通常是由于单宁或多酚与唾液中的蛋白质缔合而产生沉淀或聚集体而引起的。难溶解的蛋白质与唾液的蛋白质和黏多糖结合产生涩味。

主要涩味物质是多酚类的化合物（图 9-16）。单宁是最典型的涩味物：缩合度适中的单宁具有涩味；缩合度超过 8 个黄烷醇单体后，其溶解度大为降低，不再呈涩味。

图 9-16　生柿子

明矾、醛类也具有涩味。常用脱涩方法：焯（chāo）水处理；在果汁中加入蛋白质，使单宁沉淀；提高原料采用时的成熟度。

（二）食品风味

1. 植物源风味

（1）水果的香气成分：桃的香气成分主要有苯甲醛、苯甲醇、各种酯类、内酯及α-宁烯等；红苹果则以正己醇等醇类和酯类为其主要的香气成分；柑橘以萜类为主要风味物；菠萝中酯类是特征风味物；哈密瓜的香气成分中含量最高的是3t,6c壬二烯醛（阈值为3×10^{-6}）；西瓜和甜瓜的香气成分中含量最高的是3c,6c壬二烯醛（阈值为10^{-5}）。

（2）蔬菜的香气成分：蔬菜中风味物质的形成途径主要是生物合成。葫芦科和茄科，具有显著的青鲜气味，特征气味物有C6或C9的不饱和醇、醛及吡嗪类化合物，如黄瓜、青椒、番茄等。伞形花科蔬菜具有微刺鼻的芳香，头香物有萜烯类化合物，如胡萝卜、芹菜、香菜等。百合科蔬菜具有刺鼻的芳香，风味成分主要是含硫化合物（硫醚、硫醇），如大蒜、洋葱、葱、韭菜等。十字花科蔬菜具有辛辣气味，最重要的气味物也是含硫化合物（硫醇、硫醚、异硫氰酸酯），如卷心菜、萝卜、花椰菜、芥菜等。其他，蘑菇香味的主要成分有肉桂酸甲酯、1-辛烯-3-醇、香菇精；海藻香气的主体成分是甲硫醚，还有一定量的萜类化合物，其腥气来自三甲胺；烤紫菜香气的产生有美拉德反应参与。

2. 发酵食品风味

它主要是由微生物作用于蛋白质、酯类、糖类等产生的。酒类，主要是通过酵母菌发酵。白酒中的香气成分有300多种，呈香物质以各种酯类为主体，而羰基化合物、羧酸类、醇类及酚类也是重要的芳香成分。酱油、酱油类利用曲霉、乳酸菌和酵母菌发酵。酱油香气的主体是酯类，甲基硫是构成酱油特征香气的主要成分。食醋，是酵母菌和醋酸菌发酵，乙酸含量高达4%，香气成分以乙酸乙酯为主。

3. 乳及乳制品的风味

新鲜乳香气的主体成分是二甲基硫醚（阈值1.2×10^{-5}），含量稍高就会产生异味。此外，还有低级脂肪酸、醛、酮等。乳中分离出的δ-癸酸内酯具有乳香气，现已用作人工合成的调香剂和增香剂。酸奶中丁二酮是其特征风味成分。奶酪的风味在乳制品中是最丰富的，有酯类、羰基化合物、游离脂肪酸等。

4. 食品风味成分获得手段

（1）传统方法，从含香气的动植物体中通过萃取、蒸馏获得；从无味的前体物质经类似烹调的方式加工获得。

（2）现代手段，通过分子蒸馏、超临界萃取、超滤等获得；利用酶催化生物工程技术、生物转化等技术获得风味物质。

5. 风味搭配常识

将不同风味特色的素材与茶叶搭配，利用彼此的香气结合成另一种口感，让茶的滋味有更多的变化和可能性。可以和茶叶混合冲泡的素材有：干燥可食用花草，干燥水果、柑橘类果皮，炒熟的五谷类，香料香草等。在茶饮中加入果汁、糖浆等以增添香气及甜度，加入冰激凌、粉圆、布丁、水果粒等增添口感，加入鲜奶及奶制品变成奶茶。

颜色的呈现与口感的搭配是茶调饮的重要组成部分。天然可食用花卉、水果、蔬菜、天然香料等可以呈现出缤纷的色彩和迷人的口感。原则上，茶饮的主角永远是茶，搭配的时候，注意凸显茶香和茶味，其他都是配角(图 9-17)。

图 9-17　色彩缤纷的茶饮

(三) 食品的感官感知

人类不仅有齐全的五官系统，更具有无与伦比的大脑信息处理与认知能力。鼻子吸入空气，气味分子到达鼻腔顶部嗅觉上皮，嗅觉上皮由嗅觉受体细胞、支持细胞和基地细胞组成。气味分子与嗅觉受体细胞结合，传输讯息到嗅球里的鼻黏膜嗅小球。嗅小球讯息经由僧帽细胞，传送到大脑，进行讯息组合，让人有意识感知并记忆气味。至于气味与记忆、情绪的关系，目前仍是谜。

人类对食品的感官感知正是基于这个系统来运作，辅之以长期进化过程中形成的奖赏机制(其大脑机理还知之甚少)，形成对食物的喜好判断(图 9-18)。

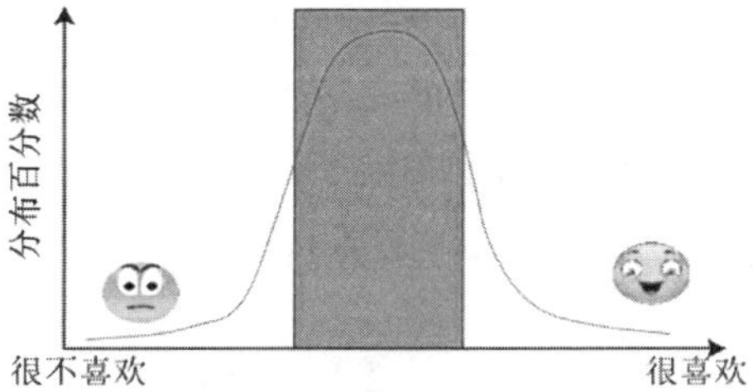

图 9-18　人群感官分析结果的正态分布特征

【思考讨论】

食品感官是否是食品的感官性质?

首先，食品感官是人对食物材料的进食体验，具有明显的主观性和个体差异。其次，如果“感官性质”作为食品的一个性质，那么应该与其他材料性质一样具有数值和量纲，而通过感官体验给出的主观描述或者强度、喜好度数值，在多数情况下不具有量纲。第三，“感官性质”不具备普通材料性质的客观可测性。感官是人对外界刺激的响应，是对材料性质的认知和体验，所以称为感官体验可能更为合适。

1. 食品感官体验能否被客观测量

在食品的设计开发和生产过程中，工业界亟须将食品的感官体验与消费者喜好建立联系。因而，大量的精力和物力被投入各类测量装置与仪器的研发以及各种新方法的开创，食品质构仪、电子鼻、电子舌等就是典型例子。

脆性是某些固体类食品的一个特征性感官品质，带给消费者一种可咀嚼、轻松和愉悦的感觉，深受消费者喜欢。汉语中最常见 3 个词描述食物脆性："脆""酥""松"(表 9-4)。

表 9-4　"脆""酥"和"松"的基本感官内涵与材料属性特征

感官词语	材料属性特征 1	材料属性特征 2	材料属性特征 3	食物例子
脆	当外加应力超出食物材料的阈值时会产生不可恢复的结构性断裂，并产生声响	应力阈值较高；食物脆裂后往往变成刀劈似的两半，或者少数大颗粒；食物在脆裂过程中一般较少产生形变	少数个脆响声数；这类食物可以是干性食物(如饼干等烘焙食品)，也可以是含水量高的食物(如苹果等)	苹果、脆梨、烤花生、饼干、硬果糖等
酥	当外加应力超出食物材料的阈值时会产生不可恢复的结构性断裂，并产生声响	应力阈值较低；食物往往会崩塌式碎裂，形成很多细小颗粒，甚至粉末状；有时伴随微小形变	出现如脚踏雪地时细小、清脆的声音；食物空隙度高；一般油脂含量较高，含水量低	许多烘焙类食物
松	当外加应力超出食物材料的阈值时产生不可恢复的结构性断裂，并产生声响	应力阈值低；碎裂颗粒或大或小，伴有明显的形变	声音特征不是特别明显；食物中空气含量高、密度低、含水量低	棉花糖

2. 口腔流体薄层的性质和功能

口腔流体薄层是指吸附在口腔表面的黏液层，起着润湿保护口腔表面组织的作用，包裹着包括味觉、嗅觉、触觉在内的感官受体。(图 9-19、图 9-20)

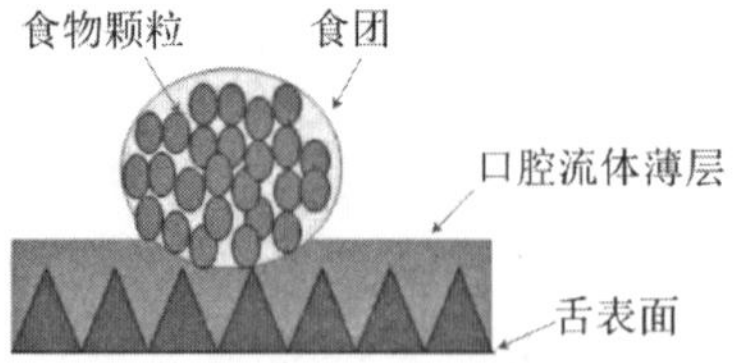

图 9-19　食团与舌表面之间的口腔流体薄层示意

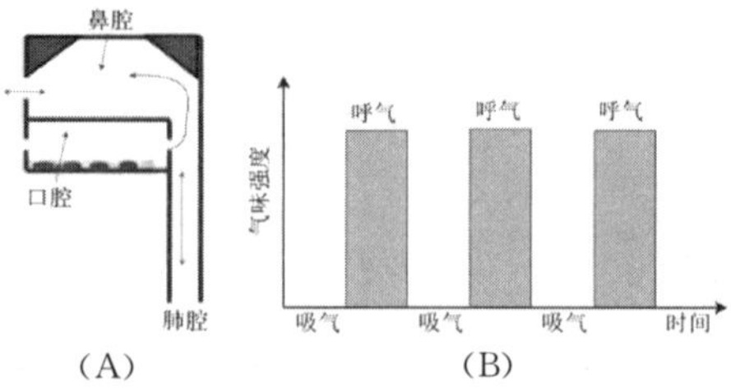

图 9-20　后鼻嗅气味感知过程中的气味分子从口腔到鼻腔的迁移(A)和可能的节律性嗅觉感官(B)

3. 食品口腔加工科学

将食品材料性质与饮食的动态环境相结合，可以揭示食品感官体验的内在机理，包括食品物理学、人体(口腔)生理学、感官心理学以及大脑神经原理。(图 9-21、图 9-22)

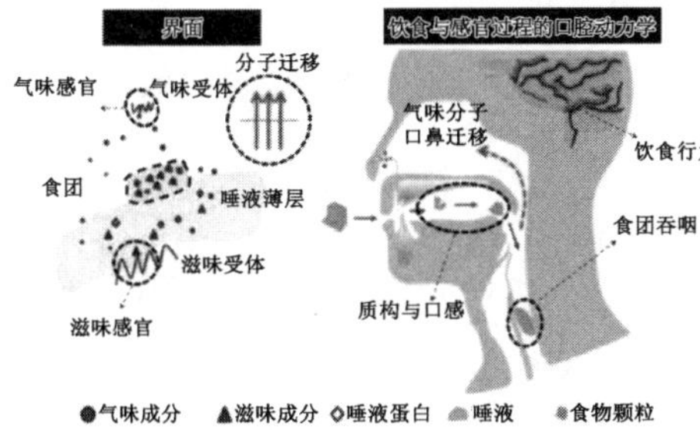

(a)与感官认知过程相关的一些实体或虚拟界面　(b)饮食行为的多维动态过程

图 9-21　饮食与感官过程的口腔动力学和相应的界面

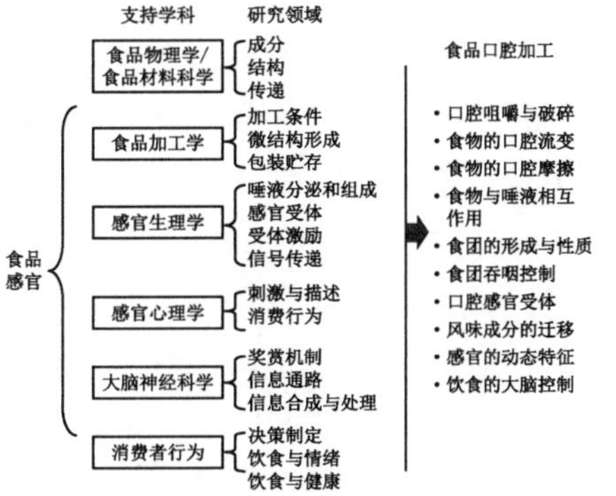

图 9-22　食品感官科学和食品口腔加工科学研究相关支持学科和研究领域

二、调饮茶主副材料

调饮茶主料通常为六大茶类、花茶、抹茶、袋泡茶、花果茶等。

调饮茶辅料通常为奶、花果、草药、五谷等。

(一) 调饮常用原材料

1. 蔬果

(1) 自带香气的水果：橙子、柠檬、百香果等，香气浓烈，果汁酸甜，常用来调节饮品的酸甜度，还可以预防蔬果汁氧化变色。

(2) 出汁率高的水果：橙子、梨、椰子、哈密瓜、西瓜等，还可以为饮品增加甜度。

(3) 容易氧化的水果：香蕉、苹果、梨等，可以作为辅料搭配味道。含有这类水果的饮品要尽快喝掉。

(4) 适合做主角的水果：芒果、红心火龙果、番石榴、水蜜桃、草莓等，气味芬芳，颜色艳丽，适合做主料。

(5) 富含花青素的水果：葡萄、蓝莓、草莓、猕猴桃等，可作为天然色素为饮品增添色彩。

2. 香料

(1) 香草荚：是世界上最流行的调味料之一，特点是香气浓郁、持久、有层次感，常和巧克力搭配，产地印尼、马达加斯加，产量少，价格贵。

(2) 肉桂：分两类，一类是斯里兰卡肉桂，颜色浅褐，气味香甜，质地酥脆，卷成单层肉桂棒；另一类是东南亚和中国肉桂(桂皮)，这种肉桂又厚又硬，卷成两层，颜色较深，风味强烈。

(3) 生姜：具有的独特辣味是由挥发性的姜辣素、姜油酮等物质组成，可以促进扩张血管，促进血液循环，提高体温等。

(4) 罗勒叶：用途广泛，香气宜人，一直深受喜爱，可以和水果搭配成甜香的饮料。

(5) 薄荷叶：味道清凉，可以改善咽喉肿痛，常用于制作甜点，可以去腥。

(6) 迷迭香：外形像松针，散发出浓烈的木质香、松香等复合香气，可以用来给糖浆调味。

3. 天然色素(花卉)

(1) 蝶豆花：含大量花青素，是一种水溶性色素，会随着酸碱度不同而变化颜色，通常碱性呈蓝色，中性呈紫色，酸性呈红色，所以用来制作调饮颜色变化多端。但蝶豆花含血小板凝集抑制成分，所以会导致凝血功能不佳，孕妇最好避免摄入。

（2）洛神花：呈紫红色至紫黑色，花性酸、凉，有敛肺止咳、降血压、解酒功效。

（二）调饮常用调味原料

1. 水（冰、气泡水、苏打水）

（1）气泡水（自制）：成分是水加二氧化碳。用气泡水机制作自制气泡水，在水中加入食品级二氧化碳，即可形成丰富的气泡和清新的口感。

（2）苏打水：成分是水加二氧化碳加碳酸氢钠（小苏打）。

（3）气泡水（天然）：在自然环境下二氧化碳溶入水中形成的水溶液，含有钠元素等矿物质。

2. 糖源物

（1）蜂蜜：主要原料是花蜜。

（2）枫糖：加拿大枫树的树汁含糖量极高，熬成枫糖浆香甜如蜜，风味独特，富含矿物质。

（3）风味糖浆：可以帮助我们在调制饮品中实现各种创意，风味纯正，能还原花香、草本、坚果、蔬果等真实风味，呈现饮品最佳层次。

（4）益生糖：采用国际最新生物提取技术精制而成，甜味柔和清爽，饮后不泛酸，富含人体所需活性益生元，糖尿病患者亦可适量食用。

（5）果糖：果糖是一种最为常见的己酮糖，存在于蜂蜜、水果中，和葡萄糖结合构成日常食用的蔗糖。果糖的口味和甜度也优于传统糖，不仅自身具有水果香味，并且甜度高，其甜度达到了蔗糖的 1.8 倍，为天然糖中最甜的糖类。

（6）罗汉果，营养成分中含蛋白质 7.2%，粗蛋白质 9%（因产地不同略有差异），葡萄糖、果糖约 14%，D-甘露糖（鲜果含量）0.08%。罗汉果甙Ⅳ无甜味，甙Ⅴ是甜度较高的成分，其所含罗汉果甜甙比蔗糖甜 300 倍，不产生热量，是饮料、糖果行业的名贵原料，是蔗糖的最佳替代品。

3. 其他物质

（1）水果颗粒果酱：水果含量高达 53%，含大量水果颗粒，可常温保存。

（2）果泥：用完全成熟的水果，采用巴氏消毒工艺制成，水果含量 50%，糖分 50%。质感比糖浆浓，不通透。

（3）牛奶、咖啡、软饮、乳酸菌饮料、冰激凌、酒等。

三、调饮茶植物源辅料

（一）植物源调饮装饰素材

1. 芒萁，里白科芒萁属植物。分布于中国江苏南部、浙江、江西、安徽、湖北、湖南、贵州、四川、福建、台湾、广东、香港、广西、云南。天然染料、编织手工艺品的材料，有观赏用途。

2. 巢蕨，铁角蕨科巢蕨属植物。分布于中国台湾、广东、海南、广西、贵州、云南、西藏。巢蕨含有丰富的蛋白质、维生素 C、钙和其他营养成分，与油菜、菜花、西芹等常见蔬菜成分相近。常用来制作观赏吊盆，作为宾馆、庭院的装饰。

3. 青葙(百日红、鸡冠花)，苋科青葙属植物。分布几遍全国，海拔 20～1 500 米平原、丘陵、山坡，野生或栽培；种子药用，清肝明目，降压；全草有清热利湿之效；嫩茎叶作蔬菜食用，也可作饲料。既可制作盆景，也可作切花，瓶养花时间长。

4. 铁海棠，大戟科大戟属植物。中国南北方均有栽培，常见于公园、植物园和庭院。铁海棠容易栽培，开花期长，红色苞片，鲜艳夺目，是深受欢迎的盆栽植物。铁海棠幼茎柔软，常用来绑扎成孔雀等造型。花语：倔强而又坚贞，温柔又忠诚，勇猛又不失儒雅。花苦、涩，小毒。

5. 中国无忧花，豆科无忧花属植物。分布在中国云南东南部至广西西南部、东南部。无忧花比较细碎，大小如指甲，一旦开花，则数量众多，常常一串串、一簇簇地直接开在树干上，且金黄鲜艳，美丽异常，只要坐在无忧花树下，就会忘记所有的烦恼，无忧无愁。

6. 琴叶榕，桑科榕属植物。分布于中国广东、海南、广西、福建、湖南、湖北、江西、安徽、浙江等省。琴叶榕具较高的观赏价值和药用价值，是理想的大厅内观叶植物。它茎干直立，极少分枝，因叶先端膨大呈提琴形而得名，观叶珍品。味甘、微辛、性平。

7. 黄花菜，阿福花科萱草属植物。中国南北各地均有栽培。黄花菜春季萌发早，具有很高的观赏价值。常吃黄花菜还能滋润皮肤，增强皮肤的韧性和弹力，可使皮肤细嫩饱满、润滑柔软，还有抗菌免疫和美容功能。

8. 鸢尾(蓝蝴蝶)，鸢尾科鸢尾属植物。广布于中国多省。可供观赏，其花香气淡雅，可以调制香水；其根状茎可作中药，全年可采，具有消炎作用。鸢尾花主要色彩为蓝紫色，有“蓝色妖姬”的美誉。爱丽斯鸢尾花语：好消息、使者、想念你；黄色鸢尾花语：友谊永固、热情开朗。

9. 吉祥草，百合科吉祥草属植物。中国各地均有栽培。吉祥草植株造型优美，叶色翠绿，入金鱼缸进行水养栽培，摆放于茶几上，不失为一种精致、高雅的艺术品。吉祥草花语：喜庆临门、福禄双至。吉祥草花不易发，开则令人大喜。吉祥草味苦，性平，有润肺止咳功效。

10. 大浮萍，天南星科大薸属植物。广布于我国长江、黄河流域及华南各省。可作家畜、家禽饲料；嫩叶及叶柄可作蔬菜。全株也可供药用，有清凉解毒、除湿祛风热以及外敷解毒去疮等功效。

(二) 植物源调饮滋味素材

1. 乌毛蕨菜营养丰富，富含蛋白质、氨基酸、矿物质，特别是维生素 C 的含量高，经焯 10 分钟再浸 24 小时后可食用。乌毛蕨根状茎可药用，有去油腻、助消化等独特作用，能降气化痰、提神醒脑，常食可软化血管、降低胆固醇。

2. 银杏(白果)具有抑制真菌、抗过敏、通畅血管、改善大脑功能、延缓老年人大脑衰老、增强记忆能力、治疗老年痴呆症等功效。白果营养丰富，含粗脂肪、蔗糖、核蛋白、粗纤维以及多种氨基酸等，具有很高的食用价值。种子肉质，外种皮含白果酸、白果醇及白果酚，有毒，煮熟食用毒性较小。

3. 番荔枝，番荔枝科番荔枝属植物。释迦纤维含量较高，能有效地促进肠蠕动，排走积存在肠内的宿便。果食用，外形酷似荔枝，故名“番荔枝”，可溶性固形物 18.0%～26%，糖类

20.42%，含有很多人体所需的物质。

4. 睡莲，睡莲科睡莲属植物。在我国广泛分布，生在池沼中。睡莲花色绚丽多彩，花姿楚楚动人，被人们赞誉为“水中女神”。睡莲根状茎含淀粉，供食用或酿酒。

5. 落葵（木耳菜），落葵科落葵属植物。中国南北方各地多有种植，南方有逸为野生的。果实球形，红色至深红色或黑色，多汁液，可作无害的食品着色剂。叶含有多种维生素和钙、铁，栽培作蔬菜，其幼苗、嫩茎、嫩叶芽梢可供食用。食用口感鲜嫩软滑，也可观赏。

6. 阳桃，酢浆草科阳桃属植物。广泛种植于热带各地，中国广东、广西、福建、台湾、云南有栽培。阳桃中糖类、维生素C及有机酸的含量丰富，果汁中含有大量的草酸、柠檬酸、苹果酸等，能提高胃液的酸度，促进食物的消化；以果实食用以及加工渍制成咸、甜蜜饯之用。

7. 西瓜，葫芦科西瓜属植物。中国各地多有栽培，品种甚多，外果皮、果肉及种子形式多样，以新疆、甘肃、山东等地最为有名。西瓜堪称“盛夏之王”，除不含脂肪和胆固醇外，含有大量葡萄糖、苹果酸、番茄素及维生素C等物质，是富有很高营养价值的纯净安全食品。

8. 苦瓜，葫芦科苦瓜属植物。广泛栽培于热带到温带地区，中国南北均普遍栽培。苦瓜果味甘苦，主作蔬菜，也可糖渍；成熟果肉和假种皮也可食用。可制成苦瓜蜜汁饮料、消暑饮料、速溶保健饮料。苦瓜有一种“不传己苦与他物”的品质，被誉之为“君子菜”。

9. 罗汉果，可以做成罗汉糖果饮、罗汉果红枣茶、罗汉果鱼腥草、罗汉果益母草汤、罗汉果雪梨饮、罗汉果无花果茶、罗汉果夏枯茶、罗汉果五梅茶、罗汉果薄荷茶；还可作为调味品用于炖品、清汤及制糕点、糖果、饼干。除干果出口外，制品还有冲剂、糖浆、果精、止咳露和浓缩果露等。

10. 番木瓜，番木瓜科番木瓜属植物。在中国主要分布在广东、海南、广西、云南、福建、台湾等省。番木瓜果皮光滑美观，果肉厚实细致、香气浓郁、汁水丰多、甜美可口、营养丰富，有“百益之果”“水果之皇”“万寿瓜”之雅称，番木瓜素具有美容增白功效。

11. 仙人掌，仙人掌科仙人掌属植物。中国南方沿海地区常见栽培，在广东、广西和海南沿海地区逸为野生。仙人掌味淡、性寒，具有行气活血、清热解毒、安神利尿的功效，果实清香甜美、鲜嫩多汁，以鲜食为主；可加蜂蜜、鲜奶冰块打成果汁，制成冰激凌风味更佳。

12. 桃金娘，桃金娘科桃金娘属植物。分布在中国台湾、福建、广东、广西、云南、贵州及湖南最南部。桃金娘果实含有较为全面的营养成分，在鲜果中含有更高的果胶多糖，桃金娘果是一种优质的果酒资源，具有汁多、可溶性固形物含量高、酸甜适度、果香浓郁、色泽好等优点。

13. 石榴，石榴科石榴属植物。中国南北都有栽培，以安徽、江苏、河南等地种植较广，“怀远石榴”为国家地理标志。石榴是一种浆果，果粒酸甜可口多汁，其营养丰富，果皮可入药，果实可食用或压汁。色彩鲜艳、子多饱满，常被用作喜庆水果，象征多子多福、子孙满堂。

14. 桃，蔷薇科桃属植物。原产中国，各省区广泛栽培。桃子素有“寿桃”和“仙桃”的美称，因其肉质鲜美，又被称为“天下第一果”。桃树干上分泌的胶质，俗称桃胶，是美容养颜佳品，水解能生成阿拉伯糖、半乳糖、葡糖醛酸等，可食用，可药用，有破血、和血、益气之效。

15. 乌梅，蔷薇科杏属植物。我国各地均有栽培，以长江流域以南各省为多。夏季果实近成熟时采收，味酸、涩，性平；具有敛肺、涩肠、生津功效。含有柠檬酸、苹果酸、琥珀酸、糖类、谷甾醇、维生素C等成分，具有理想的抗菌作用。不宜多食久食。

16. 枇杷，蔷薇科枇杷属植物。中国各地广泛栽培，四川、湖北有野生。成熟的枇杷味道甜美，营养颇丰，有各种果糖、葡萄糖、钾、磷、铁、钙以及维生素等。枇杷果实有润肺、止咳、止渴的功效，除了生吃外，亦有以枇杷肉制成糖水罐头，或以枇杷酿酒。

17. 望江南(狗屎豆)，豆科决明属植物。分布于中国东南部、南部及西南部各省区。望江南是出色的蜜源植物。望江南蜜呈现好看的半透明状的浅琥珀色，气味芳香，味道甜美，别具风味。望江南有可以食用的树叶，种子有时被当作咖啡替代品。叶味微苦，采嫩苗叶焯熟，水浸，淘去苦味，可油盐调食。

18. 豆薯，豆科豆薯属植物。中国台湾、福建、广东、海南、广西、云南、四川、贵州、湖南和湖北等地均有栽培。豆薯食用部分为肥大块根，其皮薄而韧，肉质洁白、嫩脆、香甜多汁，食用无渣，略带豆腥味，生食或熟食后具有生津止渴、清凉去热、解酒毒、降血压等功效。

19. 杨梅，杨梅科杨梅属植物。分布在中国云南、贵州、浙江、江苏、福建、广东、湖南等省。果味酸甜适中，可直接食用，或加工成杨梅干、酱、蜜饯等，还可酿酒，有止渴、生津、助消化等功能。含糖量为12%～13%，含酸量为0.5%～1.1%，钙、磷、铁含量要高出其他水果十多倍。

20. 木菠萝(菠萝蜜)，桑科波罗蜜属植物。我国岭南的海南、广东、广西、云南东南部及福建、重庆南部有栽培。菠萝蜜是世界上最重的水果，果实肥厚柔软，清甜可口，香味浓郁，被誉为“热带水果皇后”。菠萝蜜有止渴、通乳、补中益气功效。果肉含糖、有机酸等成分。

21. 藤茶(龙须茶)，葡萄科蛇葡萄属植物。分布在云南、广西、广东、江西、湖南、贵州、湖北、福建等省。藤茶纯天然无污染，具有清热解毒、润喉利肺、降压减脂、消除疲劳等功效，尤其对因烟酒过度、油腻过多、肝火过旺引起的身体不适等症，具有保健功效。

22. 柚，芸香科柑橘属植物。主要产于中国长江以南各地，最北限见于河南省信阳及南阳一带。柚肉中含有非常丰富的维生素C以及其他营养成分，故有降血脂、减肥、美肤养容等功效。经常食用，对高血压、糖尿病、血管硬化等疾病有辅助治疗作用，对肥胖者有健体养颜作用。

23. 龙眼，无患子科龙眼属植物。原产于中国南部地区，主产于福建、台湾、广西。果实营养丰富，是名贵的高级滋补品，性温，味甘，具有补益心脾、养血安神的功能。种子含淀粉，经适当处理后，可酿酒。龙眼能养心安神，对虚弱、贫血、神经衰弱、失眠等有一定疗效。

24. 荔枝，无患子科荔枝属植物。中国荔枝主要分布于北纬18°～29°范围内，广东最多，福建和广西次之。荔枝营养丰富，含葡萄糖、蔗糖、蛋白质及维生素等，并含叶酸、色氨酸等营养素，对人体健康有益。荔枝有营养脑细胞的作用，可改善失眠、健忘、多梦等症，延缓衰老。

25. 刺儿菜，菊科蓟属植物。除西藏、云南、广东、广西外，几乎遍及全国各地。刺儿菜的嫩苗又是野菜，炒食、做汤均可，用时宜取其生农田间嫩而白者。带花全草含芸香甙、原儿茶酸、绿原酸、咖啡酸，甘、苦，性凉。

26. 小酸浆，茄科酸浆属植物。在中国分布于云南、广东、广西及四川等地。采摘嫩茎叶焯熟，清水浸去酸苦味，油盐调食。果实成熟后亦可制作凉菜、饮品、点缀菜肴或直接食用。常见的菜肴有凉拌酸浆菜、肉丝炒酸浆、白玉酸浆汤。药用有清热、化痰、消炎、解毒之效。

27. 少花龙葵，茄科茄属植物。分布于中国云南南部、江西、湖南、广西、广东、台湾等地。少花龙葵的嫩叶中粗蛋白、粗纤维、可溶性总糖、维生素 C 和维生素 B 含量丰富。

28. 凉粉草，唇形科凉粉草属植物。分布在中国台湾、浙江、江西、广东、广西西部等地。凉粉草全草含多糖，有消暑、清热、凉血、解毒功能。植株晒干后可煎汁与米浆混合煮熟，冷却后即成黑色胶状物，质韧而软，以糖拌之可作暑天的解渴品。

29. 铁皮石斛，兰科石斛属植物。分布于安徽、浙江、福建、广西和云南等地。具有益胃生津、滋阴清热的功效。含丰富多糖类，能增强机体免疫力。观赏价值极高，花姿优雅，花色鲜艳，气味芳香，被喻为“四大观赏洋花”之一。“秉性刚强，忠厚可亲”，被称之为“父亲节之花”。

30. 芒果，漆树科芒果属植物。分布在云南、广西、广东、四川、福建、台湾等省。芒果果实椭圆滑润，果皮呈柠檬黄色，肉质细腻，气味香甜，营养价值高，有“热带水果之王”的美称。芒果花含没食子鞣质、槲皮素、异槲皮甙、没食子酸、双没食子酸。

（三）植物源调饮香味素材

1. 鸡蛋果即西番莲，俗称百香果，花语和传说：憧憬。制作果汁：取一个百香果，切开，用勺子将果肉舀入杯中，加水，加少许白糖、蜂蜜等调整甜度，搅拌即可得一杯色、香、味俱佳的营养果汁。泡茶：将果子一分为二，放入杯子，再放入冰糖，用沸水泡 6 分钟。

2. 鱼腥草，三白草科蕺菜属植物。在我国的中部、西南部和东南部等地方分布得比较多，在云南、陕北和甘肃等地方也比较常见。叶有腥气，故俗称鱼腥草。具有提高机体免疫力等作用，鲜鱼腥草泡水当茶饮，嫩叶子可作凉拌菜佐料，或用来烹食炒熟当菜吃。

3. 朝天椒，茄科辣椒属植物。在中国大部分地区都有栽培。辣味很浓，有清香味。鲜食、加工兼用。红色素含量 3.5%左右，可用来提取红色素、辣椒素、辣椒碱。也适宜作辛辣调料用。

4. 茉莉花，木樨科素馨属植物。世界各地均广泛栽培。茉莉花清香四溢，能够提取茉莉油，是制造香精的原料。茉莉花还可熏制茶叶，或蒸取汁液，可代替蔷薇露。数以百计的花香香料是从茉莉花的香气成分里发现的或是由化学家模仿茉莉花的香味制造。

5. 桂花，木樨科木樨属植物。中国西南部等地均有野生桂花生长，现广泛栽种于淮河流域及以南地区。淡黄白色，芳香，可用来提取芳香油，制桂花浸膏，可用于食品、化妆品、糖果，并可酿酒。桂花树是崇高、贞洁、荣誉、友好和吉祥象征，凡仕途得志、飞黄腾达者谓之“折桂”。

（四）植物源调饮香气素材

1. 艾纳香，菊科艾纳香属植物。分布在中国云南、贵州、广西、广东、福建和台湾等省。艾纳香，也是一种芳香植物。由艾纳香产生的艾油，具有独特的芳香气味，被广泛应用于香料以及化妆品行业。

2. 菊花，菊科菊属植物。遍布中国各城镇与农村。菊花可以做成精美的佳肴，油炸菊叶、菊花羹、菊酒、菊茶等，这些菊餐不但色香味俱佳，而且营养丰富。花语：黄色的菊花——淡淡的爱；暗红色的菊花——娇媚；菊与松树画在一起，叫作“松菊永存”，表示祝愿接受此画的人长寿。

3. 万寿菊，菊科万寿菊属植物。中国各地均有栽培。万寿菊花是花卉食谱中的名菜，将新鲜的万寿菊花瓣洗净晾干，再裹上面粉用油炸，万寿菊闻起来非常臭，油炸后却是香喷喷的，而且还很美味。清热解毒，化痰止咳；有香味，可作芳香剂。

4. 薄荷，唇形科薄荷属植物。中国各地均有分布。薄荷具有医用和食用双重功能，主要食用部位为茎和叶，也可榨汁服。在食用上，薄荷既可作为调味剂，又可作香料，还可配酒、冲茶等。薄荷茎叶有特殊香味，可用于制作口香糖、牙膏等，起到清凉提神、泻火的功效。

5. 留兰香(香薄荷)，唇形科薄荷属植物。中国河南、江苏、浙江、广东、广西等地有栽培。植株含芳香油，含油率0.6%～0.7%，其油称留兰香油或绿薄荷油，主用于糖果、牙膏用香料，亦供医药用。嫩枝、叶常作调味香料食用，混合其他香药草作为提神茶，可入药可食用。

6. 紫苏，唇形科紫苏属植物。中国华北、华中、华南、西南及台湾省均有野生种和栽培种。紫苏在中国常用来入药，但在其他国家也可用于料理，中国少数地区也用它作蔬菜或泡茶。紫苏叶片颜色有绿色和紫色，外表看起来并不起眼，它的花语就是平凡。

7. 八角茴香，木兰科八角属植物。主产于广西西部和南部，福建南部、云南东南部和南部、台湾、广东、贵州、陕西秦岭南部等地区也有种植。性温，味辛，归肝、肾、脾、胃经。八角是最常用的调味料之一，可烹制出许多美味菜肴。

8. 鹰爪花，番荔枝科鹰爪花属植物。分布于中国浙江、台湾、福建、江西、广东、广西和云南等省，多为人工栽培。鹰爪花是绿化植物，花极香，鲜花含芳香油0.75%～1%，可提制鹰爪花浸膏，用于高级香水和皂用的香精原料，亦供熏茶用。

9. 九里香，芸香科九里香属植物。分布在中国云南、贵州、湖南、广东、广西、福建、台湾、海南等省。味苦、辛，有麻舌感。九里香的花、叶、果均含精油，出油率为0.25%，精油可用于化妆品香精、食品香精；叶可作调味香料；枝叶入药，有行气止痛、活血散瘀功效。

9.3　调饮茶艺创作

一、简单养生茶调饮

(一) 调饮的材料准备和器具准备

1. 材料准备(图9-23)

(1) 基底茶

红茶、乌龙：冲泡水温95～100 ℃，冲泡时间20分钟；

绿茶、白茶、黄茶：冲泡水温约85 ℃，冲泡时间12分钟；

可食用花草茶：冲泡水温约90 ℃，冲泡时间10分钟；

日式茶：冲泡水温约75 ℃，冲泡时间7分钟；

冷泡茶：常温水或冰水，冲泡时间8～10小时。

注：茶叶是平常冲泡的2倍，或时间加倍，这样茶汤浓度会加倍。

一杯调饮 = 基底茶 + 辅料 + 装饰物

图 9-23　材料准备

（2）果蔬辅料

自带香气的水果：橙子、柠檬、百香果等，香气浓烈，果汁酸甜，常用来调节饮品的酸甜度；

出汁高的水果：橙子、梨、椰子、哈密瓜、西瓜等，还可以为饮品提供甜度；

容易氧化的水果：香蕉、苹果、梨等，可以作为辅料搭配味道；

适做主角的水果：芒果、红心火龙果、番石榴、水蜜桃、草莓等，气味芬芳，颜色艳丽，适合做主料；

富含花青素的水果：葡萄、蓝莓、草莓、猕猴桃等，可作为天然色素为饮品增添色彩。

注：颜色的呈现与口感的搭配是茶调饮的重要组成部分(图 9-24)。

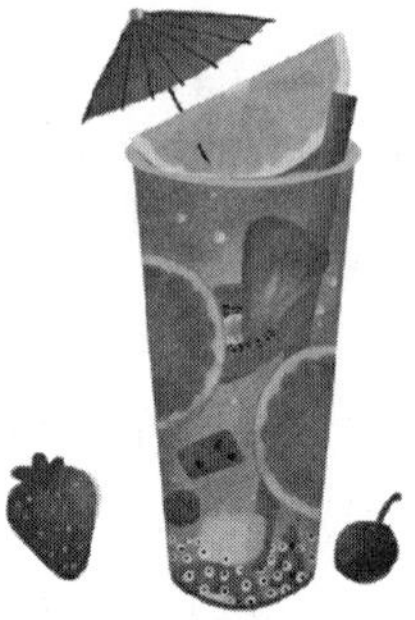

图 9-24　饮品选例

（3）装饰物：冰块、霜状饰物、橘子饰物、杂果饰物、花、叶、香草、香料饰物、人工装饰物(图 9-25)。

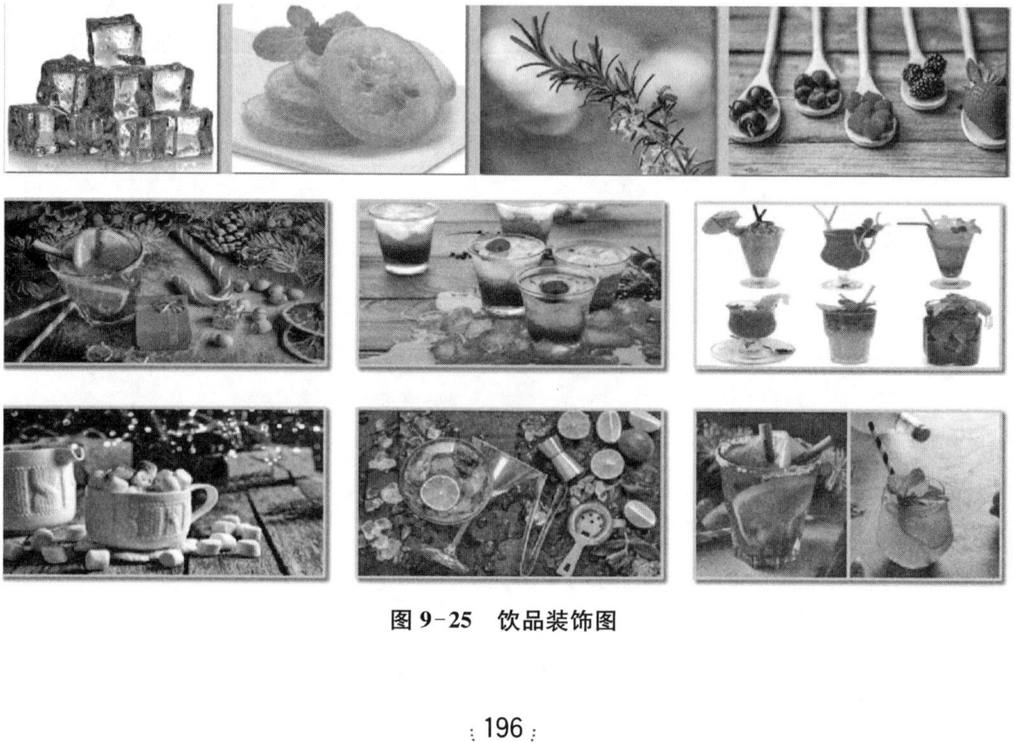

图 9-25　饮品装饰图

（4）茶与辅料配比

一般规律（以 350 毫升的杯子为例），茶汤 250 毫升，糖浆 40 毫升，果糖 20 毫升，冰块约 120 克；如果是奶茶，茶汤 140 毫升，牛奶 120 毫升，糖浆 40 毫升，冰块 120 克；如果添加其他材料，比如水果，茶汤按比例减少。

让浑浊的红茶汤变清澈的小技巧：茶汤快速冷却或降温后，所含单宁酸会变成固态小颗粒，使茶汤产生雾态浑浊现象，通常在发酵茶中出现，将浑浊的茶汤加温或倒入适量开水，就可使单宁酸颗粒再度溶解，恢复茶汤的清澈。

举例：奶茶的配比。茶汤 140 毫升、牛奶 120 毫升、糖浆 40 毫升、冰块 20 克，如添加其他材料，比如水果，茶汤要按比例减少（图 9-26）。

图 9-26　奶茶选例

（二）器具准备（图 9-27）

各式玻璃杯

冰杯器具

量取的器具

雪克杯

d

c

b

a

滤冰器

吧勺

柠檬压汁器

电动搅拌器

图 9-27　调饮器具

（三）几种常规简易调饮操作

1. 玫瑰红茶调制

材料准备：红茶、玫瑰花、蜂蜜。

制作方法：将红茶与玫瑰花茶一同冲泡，饮用前加入蜂蜜即可（图 9-28）。

图 9-28　玫瑰红花

2. 苹果红茶调制

材料准备：苹果、红茶、蜂蜜、葡萄酒。

制作方法：苹果洗净，切片备用；熬煮红茶，茶汤快开时放入苹果丁、煮开后继续熬煮片刻即可；饮用前加入适量蜂蜜、葡萄酒调味即可（图 9-29）。

3. 枣泥红茶调制

材料准备：红茶、红枣、蜂蜜。

制作方法：将红枣洗净去核，在锅中蒸至泥状取出备用；冲泡红茶，加入红枣泥和蜂蜜调味即可（图 9-30）。

图 9-29　苹果红茶

图 9-30　枣泥红茶

【小思考】

调饮有哪些禁忌？

忌讳两种或以上重口味基本调品一同调配，基本调品过多，口感过于复杂；忌讳基本调品口感过于清淡，没有特点。

4. 牛奶冰红茶调制

材料准备：红茶包、牛奶、纯净水、冰糖。

制作方法：将红茶包放入牛奶中，加上冰糖，放入冰箱放置6～8个小时即可(图9-31)。

5. 黑巧克力红茶调制(图9-32)

材料准备：红茶、鲜牛奶、黑巧克力、果糖。

图9-31　牛奶冰红茶

图9-32　黑巧克力红茶

制作方法：选取适量鲜牛奶熬煮，加入黑巧克力，让巧克力融化并搅拌均匀；冲泡红茶，倒入煮好的黑巧克力牛奶中，加入适量果糖调味即可。

6. 麦香柠檬红茶调制

材料准备：大麦、红茶包、鲜柠檬、冰糖。

制作方法：将大麦入水熬煮10分钟，加入冰糖，滤出麦汁，再加入红茶包浸入麦汁中熬煮2～3分钟；将柠檬切开、挤汁，倒入红茶麦汁中搅匀即可饮用(图9-33)。

图9-33　麦香柠檬红茶

7. 冰珍珠奶茶调制

材料准备：红茶、牛奶、焦糖、珍珠、西米、冰块。

制作方法：熬熟珍珠和西米备用，冲泡红茶，加入牛奶和适量焦糖；杯中放入煮好的珍珠和西米，加上冰块，倒入奶茶即可(图9-34)。

8. 清爽柠檬冰红茶调制

材料准备：祁门红茶、水、碎冰、葡萄汁、柠檬汁、蜂蜜、白糖、新鲜柠檬、薄荷叶带枝叶。

制作方法：祁门红茶开水冲泡5分钟，滤出茶渣，保留茶汤；杯中放入碎冰、红茶、柠檬汁、蜂蜜，均匀摇晃；把茶饮倒入冰镇茶杯，用新鲜的柠檬、薄荷叶装饰后即可(图9-35)。

图9-34　冰珍珠奶茶

图9-35　清爽柠檬冰红茶

二、特色创意调饮茶

(一) 人闲桂花落

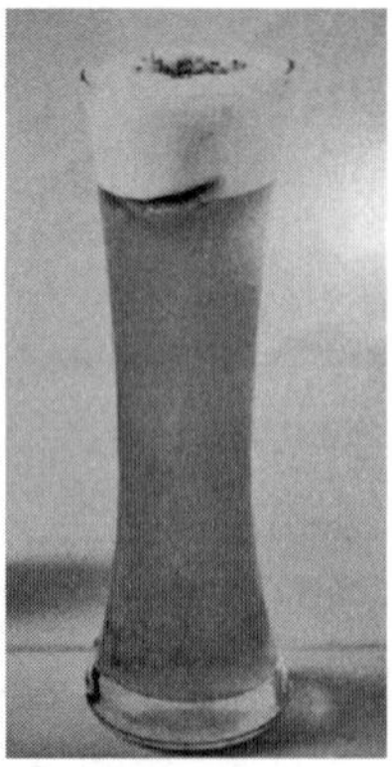

图 9-36　人闲桂花落

调制材料：黄茶 150 毫升，干桂花若干，桂花蜜 20 毫升，果糖 10 毫升，小柑橘(切开)2 颗，冰块若干。

操作步骤：

1. 铁观音 15 克放 200 毫升开水浸泡 3 分钟，滤出 150 毫升茶汤；

2. 雪克杯中加入冰块，倒入茶汤，可放小柑橘，也可雪克后再加，前者酸香更浓，后者酸味更清新；

3. 撒上干桂花装饰(图 9-36)。

(二) 莫吉托

图 9-37　莫吉托

调制材料：乌龙茶 150 毫升，薄荷叶若干，青柠汁 30 毫升，果糖 25 毫升，小柑橘(切开)2 颗，冰块若干，也可选择再加树莓或洛神花。

操作步骤：

1. 乌龙茶 15 克放 200 毫升开水浸泡 3 分钟，滤出 150 毫升茶汤；

2. 雪克杯中加入冰块，倒入茶汤、青柠汁、薄荷叶、果糖摇匀；

3. 玻璃杯中放入小柑橘、冰块，倒入摇好的茶汤。放入树莓或洛神花水变红色莫吉托(图 9-37)。

(三) 双柠冰红茶

调制材料：红茶 250 毫升，黄柠檬 1/3 个，绿柠檬 1/3 个，柠檬糖浆 30 毫升，果糖 20 毫升，冰块若干。

操作步骤：

1. 将黄柠檬、绿柠檬切小块备用。红茶茶汤泡好备用。

2. 将黄、绿柠檬以及茶汤、糖浆、果糖、冰块依次放入雪克杯摇匀，倒入杯中并装饰(图 9-38)。

图 9-38　双柠冰红茶

（四）绿茶啤酒

调制材料：浓绿茶 70 毫升，绿柠檬 1/3 个，西番莲糖浆 15 毫升，果糖 20 毫升，啤酒 100 毫升，冰块若干。

操作步骤：

1. 绿柠檬取 1/3 个切小块备用；

2. 将绿柠檬块放入雪克杯，用捣棒将柠檬汁压出来，再依次将西番莲糖浆、果糖、绿茶汤、啤酒倒入雪克杯；

3. 加入 2/3 的冰块，盖上中盖再上盖，摇 15～20 秒钟；

4. 杯中加入 80 克冰块，打开上盖，将液体倒入杯中至九成满。

（五）哈密瓜普洱冰茶

调制材料：普洱茶 100 毫升，哈密瓜果蓉 100 毫升，果糖 25 毫升，冰块若干，哈密瓜球、薄荷叶。

操作步骤：

1. 将 10 克普洱茶加 100 毫升开水洗一遍，加 200 毫升开水浸泡 3 分钟后滤出茶汤；

2. 将哈密瓜切块放入雪克杯，用捣棒压成果茸，加入果糖、冰块摇 30 秒钟，杯中放入冰块，哈密瓜汁倒入杯中；

3. 将普洱茶倒入杯中做分层，把哈密瓜球放入杯中，用薄荷叶装饰即完成（图 9-39）。

（六）蓝色海洋

调制材料：白茶 100 毫升，蓝柑糖浆 15 毫升，蜂蜜 30 毫升，冰块、气泡水若干，柠檬片。

操作步骤：

1. 将 10 克白茶加 200 毫升开水浸泡 3 分钟后滤出茶汤；

2. 将茶汤、蜂蜜、蓝柑糖浆放入雪克杯，加入冰块摇 15 秒钟；

3. 摇好的茶汤倒入杯中，加入气泡水，用柠檬片装饰即完成（图 9-40）。

图 9-39　哈密瓜普洱冰茶

图 9-40　蓝色海洋

（七）青草蜢

当翡翠宝石般绿色的蜜瓜遇到麦香啤酒，入口甜蜜、冰冽清爽，空气中都是青草和自由的味道。

调制材料：

蜜瓜颗粒果酱 60 克、清爽型啤酒 240 毫升、安吉白茶冰块 150 克。

制作步骤：

1. 将蜜瓜颗粒果酱和安吉白茶冰块一起放入玻璃杯中；

2. 玻璃杯中倒入清爽型啤酒至满杯，装饰即可；

3. 使用绿蜜瓜制作的青色草蜢作装饰(图 9-41)。

图 9-41　青草蜢

(八) 玛瑙红樱桃益菌多

玛瑙一般指晶莹欲滴的樱桃，预告着春天的到来。运用香甜樱桃果酱，结合樱桃果茸提升新鲜口感，搭配乳酸菌和茉香绿茶，酸酸甜甜的味道中又散发着淡淡茶香，就好像纯纯的初恋。入口时，每一颗晶球就好像恋爱中那些动人的瞬间，带给味蕾“Q 弹”的惊喜。

图 9-42　玛瑙红樱桃益菌多

调制材料：

樱桃颗粒果酱 20 g、樱桃速冻果茸 10 g、味全原味晶球 50 g、味全乳酸菌 100 毫升、砂糖糖液 25 g、茉香绿茶茶汤 160 毫升、冰块 100 g、新鲜柠檬切片 2 片。

操作步骤：

1. 杯中加入味全原味晶球 50 g、冰块 100 g、乳酸菌 100 毫升、砂糖糖液 25 g，搅拌均匀；

2. 将茉香绿茶茶汤 160 毫升、安德鲁樱桃速冻果茸 10 g、安德鲁樱桃颗粒果酱 20 g 混合并搅拌均匀后，缓缓倒入杯中，形成分层效果；

3. 加入 2 片柠檬片以作装饰；

4. 茉香绿茶茶汤萃取方法：茶叶 10 g 加入 80 ℃热水 300 毫升泡 7 分钟，滤出茶汤加冰块 150 g，搅拌至完全融化(图 9-42)。

三、调饮师职业竞赛

(一) 现代调饮赛评分

1. 中式“茶+”调饮赛

(1) 主题创意(20 分)：主题立意新颖，有原创性；原料调配方案设计科学合理、符合食品卫生健康安全标准；现场表述作品思路清晰、口齿清楚。

项目	分值	要求和评分标准	扣分细则
主题创意 (20 分)	10	主题立意新颖，有原创性	主题不突出，酌情扣分
	5	原料调配方案设计科学合理、符合食品卫生健康安全标准	方案不合理，有损健康，扣 3～5 分
	5	现场表述思路清晰、口齿清楚	不能现场表述创作思路，表达不清晰，酌情扣分

(2) 茶席设计(15 分):器具摆放位置合理美观、符合调饮操作要求;服装设定、背景音乐等烘托作品艺术感染力。

项目	分值	要求和评分标准	扣分细则
茶席设计 (15 分)	10	器具摆放位置合理美观、符合调饮操作规范	(1) 茶具摆位影响操作的顺畅,扣 2～3 分 (2) 茶席设计整体欠平稳,色彩显杂乱,扣 4～5 分
	5	服装设定、背景音乐等烘托作品艺术感染力	与主题设定冲突,协调感弱,酌情扣分

(3) 茶艺演示(30 分):茶艺流程设计契合茶理、规范有序;冲泡设计有创意,技术含量高,且处理得当;调饮手法娴熟自然、生动,有艺术感染力;演示过程礼仪得体,大方自然。

项目	分值	要求和评分标准	扣分细则
茶艺演示 (30 分)	10	茶艺流程设计 契合茶理,规范有序	(1) 流程设计混乱、合理性弱,扣 3～4 分 (2) 动作设计不规范,扣 3～4 分
	5	冲泡设计有创意,技术含量高,且处理得当	有技术含量,操作失误,扣 2 分
	10	调饮手法娴熟自然、生动,有艺术感染力	器具掉落、茶汤溢出等技术失误,每一处扣 2 分
	5	演示过程礼仪得体,大方自然	显露紧张情绪,缺乏稳定感等,酌情扣分

(4) 茶汤质量(30 分):茶的风味表现显著;香气与滋味协调性好,风味舒适;色泽搭配合理,具有美感。

项目	分值	要求和评分标准	扣分细则
茶汤 质量 (30 分)	10	茶的风味表现显著	茶味不显,扣 4～5 分
	10	香气与滋味协调性好,风味舒适	(1) 刺激性强,不益健康,扣 3～5 分 (2) 协调性弱,扣 2～3 分
	10	色泽搭配合理,具有美感	色泽搭配不协调,扣 2～3 分

(5) 时间要求(5 分):演示时间不超过 12 分钟时长(含奉茶时间)。

项目	分值	要求和评分标准	扣分细则
时间要求 (5 分)	5	时间控制得当 (8～12 分钟)	每超出 1 分钟扣 1 分,不足 1 分钟按 1 分钟计
	备注	停电等突发事故	非选手因素引起的时间不足或超时不扣分

2. 西式"茶+"调饮赛

(1) 配方创意(20 分):配方主题立意新颖,有原创性;配方设计科学合理,符合食品卫生健康安全标准；现场表述作品思路清晰、口齿清楚。

项目	分值	要求和评分标准	扣分细则
配方创意（20分）	10	主题立意新颖，有原创性	主题不突出，缺乏创意，酌情扣分
	5	原料调配方案设计科学合理，符合食品卫生健康安全标准	根据合理性与安全性，酌情扣分
	5	现场表述思路清晰、口齿清楚	不能现场表述创作思路，表达不清晰，酌情扣分

（2）茶饮台设计（15分）：调饮器具保持干净、整洁；器具摆放位置合理美观、符合调饮操作要求；服装设定、背景音乐等烘托作品艺术感染力。

项目	分值	要求和评分标准	扣分细则
茶饮台设计（15分）	10	调饮器具保持干净、整洁；器具摆放位置合理美观、符合调饮操作要求	（1）调饮器具不干净、不整洁，调饮器具摆位影响操作的顺畅，扣2～3分 （2）茶饮台整体设计欠平稳，摆放显杂乱，扣4～5分
	5	服装设定、背景音乐等烘托作品艺术感染力	与主题设定冲突，协调感弱，酌情扣分

（3）调饮技艺（30分）：调饮原料使用完毕，复归原位；操作流程设计流畅、规范有序；冲泡设计有创意，技术含量高，且处理得当；调饮手法娴熟自然、生动，有艺术感染力；操作过程礼仪得体，手法干净，大方自然。

项目	分值	要求和评分标准	扣分细则
调饮技艺（30分）	10	调饮原料使用完毕，复归原位；操作流程设计流畅、规范有序	（1）调饮原料使用完毕未复归原位，扣2～3分 （2）流程设计混乱、合理性弱，扣3～4分 （3）操作动作设计不规范，扣3～4分
	5	冲泡设计有创意，技术含量高，且处理得当	有技术含量，但操作失误，扣2分
	10	调饮手法娴熟自然、生动，有艺术感染力	（1）器具掉落等技术失误，每一处扣2分 （2）滴洒一滴扣1分，1摊扣3分
	5	演示过程礼仪得体，手法干净，大方自然	显露紧张情绪，手法不干净，缺乏稳定感等，酌情扣分

（4）调饮质量（30分）：严格按照配方制作，安全卫生；香气、口感舒适，协调性好；色泽搭配合理，有美感；有明显茶味；调饮作品具有一定观赏性，整体风格与主题创意相符。

项目	分值	要求和评分标准	扣分细则
调饮质量 (30分)	5	严格按照配方制作，安全卫生	(1) 不按配方操作，扣4～5分 (2) 卫生环节处理不当，扣3～5分
	5	香气、口感舒适，协调性好	(1) 刺激性强，不利健康，扣2～3分 (2) 协调性弱，扣2～3分
	5	色泽搭配合理，具有美感	(1) 色泽浑浊，扣2～3分
	10	有明显茶味	(1) 茶味不显，扣4～5分 (2) 茶味过淡或过浓，扣1～2分
	5	调制茶饮具有一定观赏性，整体风格与主题创意相符	观赏性欠佳，整体风格与主题创意不相符，酌情扣分

(5) 时间要求(5分)：表演时间不超过15分钟(含奉茶时间)。

项目	分值	要求和评分标准	扣分细则
时间要求 (5分)	5	时间控制得当 (8～15分钟)	每超出1分钟扣1分，不足1分钟按1分钟计
	备注	突发事故	非选手因素引起的时间不足或超时不扣分

3. 创投“茶＋”调饮赛

(1) 产品说明(80分)

① 产品主线(20分)：定制化的茶底作为产品基础，茶底应占产品成品结构的50%。

② 理念创新(30分)：产品命名新颖，含义诠释合理，原创性高。

③ 设计亮点(10分)：包装设计美观，色彩搭配协调，设计理念富有创意。

④ 配方搭配(10分)：配方理念新颖，选料符合食品标准，配料协调。产品呈现：层次丰富、口感极佳、摆盘美观。

⑤ 产品优势(10分)：有专利认证、食品许可证，原材料选取有明确品牌。

(2) 答辩环节(20分)

选手答辩：依题作答，逻辑清晰，表达流畅，观点契合。

【相关阅读】

调饮师竞赛标准
(2022年8月30日)

一、竞赛目的

在新形势新常态下全面推进残疾人就业服务工作科学务实长效开展，为广大残疾人实现稳定高质量就业创业提供有力支撑，也为了更好展现职业技能竞赛暨展能节主题——“新时代、新技能、新梦想”。大赛通过考查选手对于调制规定饮品、创意饮品以及饮品调制基本流程的掌握情况，体现选手对于不同风格饮品的理解及创意理念，展示选手过硬的专业素质和强大的技能魅力。

二、竞赛任务

(一)模块设置

1. 咖啡创意饮品

咖啡创意饮品是以咖啡液为主基底的创意饮品;咖啡基底部分可以是意式浓缩咖啡,也可以是手冲咖啡等其他任意形式萃取的咖啡液体;单杯咖啡创意饮品中的意式浓缩咖啡液体基底至少达到30毫升量;单杯咖啡创意饮品中的手冲咖啡液体基底至少达到50毫升量;咖啡创意饮品基底的准备必须在比赛现场完成;咖啡创意饮品可以是冷饮也可以是热饮;单杯饮品至少达到180毫升量。

2. 茶创意饮品

茶创意饮品是茶汤为主基底的创意饮品;茶创意饮品的茶汤可以是绿茶、红茶、青茶(乌龙茶)单品茶,也可以是拼配茶;茶汤的冲煮或准备必须在比赛时间内完成;茶创意饮品可以是冷饮也可以是热饮;单杯饮品至少达到180毫升量。

3. 果汁创意饮品

果汁创意饮品是以鲜榨果汁(可含果肉)为主基底的创意饮品;饮品主基底的准备必须在比赛现场完成;果汁创意饮品可以是冷饮也可以是热饮;果汁创意饮品单杯饮品至少达到180毫升量。

4. 鲜奶创意饮品

鲜奶创意饮品是以鲜奶为主基底的创意饮品;饮品主基底的准备必须在比赛现场完成;鲜奶创意饮品可以是冷饮也可以是热饮;鲜奶创意饮品单杯饮品至少达到180毫升量。

(二)任务设置与竞赛时间

1. 参赛选手可从四个竞赛模块类别中挑选一种或多种组合,完成创意饮品和指定饮品各一款。

2. 实践操作考核时间:每人准备时间10分钟,正式比赛操作时间12分钟,清理时间5分钟。

三、竞赛要求

食材需选用组委会所提供的原料进行产品的整合提升和调饮创意设计;调饮作品须体现出其安全、健康、美味、环保、创意,兼具艺术性和观赏性,能很好地体现出中国特色社会主义核心价值观中的文化自信;全部竞赛由参赛选手个人独立完成。

四、评分标准

竞赛项目由参赛选手个人独立完成,选手应在规定的12分钟竞赛时间内完成2款饮品,共计4杯,共计100分。

1. 指定饮品:指定竞赛模块类别中的咖啡创意饮品类别,并且使用大赛提供的指定用咖啡豆,手冲豆是中等烘焙的咖啡,意式豆为中深烘焙的拼配豆。萃取咖啡液为主基底的创意饮品(不含酒精),数量2杯。

2. 创意饮品:创意调饮饮品(不含酒精),参赛选手可从四个竞赛模块类别中挑选一种或多种组合,食材选用竞赛场地所提供的原料进行特色饮品的整合提升和调饮创意设计,数量2杯。

五、设备和工具材料

1. 比赛现场提供配件

(1) 设备桌、工作桌、展示桌、垃圾桶以及开水机、制冰机、冰柜等。

(2) 每个比赛操作台提供的设备包括咖啡机1台(含压粉器)、磨豆机1台、配合手冲的单品磨豆机1台、多功能料理机1套、气泡水机1台,选手可使用所提供的设备至少1件。

(3) 比赛现场(含准备区)所包含的其他配件

选手准备室提供烧水壶、手冲设备(滤杯、分享壶、滤纸、手冲壶、电子秤)、电磁炉、锅、冰桶、冷水壶、接线板、口罩、一次性手套、计时器、电子秤、刀具、砧板等。

2. 比赛现场提供的物料

序号	品名	规格	产品参数	备注
1	意式拼配咖啡豆	454克/包	意式豆为中深烘焙的拼配豆	1包/选手
2	手冲咖啡豆	100克/包	手冲豆是中等烘焙的咖啡	1包/选手
3	全脂牛奶	1 L/盒	蛋白质含量不低于2.9克每100克,脂肪含量不低于3.6克每100克	2盒/选手
4	桶装水	5 L/桶	大赛官方指定用水	

3. 参赛选手需自行携带的设备物料用品

参赛选手比赛中部分设备物料用品需自备,包括出品杯、装饰物料、抹布、围裙、量筒、托盘、吧勺、雪克杯、量杯、捣汁棒、盎司杯、冰夹、冰锤、吸管、勺子、搅拌棒、纸巾。

4. 选手备料区

选手可以提前在选手备料间进行赛前准备工作,包括冰杯、烫杯、烧开水、装饰品摆放等非原料调配步骤。

六、注意事项

1. 选手参赛的饮品制作所需的所有原物料,必须在竞赛的12分钟内进行加工制作,不得提前准备,包括咖啡液的萃取;茶汤的萃取;水果、装饰品等半成品的加工;鲜榨的果汁(可含果肉)气泡水;奶盖等。

2. 比赛中提供饮品的顺序由选手自行决定,但是每种类别的饮品必须是完整提供的,并且须连续提供,否则选手将被视为不合格。创意调饮饮品元素的准备及相关服务可以在比赛时间内的任意时间段进行。每个类别的饮品如何端上由选手自行决定(可以一次一杯,或者一次两杯)。饮品一旦送上,裁判立即对饮品进行品评。

3. 每款参赛的饮品必须使用相同的原料和相同的配方来制作。然而,不同的类别则可以更换原材料,在同一类别内刻意地准备和提供多变化的饮品(偏离了该类别内提供的第一杯饮品时的制作方式和配方)将在味道的平衡度上得零分。在比赛过程中参赛选手可以制作任意数量的饮品,裁判只对送上的饮品进行品评。

（二）创新调饮竞赛作品赏析

1. 仲夏夜之梦

【调饮器具：榨汁器、捣锤、雪克杯、调棒等常规器具。】

产品选用新鲜水果石榴、山竹和贵妃美人茶叶调配而成。石榴取其果汁，突出果味甘甜；山竹取其果肉，突出肉质滑润可口；贵妃美人萃取茶汤，协调产品整体滋味，蜜香回韵悠长。产品完美结合“健康”与“时尚”两个理念。“健康”——通过挑选石榴汁和山竹肉，产品的甜感已达正常饮食需求，无须额外添加果糖，切合当下健康饮食的理念；“时尚”——产品颜色艳丽，滋味酸香甘甜，茶香回味悠长，无论视觉、味觉，都是一场“时尚冲击”的盛宴（图 9-43）。

图 9-43　仲夏夜之梦

2. 金榜题名

【调饮器具：奶油枪、沙冰机、保温锅、雪克杯、调棒等常规器具。】

产品顶层是草莓冻干银耳碎和玫瑰味奶油；中间层是用坚果、牛奶、炼乳、蜜香红茶和植脂末调制成“费列罗”风味的沙冰；底层是手工黑糖珍珠，通过手工熬制，形成轻度回弹、口感滑糯的体验感。产品以“甜品”为理念，把饮品甜品化，突破常规饮品风格。产品保留了饮品的清爽，也赋予了甜品的丰富层次，是传统之上的优化创新（图 9-44）。

图 9-44　金榜题名

3. 参赛金奖案例：从良渚文明到钱江饮社（浙茶吉茗博实训团队作品）

（1）主题创意说明

中国茶文化和酒文化是中华民族悠久的文明和礼仪，在快节奏的现代社会中，我们创新性地将茶和酒结合在一起，并引入多种鲜果，既保留了大众喝茶与喝酒的习惯，又迎合了当代人对新奇口味的需求。良渚玉器是良渚文明最突出的成就之一，我们选取了葡萄作为主要元素，代表着良渚的玉器，绿茶则代表着当代杭州，产品融合了杭州的过去与现在。

（2）产品配方设计

此产品以葡萄为主要元素，采用绿茶作为茶底，巨峰葡萄果肉与青提果汁作为主体风味，以我国台湾四季青柠的香柠皮和越南青橘提香；白酒与面包发酵风味丰富了产品的整体层次感，在风味的中段，白酒香猛，茶感逐渐过渡到酒香，青提风味柔和；在风味的后段，来自台湾的寒天晶球与葡萄果肉一起，增加了产品的咀嚼感，提升了体验感。

（3）调饮操作步骤

加料，中国台湾寒天晶球，中国台湾四季青柠，越南青橘；将巨峰葡萄剥皮，与青提果汁一起捣碎，加入杯中；加入五粮液白酒香精和面包发酵风味饮料的混合气泡水；将绿茶、果糖、冰和香柠皮一起搅匀成泥，倒入杯中；最后用水果装饰。

（4）调饮作品呈现（图 9-45）

图 9-45　从良渚文明到钱江饮社

【任务小结】

1. 调饮茶，又称调配型茶饮料，是以茶叶为主体，添加果汁、糖奶、香精等配料中的一种或几种，经过摇制或调和而成的茶饮料。

2. 按照调饮师国家职业技能标准（职业编码 4-03-02-10），调饮应该是由调饮师“以水果、奶、茶叶等食材为原料，设计、调配、制作口味多元化调制饮品”。

3. 调饮茶一般来源于三个方面，即地域性的风俗茶饮、健康保健茶饮及民族特色茶饮。

【参考资料】

1.《中国茶经》　上海文化出版社　陈宗懋、杨亚军主编

2.《茶艺传承与创新》　中国商务出版社　张星海主编

3.《品茶图鉴》　译林出版社　陈宗懋等著

4.《茶学入门》　浙江大学出版社　屠幼英、乔德京主编

5.《常用中草药图谱 2700 种》　化学工业出版社　叶华谷主编

【任务检测】

一、单选题

1. “调饮茶”，又称调配型茶饮料，是以(　　)为主体，添加果汁、糖奶、香精等配料中的一种或几种，经过摇制或调和而成的茶饮料。

A. 中药　　B. 茶叶　　C. 植物　　D. 水果

2. 茶饮料可分为茶汤、复(混)合茶饮料、果汁茶饮料和果味茶饮料、奶茶饮料和奶味茶饮料、碳酸茶饮料以及茶浓缩等(　　)类。

A. 三　　B. 五　　C. 七　　D. 九

3. 一苦二甜三回味的三道茶属于(　　)调饮茶。

A. 茶十奶类　　B. 茶疗调饮

C. 少数民族特色茶饮　　D. 其他调味茶饮料

4. 将单方或复方的中草药与茶叶搭配，采用冲泡或煎煮的方式，作为防治疾病用，属于(　　)调饮茶。

A. 汉方草药茶　　B. 花草茶　　C. 五谷茶　　D. 特色茶饮

5. 茶调饮是指(　　)。

A. 先将原料混合，再冲泡

B. 先原料冲泡，再按先后顺序、不同比例混合

C. 固体之间的混合

D. 都可以

二、判断题

(　　)1. 茶拼配适合工业化生产，茶调饮适合现场服务。

(　　)2. 茶一直兼容着三大功用即药用、食用和饮用，尤重饮用。

三、简答题

1. 何谓调饮茶？

2. 调饮茶都需要哪些器具？

任务十

演绎创新茶艺

【学习目标】

知识目标:能够了解茶席插花主要类型;
能够掌握插花插制与茶席美学知识;
能够掌握茶席设计与茶艺创新基本原则。

素质目标:培养学生崇尚工匠意识,养成文化自信、生态文明、科技创新的意识;
使学生能够具备沟通和协调人际关系的能力,形成团队合作意识。

能力目标:具备自我学习、团队合作、自主创新能力;
具备一定的茶席设计和茶艺创新编创能力。

【任务导图】

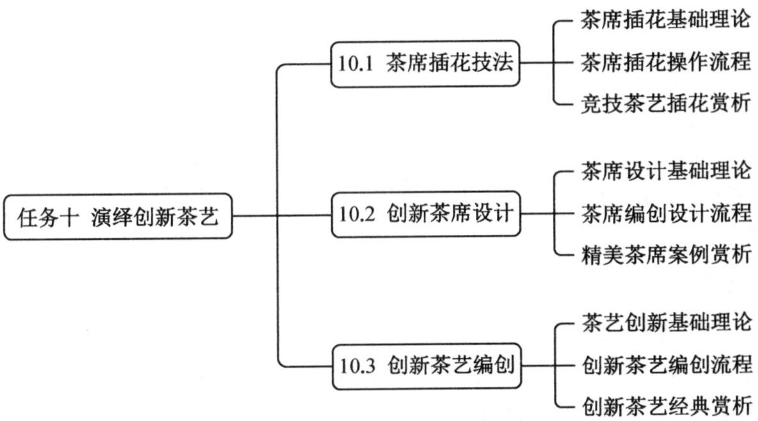

10.1　茶席插花技法

一、茶席插花基础理论

1. 茶席插花素材选择

(1) 花材的选择要相映成趣、取于自然

在茶空间中，大小呼应的两处插花并非一定要选取同样的花材，可取其花的颜色对应，或是在造型上相呼应，使得整体的空间协调、自然。在我们日常生活中，常见的茶席插花的花材，有如代表着文人气质“四君子”的梅、竹、兰、菊等，或是枯枝、顽石、老木等。但是值得注意的是，花材尽量取之自然，寻于山野之上。这样才会与茶室意境和谐。此外，茶席上插花的花材选择应香清而简雅，不宜过于浓艳繁复，以免喧宾夺主。

茶有六类，性质不同，茶席插花核心是根据茶性而定。在我们看来，茶席及茶空间的插花，会根据不同的茶会主题和茶客的不同年龄、不同身份职位，甚至兴趣爱好去设计、布景。面对纷繁复杂的考量因素，只需要回到茶的本质去考虑，根据茶的本质设计插花。茶席插花是依据“茶韵”去设计的，是为了茶的生命去庆祝。茶席插花的主要核心：六大类茶的性质各有不同，遵循茶的性质而设计，才能彰显其味道。

① 绿茶插花：清新活泼，生机盎然。绿茶给大多数茶友的感觉是清新而活泼，出生在勃勃生机的春天，其滋味鲜、爽、醇，茶汤清淡，所以茶席上的茶具尽量选择能够体现茶汤颜色的器具。花材可以选择带有春天气息的芽叶枝条，或是淡雅的茉莉花。绿茶的插花设计应清淡且富有朝气，但花材的选择并不局限于此。比如竹叶青，可以选择竹子的枝条，对应其雅致的名字，也展示其鲜活的气息。

② 白茶插花：白茶淡雅自然，越陈越显韵味。白茶作为六大类茶中加工最单纯的一类茶，不揉不炒，自然而纯粹。白茶和夏天的气质很符合，其加工纯粹、自然，滋味不苦不涩，且有降热解躁的功效。如果夏天喝白茶，插花可选择睡莲、荷花，给人怡然、清和之感。

此外，由于白茶有“一年茶、三年药、七年宝”的说法，在存放得当的条件下，会越陈越有价值。可选用菊花这类的花材进行搭配，因为在文人插花里面，菊花代表有长寿之意。

③ 红茶插花：红茶温润妩媚，有秋日的感觉。红茶以香高闻名世界，其口感醇和、茶性甘温，老少皆宜；其颜色红艳醉人，给人以十分舒适的视觉感受。

红茶的性质带有秋天的味道，有无限风情，温润妩媚。选择比较鲜艳的花材去搭配，或选择半枯黄的大叶子，或是以橙红的果子去点缀修饰，会更加适合。

④ 岩茶插花：岩茶富有风骨，山野气息重。喝了武夷山的岩茶，其他的茶不想再喝，好像没有了味道。一杯岩骨花香，成了多少茶人的归宿？对于岩茶的插花的布景，是围绕其“岩韵”展开的。

岩茶适合选取颜色较浓艳的花材，且枝干遒劲有力、带有风骨，同时此花生于高山之上、叶林之中，与其岩韵对应。如山茶花、杜鹃花就非常适合，或加之野石点缀，也很恰到好处。

⑤ 普洱、黑茶插花：其风格苍劲有力，赋予其时间的味道。六大类茶中，普洱茶相比于其他茶类其滋味丰富多变，且越陈越香。不管是生茶的转化，还是熟茶或是黑茶的发酵沉淀，其背后都是时间的见证。在这类茶上所设计的插花，和岩茶的插花设计有相似之处。其搭配的花枝干有沧桑遒劲之感，或是用已经枯掉的枝干、木材，颇有冬日的凛冽之感，但是鲜花颜色更为艳丽丰富一些。

另外，四时之景不同，茶席插花依时而用：如秋天为收获时节，我们用象征收获的七彩椒做了铺垫；万物始凋，以干枯的枝条作为陪衬；为赋予其文人清高的韵味，以兰草为点缀；天气阴晴不定，所布之景也会有所差别。在符合茶性的同时，插花也应遵循节气、气候的变化进行设计。所谓心随境迁，通过看到表象的东西，才会感知到设计的内涵。

(2) 花器的选择素净、简洁

花器的选择不宜太过花哨，以素净、简洁最宜。毕竟，在茶席上，不管是花材或是器具，都不能掩盖“茶”这一主要角色。

茶席插花的花器，是茶席插花的基础和依托。插花造型的结构和变化，在很大程度上得益于花器的型与色。就花器的造型来说，它既限制了花体，也衬托了花体。相反，茶席中的插花，要求花体简约、精巧，同时也取决于花器的大小。

在花器的质地上，一般以竹、木、草编、藤编和陶瓷为主，以体现原始、自然、朴实之美。茶席插花的花器，有其特定要求，首先要便于悬挂和摆放，同时花器的色调和质感要与茶室氛围相协调，常选用竹木和陶瓷花器，分为瓶、盆、缸、筒、碗、篮和自由式花器。

2. 茶席插花类型

插花形式，一般可分为直立式、倾斜式、悬挂式和平卧式四种。直立式插花，是指鲜花的主枝干基本呈直立状，其他插入的花卉，也都呈自然向上的势头；倾斜式插花，是指主枝斜出外出，有探望、俏丽之动感；悬挂式插花，是指第一主枝在花器上悬挂而下为造型特征的插花；平卧式插花，是指全部的花卉在一个平面上的插花样式。茶席中的插花类型通常采用瓶式插花，其次是盆式插花，而盆景式插花用得很少。

(1) 瓶式播花，又称为瓶花，是比较古老而普通的一种插花方式，剪取适时的花枝配上红果绿叶，插于花瓶布置室内(图 10-1)。

(2) 盆式插花，又称为盆花，即利用盆钵进行插花，或利用其他类似于盆钵的浅口器皿进行插花。与瓶花相比，盆花的难度较大，需先造型，然后再根据造型，安插花枝和配叶(图 10-2)。

(3) 盆景式插花，是利用浅水盆创作的一种艺术插花形式，它利用盆景艺术的布局方法，使插花作品形似植物盆景。这种插花是利用插花树枝制作而成，制作时可在水盆中放置些山石等作为背景和点缀(图 10-3)。

3. 茶席插花原则

茶席插花一方面受到茶席空间的限制，另一方面它不是以插花艺术为主题，所以不能过于发挥。一般说来，茶席插花所用的花材香气不宜太强，否则会干扰了茶味的欣赏，花形大

图 10-1　瓶式插花，张高铭

图 10-2　盆式插花，张高铭

图 10-3　盆景式插花，张高铭

小、花朵颜色都要配合整个茶席气氛与主题。花器宜小、细、低，不宜大、粗、高。花器的色彩不宜艳丽，色彩应素淡。在茶席插花中，应选择花小而不艳、香清淡雅的花材，最好是含苞待放或花蕾初绽。插花崇尚简素，忌繁复。它只是衬托，是为茶艺服务，切忌喧宾夺主。至于选择什么类型的插花，要视具体的茶艺而定。因此通常遵循以下几个原则：

（1）以少胜多。茶席插花，花不求繁多，只插一两枝便能起到画龙点睛的效果。追求线条、构图的美和变化，以达到朴素大方、清雅绝俗的艺术效果。花小而雅，选择花小而不艳、香清而淡雅的花材，最好是含苞待放或花蕾初绽的花，花朵不要繁多，也可以选用干花花材或者人造花材。太艳、太丽、太喧、太浓之花皆不适合入茶席，因为会夺茶之真味。

（2）避免浓艳。在花材特性上为和茶室环境相协调，注意选择东方风格的花材，尽量少用西洋风格花材（如葱花、郁金香、红黄色月季）。一般较少选用色彩过于华丽的花材（如红掌、红月季），避免选用有浓重气味花材（如香水百合、夜来香）和有毒花材（如变叶木、虎刺梅、夹竹桃等）。

（3）紧扣主题。根据茶会主题选择花材，如告别会选用勿忘我，新年会选用松竹梅。选择季节感强的花材，例如春天用桃，夏天用荷，秋天用菊花、红叶，冬天用梅、山茶。呼应茶名，从茶名和花名的呼应关系而言：冲泡东方美人时可选择虞美人，但用美人蕉效果就会适得其反；冲泡竹叶青时可用文竹作为花材，但用龟背竹或富贵竹便会大相径庭；而冲泡铁罗汉时则可选用罗汉松。

（4）符合茶性。茶席中花材的选择和造型最好符合所冲泡的茶叶种类等，譬如：在冲泡武夷岩茶时，可以选择偶有小型花朵的一截枯枝老干；在冲泡绿茶时，应该选择春日淡雅的小花或者无花只是新绿的枝叶。

（5）强调茶形。除了茶性上的考虑外，还应该从更多的角度考虑插花与茶席的关系。比如从茶叶的揉捻形态和花材形态的关系上，碧螺春的卷曲状可以用藤条来强调，龙井叶形的凛冽可以用呈剑片状的叶片来强调。

除此之外，茶席中的插花与一般的花艺不同，它的主要基调在素、雅、简这三个字上，旨在达到与茶席更为和谐的结合。因此茶席插花作品是自然美、线条美和意境美三种美的结合，还要兼顾“虚实相宜、高低错落、疏密有致、上轻下重、上散下聚”等审美普适原则。

4. 茶席插花意趣

(1) 茶席的插花,多采用花瓶、斗笠碗、竹篮、水盘等器皿。固定花材的常用花留,主要包括剑山、七宝、花泥等。如果花器的口径较大,不好固定花材时,可在瓶口制作井字形或十字花形的花配,也可在花材根部切一小口,嵌入竹片或木片,同样能起到固定花枝的作用。

图 10-4 茶席插花,张高铭

(2) 茶席的插花,除了传统的一枝花的插法,也经常会有两三种花材组合的插法,但崇尚自然天趣、追求诗情画意的原则不能改变。组合插花,采用的多为不对称式的自然构图,其线条造型,以形传神,着意表达茶席的意境美、花材个体的线条美和色彩美,重视插花与环境的高度统一,形成自然含蓄、生动流畅、色彩明丽、形神兼备的风格和特色(图 10-4)。

(3) 不对称的插花造型,恰似一杆秤。两边的距离虽有长短,但是,插花作品的重心位置,始终要处于插花器皿对称轴附近,这样才能保持插花布局及不对称中的相对平衡,令观者有较强的安定感。不对称的构图,深得自然之妙,这就是袁宏道倡导的真正的“整齐”“参差不伦,意态天然”。

(4) 插花的造型,无论是在古代还是在现代,都有一定的规律可循。明代袁宏道的《戏题黄道元瓶花斋》:“朝看一瓶花,暮看一瓶花。花枝虽浅淡,幸可托贫家。一枝两枝正,三枝四枝斜。宜直不宜曲,斗清不斗奢。仿佛杨枝水,入碗酪奴茶。以此颜君斋,一倍添妍华。”浅淡的花枝清雅,插花一枝两枝正好,三枝四枝要斜着构图。插花时,要尊重花木的自然形态,不要去随意改变、扭曲它。插花展现的是风姿清雅。对称的叶片,可适当摘除其对称部分。花朵的呈现,宜单不宜双。瓶口的线条,不宜完整外露,可用花或枝叶进行遮盖。要注意阴阳的调和,枝与叶的配合,一般是刚劲的配柔和的、大花配小花、大叶衬小叶。一个成功的插花作品中,包含了阴阳变化以及虚实、枯荣、浓淡、俯仰的对比协调(图 10-5)。

图 10-5 插花造型,张高铭

(5) 插花的留白,是产生意致深远、无限滋味的重要美学手法。在插花实践中,往往把花枝安排在花器的一侧,在另一侧留出适宜的空白,为枝条的自然生长提供去处。如此安排,枝条所勾画出的空间,皆是视角所及的范围,大片的留白,是插花艺术带给我们品之不尽的生源韵味。插花的疏影横斜、姿态万千之美,其体量和大小,要参照 8∶5∶3 的黄金分割率来确定,这种比例关系最为恰当。但插花作品存在三条主要花枝时,三条花枝的长短,按大致比例 8∶5∶3 最为耐看(图 10-6)。

图 10-6 插花留白,张高铭

茶席的插花,可以不拘泥于形式,但要有自然的奇思妙趣、氤氲意境之美,必须切合茶席所要表达的内容。

【思考讨论】

茶室插花与茶席插花的主要区别?

茶席插花，简约精巧；茶室插花，自然秀雅。

二、茶席插花操作流程

所有的插花作品想要完整地展现出来，通常是经过构思(构图)、选材与插制三个步骤才能完成的，其中构图是最主要的构成部分之一……这一部分是作品感情基调的设定，为后续所有工作提供思想指导。茶席插花创作过程也是经过构图、选材与插制三个步骤完成。

1. 茶席插花构图

所谓构图即是将构思好的主题和选好的花材进行合理的安排与布置，组合成一定形式的造型，来表达创作的意图和作者的情怀。任何一件优秀的艺术品，不仅要靠丰富深邃的思想内容，更要靠新颖别致的艺术造型才能打动人，二者虽在单品上有所偏重，但好作品形神兼备是创作时一定要遵守的必要条件。构思是表现艺术品的内容美、神态美、精神美，而构图则是表现艺术品的形式美、外形美，只有两者完美结合的作品才会使艺术作品本身迸发出无穷的魅力。

插花作品的构图，就是插花者根据自己已构思的主题将各种花材进行巧妙地组合，布置在一起，形成一定的优美造型的过程。结合茶席特色，将整体的风格统一起来，与茶席主题互相呼应，并能为突出茶席主题营造意境，在被观察的短暂的瞬间，转化为永恒的心灵感触。这样的造型创作过程，并不是简单意义上的花材以及茶席的组合和布置，而是必须使造型传递出构思的主题和新的意义，并且能完整地表现出作者的情趣与个性。在整个过程中，构图不仅是艺术作品形式美的直接表现者，也是体现构思的内容及意境的媒介和载体，以形传神，形神兼备。古今中外的插花构图大同小异，在花艺构图的基本形式上，大体上可归纳为如下几个类别：

① 几何形构图，即作品的外形轮廓比较明显地展现出几何形状的特点，甚至可以是由各种规则的、固定的几何图形所构成。外形轮廓清晰、整齐；内部结构紧密、丰满，层次分明、立体感强。既然是几何形构图，那么它就具备几何形状的两个最基本特点，因此有中心对称和不对称两种表现方式(图 10-7)。

图 10-7　插花造型 1，张高铭

对称式几何构图：可以找到中轴线，做出对称的两边来，这两边在图形观感上是形状相同、大小相同(视觉上)的，常见的就是圆球形、半球形、扇面形、等腰三角形、椭圆形、塔形、倒 T 形等。

不对称式几何构图：即在假设的中轴线两侧的图形是形状不同、大小不同的，各种几何形状都有，凡是满足不对称的标准的就可以划入，比如 L 形、S 形，以及各种不等边三角形等。

② 非几何形构图，又叫线形构图或三大主枝构图，表现的基本形式是整体上不会呈现出完整或规则的几何形状。外形轮廓多种多样，变化自由，没有定型。因此，想要做出更好的效果来，就会更加困难。首先，创作者对形式不拘谨的物体往往会存在认知上的困难；其次，创作者虽可以任意挥洒，随便构图，但要做得足以感染众人的特色来，就必须比几何构图有着更多的章法讲究、自然的神韵讲究等，这点较难把握(图 10-8)。

图 10-8　插花造型 2，张高铭

在进行茶席插花创作时，东方式插花往往采用三大主枝的基本结构，三大主枝的长度依次递减，起到良好的支撑与固定作用。最长的主枝既决定了作品的高度同时也决定了构图的形象及基本效果，所以它在花器中的姿态与位置的不同，会很重要并突出。三大主枝构成了一个最简单的三维立体造型的骨架，使得随后可以在骨架内和其周围填补辅助花枝、衬叶，以此逐步丰满和完善造型。

但平时在实战中会有所不同，根据实际的需要，主枝的数量递减梯度可以为 1～7 个不等。茶席上我们常见到的插花还会进行刻意地删减，以达到“大部分留白”的效果，仅仅留下一个主枝或者两个主枝。

根据这几个主枝的形态大致可分为直立式、倾斜式、水平式、悬挂式四种。

① 直立式：着重表现花材挺拔向上的气势和端庄稳健的阳刚之美。较短两枝要与第一主枝相互协调、有呼应，共同构成一个优美的立体骨架，然后在三大主枝之间插入必要的辅枝、焦点花、填充花等完善造型(图 10-9)。

图 10-9　直立式插花，杨湧

直立式构图宜选刚健直立的线状花材，如竹子、芦苇、水葱、唐菖蒲、蛇鞭菊等，常以表现强烈尊严感、崇敬感和积极向上、生气勃勃的主题，具端庄稳重的静态美。作品宜平视，效果最佳。

② 倾斜式：意在表现花材自然弯曲、舒展活泼的动态之美，要求主枝必须倾斜插入花器内，较短的两枝在两侧或一侧，整体必须保持稳定、均衡，不可倾倒，呈现出有机的协调关系。此构图形式具有自然、生动、活泼的气势，宜选用自然弯曲的花材，尤以木本花枝更能展现流畅、动感的线条美，作品以平视效果为最佳(图 10-10)。

③ 水平式：意在表现花材横向平伸的静态之美。所以主枝必须横向近乎水平地插入花器中，保持整体造型的稳定和均衡，从而展现出一种幽静、祥和的气氛。此构图形式用浅钵和盘插制时，以俯视效果为佳，若用瓶、筒等高身花器插制则以平视效果为佳(图 10-11)。

图 10-10　倾斜式插花，杨湧

④ 悬挂式：这个比较好理解，即指第一主枝在花器上悬挂而下为造型特征的插花。常见的比如花篮、竹筒、藤编等形式的花

器，借助高位来展示花的整体造型。在茶席上，这一类的插花比较特别，因为需要一旁有物体为这些花器本身制造高位，所以这样的插花以挂在墙壁之上居多(图 10-12)。

图 10-11　水平式插花，杨湧

图 10-12　悬挂式插花 ，杨湧

东方式插花的具体表示形式如表 10-1 所示。

表 10-1　东方式插花的表现形式

花型	第一主枝范围	主枝姿态	第一主枝花材	构图形式	观赏角度
直立式	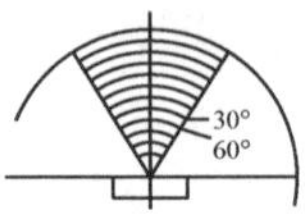	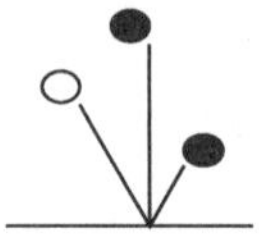	线形(竹、唐菖蒲)	挺拔向上、动势	平视
倾斜式	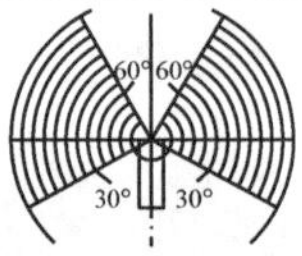	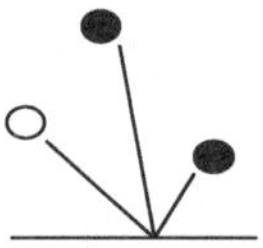	木本枝条(梅、松)	不屈不挠、顽强、生动活泼	平视
下垂式	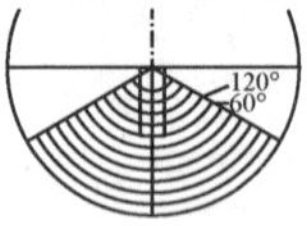	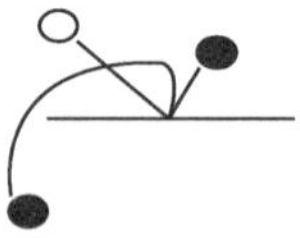	蔓性、半蔓性、长枝(南蛇藤)	倾瀑布、高山流水	仰/平视
水平式	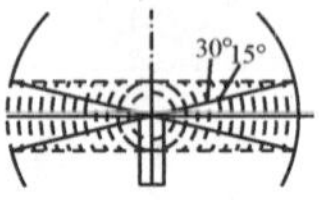	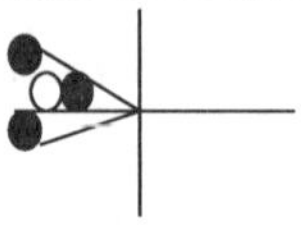		平稳、安静，宜置于餐桌、会议桌(不遮挡人们视线)	俯/平视

插花艺术是一种空间艺术，属于造型美的范畴。插花艺术与音乐、文学、诗歌等不同的是，它以色彩、线条、面块等多种机能的组合，来表达文化、心境、意象等。如果有其他的思考，那么它就是和你在画一幅画是一样的。中国传统插花构成要素主要有三个，即花材、容器、几架与配件。其中花材是最重要的，容器、几架与配件等主要起着承载、加强和活跃造型等辅助作用，有时也会起到画龙点睛、点明主题的作用。

2. 茶席插花选材

插花中的花材从植物母体上分离出来，在花器中重新得到了新生，是由于插花者的艺术再创造，让自然界中的花儿与花瓶、花器、所处的空间与欣赏者构成了和谐的空间之美。因此，对于一幅成功的插花作品来说，在花材和花器的选择上就要下大功夫了。

整体茶席上的插花需要选择以花小而不艳、香清而淡雅为主导的花材，最好是含苞待放或花蕾初绽的花。花朵不宜繁多杂乱，也可选用干花花材或者人造花材。太艳、太丽、太喧、太浓之花皆不适合入茶席，因为会夺茶之真味。韵是一种极具艺术化的气质之美，花在茶席中能起到增加茶席韵味的效果。这也就是千百年来，茶席上人们钟爱插花的缘由，宋代更是将茶道四艺中的插花认为是不可或缺的一部分。即使是到今天，茶师也喜欢在自己的茶席中配上一品素雅小插花，以增加茶席的整体美感，一般以竹、木、草编、藤编、陶、瓷、紫砂等为主。竹制、木、草编、藤编采用自然的植物材质，本身便显拙朴，比较适宜自然情趣的造型，基本利用原纹原质的原色。陶器推荐选择素面并不添色的，瓷质宜为青色、白色，紫砂最好选深色。

① 选花材，插花艺术的本质就是将花的美通过插花的形式将自己客观的想法展现出来，因此，无论任何时候，花材是根本，是插花创作的物质基础和思想的主要载体，在选用上需要多加注意。中国传统插花以善于表现意境见长，而表现意境是由几个要素决定的：花材的寓意、花材的造型、作品的主题、作品的容器与配件等。其中花材的寓意和造型是意境创设的主体(图 10-13)。

图 10-13　插花花材选用，张高铭

木本花材是构成传统插花造型的基础材料。日常做茶席插花多选用木本花材，少选用娇嫩的草本花材，以延长使用期。在具体的创作时要有以下几点考量：要根据茶会主题选择花材，如告别会选用勿忘我，新年会选用松竹梅；尽量少用西洋风格花材，如葱花、郁金香、红黄色月季等，这会让整个茶席看起来和你的心理预期格格不入；较少选用色彩过于华丽的花材，过于艳丽的花色会让你的茶席变得焦躁和轻佻，脱离沉稳与典雅的意境，如红掌、红月季等；避免选用有浓重气味的花材，茶席上理应只有茶的香味，香水百合、夜来香之类的是要避免使用的；有毒花材不要用，如变叶木、虎刺梅、夹竹桃等。

② 选容器，容器是中国传统插花创作中不可缺少的构成要素，被视为花材的“金屋”“精舍”“大地”。它的形状、色彩和质地对花材造型有直接的影响，所以十分强调器与花相称、相宜，才能构成作品的整体美。容器的主要作用是承载、盛水滋养、衬托、渲染、点题和提高作品的艺术感染力等。需要便于悬挂和摆放，同时花器的色调和质感要与茶室氛围相协调。中国传统插花的容器形式很多，可大略概括为六大代表性容器，即瓶、盘、篮、碗、缸、筒(图 10-14～10-15)。

图 10-14　插花花器选用，张高铭

图 10-15　插花容器选例

茶席插花的花器是插花的基础和依托。插花造型的结构和变化，在很大程度上得益于花器的型与色。就花器的造型来说，它既限制了花型，也衬托了花型。相反，茶席中的插花，要求花型简约、精巧，同时，也取决于花器的大小。在花器的质地上，一般以竹、木、草编、藤编和陶瓷为主，以体现原始、自然、朴实之美。对于茶席上的茶壶容器的选择，其实不必拘泥太多，能带来美感的都可使用。往往在现实中，只要是容器几乎就可以用来插花，比如手边的茶具，也往往被作为插花器具来使用，如茶叶罐、破了边的茶杯、公道杯等。

③ 几架与配件，很多情况下认为插花的主体在于花，其他的部分是次要的，其实这存在一定的片面性。几架和配件之所以是插花中不可缺少的构成部分，是因为它在插花作品中起着衬托、垫起容器，抬高花材造型，调整作品均衡感的作用——是一种“视觉配重”的存在。同时它也是烘托气氛、装饰环境、点明插花主题的必不可少的部分，可以使作品提高完成度，更完美和更和谐。所以，不可或缺，它是插花整体上“更耐看”的关键所在(图 10-16)。

图 10-16　插花几架与配件选例

几架与配件多为木质材料制成，形状多为圆形、方形、长方形等，能与传统容器和花材的色彩相协调匹配、与整体插花格调相一致为佳，不做太多的突出部分，是点缀，更是必要的点缀。

3. 茶席插花插制

中国艺术插花常以不对称的均衡为基本原则，以富于变化的不等边的三角形的构图方法来确定造型，构图布局高低错落，俯仰呼应，充分发挥线条的变化，可以得到活泼自然的艺术效果，能充分表达作者的艺术思想，意境深远。一般情况下中国式插花都是由三主枝和从枝构成，三个主枝构成基本骨架，而从枝则用以陪衬主枝。长度原则：第一主枝>第二主枝>第三主枝(图 10-17)。

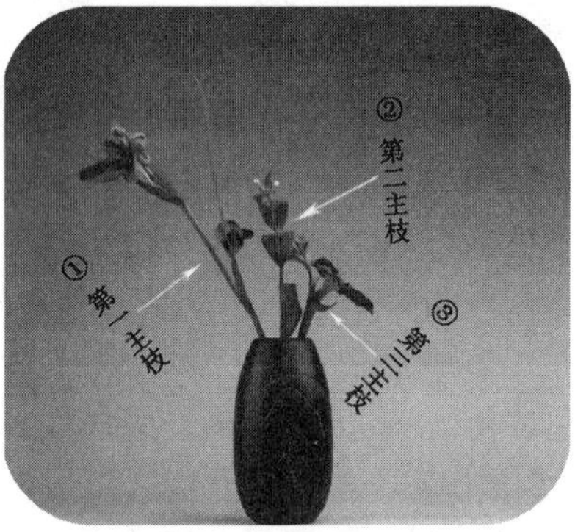

图 10-17　茶席插花插制选例

第一主枝是整个作品中最长的一个花枝，它的长度是决定其他枝条长度的标准，也是决定整个插花作品高度或宽度的标准，它的插置位置、伸展方向与角度也决定着作品的基本花型，如直立、倾斜、下垂等，因此是最为重要的一个花枝。第一主枝的长度取决于花器的尺度，其长度在花器为盘(或盆、碗)时采用 1.5 倍，为花瓶时则采用 2 倍。需要特别注意的是，花器的尺度由其高度加口径宽度构成，否则会出现比例错误而影响艺术效果；花枝真正的长度应是容器外看到的部分加上容器的高度。

第二主枝，对第一主枝起到协调和辅助的作用，它的插置位置、伸展方向与角度可以进一步扩大花型的空间。其长度一般为第一主枝的 1/2～3/4，材质可以和第一主枝相同。第三主枝是对第一、第二主枝的陪衬，在作品中主要起均衡与稳定的作用，其长度为第二主枝的 1/2～3/4，材质可与前二主枝相同，也可不同。

从枝在整个作品中对主枝主要起到衬托性的作用，如在从枝的协调下可以把原本各自独立的三主枝连接为一个整体，达到衬托主枝长度、填充作品构图中的空档等效果，另外还能通过花枝种类的变化从而达到丰富作品色彩的效果，使一个插花作品能体现出整体的立体造型艺术的特点。从枝的数量和长短是灵活多变的，一个作品中需要多少从枝要根据作品构图和意境表现的需要来确定；长度一般也不能超过其衬托的主枝，材质与主枝可以相同也可以不同，根据意境表现的需要决定；还有就是从枝的插置位置一定要安排在从属的位置，绝对不能影响主枝的地位和作用。从枝与主枝的相互位置和插置角度不同，就会使艺术插花的造型和意境呈现出灵活多变的特点。

(1) 叶材处理

① “用指尖”的矫正法。菊、叶兰、杜若等的茎比较软，用两手拿住花茎，直到大拇指的指尖有像被茎勒住的感觉时，开始弯曲花茎。

② “挠”的技法。其按照字面意思是将草木的枝条和茎弄弯，但在生花中，还有把本来弯曲的花材弄直的意思。所以更确切地说，“挠”是根据自己所想要的花的姿态，将花材加以整修和矫正的一种做法。因此，在这里的意思变成了矫正或整饰。

③ “扭”矫正法。这种技法是将想要弯曲部分的组织破坏，使之容易弯曲，主要是指把卷着的水仙叶子抚平的一种方法。把水仙的叶子一边扭曲一边拉，即将这两种方法结合在一起，达到把叶子矫正好的目的。一般做法是先把叶子放在水里稍微浸泡一下再做，效果较好。如是枝条，就先用剪刀剪戳，然后再将其扭曲。

④ “楔挠”矫正法。是指在树枝的枝条中插入楔子的矫正法。先要找一根与想要弯曲的枝条是同一种类的枝条，且它们的直径也必须相同，用这根枝条做成若干个所需要的楔子，然后将插花时使用的枝条所想弯曲的地方垂直锯开。只能锯到一半，随后用手将树枝轻轻地弯曲。这时切口也随之增大，到枝条的直径七八分时就必须停止弯曲，将楔子插入切口，一直至树皮和树皮连接至吻合为止。一般来说，“楔挠”法多用于枝干比较粗和容易折断的木本花材。柳条是比较宜“楔挠”的花材，用经过“楔挠”后的柳条做成的插花曲线很柔美。

⑤ “折断”矫正法。像梅、木瓜等，实际上是先把它们的枝条折断后再弯曲，这里的折断并不是完全折断，而是只把枝条的三分之二轻轻折断，然后加以弯曲，这个时候都是用两只大拇指按在想要弯曲的部位，视树枝的情况而适当用力。

⑥ “烘烤或开水浸泡”矫正法。这是用于南天枝条的方法。先把叶子紧紧地包好，把想要弯曲的部位放在开水里浸，然后放在火上面一边烘烤一边扭曲。也有只用开水浸泡而使之弯曲的，这种方法叫作开水浸泡矫正法。以上两种方法都适用于比较容易折断的花材。

⑦ “切断”矫正法。是在要弯曲的部分用剪刀轻轻地做了切口后再弯曲，切口要做在弯曲方向的反面。大多数情况下，都是将枝条放在水平线上向下弯曲，所以就在上方做切口。再从做好切口的地方，向反方向弯曲。像柳、桃等柔软的花材，将它们弯曲后马上就会恢复原状，因此要将它们的表皮切开薄薄的一层后再弯曲，具体做法是先用剪刀的尖端将表皮部分薄薄地切开，然后把切口朝上，用手拿住，两只大拇指放在切口的下面，慢慢地弯曲。

⑧ “缝”矫正法。像菊花等草本植物的花茎，要想使它们弯曲得厉害，就用这种方法。先用弯菊花的剪刀等工具将花茎完成预定的样子，然后用细锥子等在弯曲部位钻上几个小洞，再用竹签穿进去，使弯曲的地方无法再恢复原状。由于是用竹签将花茎缝起来的，所以

就被称作“缝”的矫正法。

⑨ “捻和捋”矫正法。像唐菖蒲那样坚硬的长叶，必须将它转着圈来捻，这样才能做出平缓的曲线。像杜若、菖蒲那样以叶为主的花材，多用这种方法。具体做法是用大拇指的腹部，一边将叶片轻轻地造型，一边捋，浸过水以后效果更好。

⑩ “柔软弯曲”的矫正法。要使草本花材具有柔和、迟缓的弯曲感，就用这种方法。具体方法是不要一下子让草本受到强烈的刺激，而是用手来感觉花材，并慢慢地用力。除了花材的两端以外，都不能用手触摸，所以不会弄伤中间部分而又能产生柔和、平缓的曲线。

(2) 花材固定方法

“撒”其实就是一根小木棒，但因为它被用在插花中，起到固定花枝的作用，所以“撒”就成了一个专用的名字了。若是小作品需要插的花材不多，就只需要做一个“一”字撒。

东方插花技巧之瓶花固定方法——“一”字撒。用一根枝条横在瓶口，以便固定花材。这样花枝都插在一边，互相交叉就容易固定多了，另一边瓶口留出来，整个作品也清朗起来。“十”字撒，便是十字状的撒，将两根木棍交叉用绳子固定成十字形状放入瓶口进行插花。中国传统插花中，还有“井”字撒和“Y”字撒。

① 折枝固定法。有些花卉枝条比较硬直，不易弯曲，如枇杷、枫、松和贴梗海棠等；有些花卉形态有缺陷或固定时有困难，又不宜用金属丝绑扎，可采用折枝的方法处理。折枝固定造型，就是将花枝的某个部位折裂，但不能过分，以不断裂、稍有弹性为好。方法是用双手握枝，两拇指抵于折口处，双手用力弯曲枝条。如果枝条的韧性较强，弯枝后依然反弹回原位，可以在折口弯曲时嵌入小石子或小木块，防止折枝复位。

② 夹枝固定法。花枝插入花瓶时，常会出现移动和不入位的现象，令插花者伤脑筋。为了能使花枝牢固地插在花瓶里，应根据花材的具体情况，分两种方法解决。一种方法是采用横枝夹缚固定，在需要插入的木本花枝尾部，作纵向剪切一豁口，夹上一段小枝。花枝与小枝呈十字交叉状，然后插入瓶中，使花枝与花瓶有三个支撑点，达到固定目的。另一种方法是采用直枝夹缚固定。其夹缚的枝条呈纵向，附枝长度根据花瓶深度确定。附枝上部伸出较短，能绑住花枝即可，另一头较长，一直伸到花瓶的底部。这种方法最适宜在长花瓶和剑筒中使用。

③ 瓶口插架固定法。瓶口插架的形状很多，主要是为了解决花瓶口大不易固定花枝的难题。在大口花瓶中表现倾斜度较大的花枝时，可以采用十字形固定架，让花枝靠在插架十字交叉的夹角处。这样花枝就不会有大的移位了。如瓶口面积不太大，可以安置Y形固定架，枝基支撑在瓶内壁上，枝腰靠在插架的凹口上。

④ 切口固定法。在使用插座插花时，有些木本花卉较粗硬，难以插入花筒座。为了便于固定，一般采用基部切口的方法，就是根据花材造型需要截取后，在切口处纵向切上几刀，形成若干个小豁口，让花枝能顺利地插入花瓶座。这样既方便了花枝的固定，又扩大了创面，有利于花枝吸收水分。

⑤ 斜面切口固定法。插花材料处理，除了对粗硬的木本花卉枝条用切碎枝梗的办法外，一般的木本花卉和较硬的草本花卉，都采用斜面切口的办法。如银柳、蜡梅和菖兰等花枝，均宜用斜面切口插入花插。若插直立的枝条，只需将花梗向下用力插就能插入花插。若要插成倾斜的形状，可先把花枝插成直立状，然后再将花枝向需要倾斜的方向推去。

⑥ 附枝固定法。有部分草本花卉质地松软，也有花梗细弱的，如扶郎花、香石竹和金盏菊等花，难以固定在花插座上，对此只有采取附枝的办法加以固定。方法是取一短枝用绳子或金属丝捆扎在花枝的基部，扩大花枝与花插座的接触面，这样花枝插入花插座时就不易倒伏。如果有中空或较疏松的植物，如马蹄莲、卢苇等，也可作附枝处理。方法是截取一段小枝插在花插座上，然后把花枝中空的部位对准小枝插入，同样见效。

⑦ 集团捆扎法。有些野生草花，花色艳丽动人，但花却很小，1、2 枝花卉体现不出美，好的效果往往要集中起来才能显露。因此，在插花时可将花卉握成一团，用绳子或金属丝扎住，然后插入。

⑧ 花插连体法。花插的大小是有限的，有时为了制作大型的插花，单靠一只花插是不够的。为了多插花，可以用几只花插放在一起，并用几段小树枝横连钉牢。

⑨ 花插倒扣法。在使用木本花卉插花时，难免会遇到由花枝重、花插轻造成的倒伏现象。此时，可以在花插的一边再倒扣上一只花插，以增加重力。

⑩ 金属丝缠绕法。为了支撑某些花枝和克服花卉形态上的缺陷，可以对花卉进行螺旋状攀扎造型。用硬度足以使枝条弯曲成形的金属丝缠绕枝上，按照自己的构思进行弯曲，但金属丝不能太粗，也不能影响插花的观赏效果；有必要时，可以在金属丝上包一层绿棉纸，或者涂上绿色油漆。用这种方法可以使花枝的弯曲变化自如，随心所欲。此法适用于对柔软的花枝作处理。

⑪ 金属丝穿心法。有些花的花柄中心是空的，如金盏菊、芹菜花和扶郎花等，对它们可以选择粗细适中的金属丝，从切口处插进去，也可以从花蕊的中心插入。这种方法不会影响花枝的外观，又能使花枝弯曲自如，但非中空的花枝，如香石竹、菊花等，不能采用此法。在金属丝穿心过程中，如果碰到花枝上部、近花朵的部分很难穿过时，应根据具体情况，或适可而止，不完全穿透花枝，或作部分穿心和部分缠绕处理。

⑫ 镶楔造型法。对于粗硬的木本花卉，为了达到自然弯曲的美感，又不露人工的痕迹，可用三角形楔木，镶进要造型的枝体切口内。楔木要求采用同种植物材料，粗细大小也要基本相同。这样制成的花枝造型优美，随合人意，一般很难看出破绽，而且还不会影响枝体吸收水分。

⑬ 切口弯技法。木本花枝所需弯曲角度不大，亦可用剪刀作斜向切割花茎，切口深度不宜超过花茎直径的 2/3，然后用双手紧握切口两侧，慢慢弯曲枝条。如果枝条的韧性较强，可以在切口内镶入小木片。

三、竞技茶艺插花赏析

茶席插花，要与茶席的三维空间相得益彰，插花的体量和高度，必定受到茶席空间的限制。茶席插花，通过别出心裁，去衬托和表现茶的清雅；借助画龙点睛，传递出幽微淡远的茶境，以及静清和雅的茶精神。茶席插花，构图简洁，花枝少而花色新鲜，造型不拘形式，自然生动；结构疏密有致，起伏有势，不齐不匀，虚实相生；花宜素雅，不求繁多，只插一枝、两枝，最多三或五枝，格高韵胜；并着力追求线条美、构图美及变化，以达到朴素大方、清雅绝俗的艺术效果。

1. 茶席插花意境

茶席通过有限的空间呈现无限美感，插花会让美感在茶席空间上延伸。茶席中的插花，不同于一般的宫廷插花、宗教插花、文人插花和民间生活插花，不拘泥技巧，不受缚于功利心，而是为体现茶的精神，追求崇尚自然、朴实秀雅的风格，并富含深刻的寓意，茶席上的插花才可能是真正的精神之花。茶席插花需要一双发现美的眼睛，与西方插花讲究对称与面面俱到不同，东方插花讲究的是恰当的意境，只要能反映出茶艺的真实内涵，就不用拘泥于形式。

茶席插花有一条理念即“天、地、人”的哲学思想，即“境界、气魄、胸怀”。茶席插花讲究清新淡雅，不宜过于繁盛。花枝少而精巧，自然生动，一二枝就好。造型有起有伏，高低错落，俯仰呼应，虚实相生；线条优美，清雅和谐；花朵形态各异，有主有次，颜色深浅相映，与茶席整体环境相得益彰。在选择花朵色彩时，应与周围环境、茶席色调、茶汤色调相互配合，形成一个和谐的整体。

茶席插花的意境创造，一般有具体表现和抽象表现两种表现方法。具象化的表现一般不作十分夸张的设计，仅仅是实实在在的展示，不留矫揉造作的痕迹，将所需要营造的意境直截了当地展示出来，所见即所得，将对于插花艺术的本身融入花器和花材的形体之中；抽象化的表现则是运用夸张和虚拟的手法，并以此作为表现插花主题的主要方式，在整体茶席之上展现出自己的情感、自己的主观愿望等，突出其趣味性、人文性和风格性。

如同一幅写意画的创作一样，插花也是一次带着各种情感的探索，需要把握抽象表现的尺度，关键就在于达到似是而非的境界。甚至采用比拟手法，以拟人拟物的方式，虽然以抽象的意象表现，但却以具象化的表现形式向其他人展现。最终的形式甚至可以是只保留着物象最原始的意义的样子，将我们心中最看重的那个点突出到比较似是而非的地方，造成一种整体上的“模糊认知”状态——本体不变，但足以任你无限解读。

2. 茶席插花审美

(1) 内涵上的自然美，中国现代茶席上的插花脱胎于中国传统插花艺术，那么它就摆脱不了中国传统插花的崇尚自然、师法自然、改造自然、回归自然的固有特征。自然美是最高形态的美，是为大道，谓之顺乎自然之理、合乎自然之态、饱含自然之情，最终达到“虽由人作，宛自天开”的境界。因此进行实际的插制时需要力求表现花材自然的形态美和色彩美，作品更加强调保持其自然状态下原本的姿态，尽量避免对自然花材进行过度加工，刻意改变其原有姿态的行为。按照花材自然的长势进行改造，顺应它本身的情况予以精心搭配雕琢，但要尽量减少人工雕琢的痕迹。虽有成形成套的构图形式和创作理念，比如直立式、倾斜式、水平式、下垂式等创作构思的应用，但在实际进行时是不可一成不变地照搬这些固定格式的，需要对作品本身有着更好的认识和把握来进行表现。

(2) 以形传意之美，意在先，形现于外，形在后，心之所向，形之所至。形即是外在的形态具象表现，即花材的形、姿、色等自然美以及花与容器组合而成的整体造型之美，要在茶席的整体风格相统一的情况下展开自己的思路和插制手法。事实上，要做到以有限的形象表达出无穷的景外之景、弦外之音，甚至使作品形神兼备、含蓄、内敛而极富感染力这一点，至少要做到的一点是将自己的想法以个人所能达到的最好的形式展现出来。因此，你的茶席之上的，就是你自己的样子；令人沉醉和享受的，是你灵魂上的美，而非简简单单的那支小花。

(3) 收放有度美，内涵上的贴切自然，说的是你的作品要具备中国人传统的审美风格特点；而以形达意则是要表现出你的作品的深度和内涵，也是实际操作的方向指导；收放有度则是整体再次将作品的品位和档次以“修正”，让作品具有更好的完成度和高度，并最终使得它能够准确地表达出创作者的个人意愿来。

3. 茶席插花作品赏析

【作品 1】——《淡泊》

以南天竹和小黄菊插四耳小缸中。南天竹两枝一高一低，亭亭玉立如伞盖撑起骨架，伞下是一丛高低错落、四下顾盼的小黄菊，小巧自然，活泼可爱(图 10-18)。

【作品 2】——《清清白白》

以桂花枝、吊兰叶、菊花、米兰枝插瓷花觚中。桂花枝中立而出，顶天立地，稍向右倾；吊兰叶向左舒展，以取得平衡；中间是白色菊花一朵，后衬米兰枝。整个作品呈青白色系，如清风拂面，正气凛然(图 10-19)。

【作品 3】——《雅韵》

以龙爪枣枝、桂花枝、吊兰、虎耳草、菊花插蓝紫色三羊尊中。龙爪枣枝中立而出，曲线优美；桂枝向右上扬，吊兰向左平出；虎耳草遮挡瓶口，托出菊花两朵。构图以菊花为中心点，在各方向取得动态平衡(图 10-20)。

图 10-18 《淡泊》秦魁杰

图 10-19 《清清白白》薛立新

图 10-20 《雅韵》王福

【作品 4】——《崖畔开花》

以藤和菊花插竹筒。藤从筒中探出向右上方抛出优美的弧度，在顶部旋转后落到左侧，与另一根从筒中水平向左伸出的枝条共同勾勒出框架线条。框架之中，下部是红色大菊花，从筒中探出向右倾斜。筒顶是黄色小菊花，向上傲立，如同站在山顶(图 10-21)。

【作品 5】——《禅花门》

(1) 陶建华老师《禅花门》

以铜制胆瓶插蜿蜒曲折的枝条，有上扬、下垂、平展之势。加上小黄花昂首出瓶，将整个作品点缀得极其灵动。胆瓶位于底座右侧，枝条向左蜿蜒，取得动态平衡(图 10-22)。

（2）王德成老师《禅花门》

以一枝、两叶、一花的极简元素围绕断枝插入陶盘构成作品。断枝倾斜向右，无头无尾，富有禅意。枝条随之倾斜向右，左折两次后抱合断枝。在断枝下部开出一朵鲜艳小花，后面配两条线状叶，整个作品充满空灵之美(图 10-23)。王德成老师创立“枯山花道”，发明自然固定技法“朴”。

图 10-21　《崖畔开花》

图 10-22　《禅花门》陶建华

图 10-23　《禅花门》王德成

【作品 6】——“东方自然风”插花作品

倪志翔老师创立的“东方自然风”花艺流派，用简单的花材和抽象的表现形式营造宁静幽远的禅之美，用“一枝见波折，两枝分长短，三枝讲聚散”的精炼语言概括创作东方插花枝条神韵的关键点。

（1）《如烟》，以桂花枝和紫薇花插仿石粗釉小口瓶中。桂花枝出瓶口后向左水平伸展，分枝成上长下短的两条曲线，极为优美。枝条上的叶片均去除，仅余下枝条末端的一两片叶，重点展示枝条的线条美。紫薇花一簇直立而出，向桂花枝微微倾斜以形成呼应(图 10-24)。

（2）《盼》，以火棘和孔雀草插素陶罐中。火棘枝条分叉众多，使其主枝大角度倾斜以卡住罐口，上面两条分枝一条向右前方探，一条向左后方伸，中间焦点位置插孔雀草一朵，成点睛之笔(图 10-25)。

图 10-24　《如烟》倪志翔

图 10-25　《盼》倪志翔

【作品 7】《致逆行者》

作品是为歌颂岭南地区医护人员逆行北上驰援湖北抗击新冠疫情所作，是用“兴”的手法来表现心象花的意境。心象花以说明个人主观意念为主，以“情”为出发点，通常用比兴、寄托等手法表达，其真意往往比较隐晦、婉转、模糊，不易被人理解和接纳。心象花偏重于对美感“质”的深度探讨，一旦被了解，必将引起最大的共鸣。作品选择竹筒做花器。这里的花器已经不是大地和精舍的象征，而是象征着医护工作者的身躯。花材选择岭南地区常见的三角梅、棕竹和黄金香柳，象征岭南地区平凡朴实的医护人员，使三角梅带刺的枝条长长地伸出，鲜红的花序作为主花位于“心脏”的位置，表示抗击新冠疫情的征程充满艰辛，甚至会付出血的代价（图 10-26）。如果我们仅停留在以上对作品的理解，似乎没有文已尽而意有余的感受，下面一小段文字有利于我们了解作者创作的“真意”。

您是岭南的三角梅，
却拥有寒梅的风骨。
您是岭南的棕竹，
却显露劲竹的坚贞。
您是岭南的香柳，
却憧憬着柳浪闻莺。
寒潮突袭，
您毅然逆行北上，
带着南国暖风，
去抵御那无情的霜冻。

图 10-26 《致逆行者》（倪志翔）

“赋、比、兴”在中式插花艺术应用中，存在着相互渗透的现象，即“兴”中有“比”，“兴”中有“赋”；或者“赋”中有“比”，“比”中有“兴”……所以一件心象花作品，可能是理念式的心象花，或写景式的心象花。同样，一件写景花作品也可以是理念式的写景花，或心象式的写景花，不一而足。

【经典阅读】

中国传统插花的发展简史

1. 萌芽阶段

早在 7 000 多年前的河姆渡文化时期，中国花卉文化就已见雏形，当时已有盆栽花的萌芽。此后，随着时代的变迁，人们在自己使用的彩陶器上刻画各种花、叶、树木纹等，留下了对花卉的审美记录。如安徽潜山市薛家岗出土的新石器晚期墓中的石斧、多孔石刀，绘有红色花果图案。中国的插花艺术源自六朝时期，历经宫廷插花，紧接着是民间插花和富于精神内涵的文人插花。其漫长的发展过程及丰富的艺术内容，在我国的史料、诗词、绘画、小说中多有记载。

2. 兴盛时期

唐朝处于我国封建王朝的昌盛时期，同时也是中国插花艺术发展的兴盛时期。罗虬在《花九锡》中载：“花九锡（牡丹）亦须兰、蕙、梅、莲辈，乃可披襟。”其中记录了当时人们用不同种类的花材搭配来作为装饰之用。五代南唐后主李煜，每到春天来临的时候，就把皇宫中都布置上插花作品，还开放让人参观。由此可以看出，古代宫廷插花非常讲究排场和装饰，这应是中国最早的插花展览。此后苏轼《玉盘盂二首（并序）》中也记载有“东武旧俗，每岁四月，大会于南禅、资福两寺，以芍药供佛，而今岁最盛，凡七千朵余，皆重跗囊萼，繁丽丰硕”的繁花盛事。同时，《西溪丛语》描述了花三十客，即梅花为清客，牡丹为贵客，兰花为雅客，芍药为艳客等。

3. 成熟时期

宋代，山水花鸟画盛行，这时出现了表现大自然的文人写意插花。如宋代诗人朱淑真的《木樨》诗作中所云“一枝淡贮书窗下，人与花心各自香”，以示花馨与人心相通、相融。南宋诗人杨万里诗曰：“胆样银瓶玉样梅，此枝折得未全开。为怜落寞空山里，唤入诗人几案来。”其中对插花的姿、色作了形象的描述。他的《瓶中红白二莲五首》诗中有“红白莲花共玉瓶，红莲韵绝白莲清。空斋不是无秋暑，暑被香销断不生”，表达了插花不但有姿美、色美，而且可以清凉消暑。在元代，由于异族入侵，一些不满现实的文人借花消怨，这个时期诞生了“心象花”，流露了文人的哀愁情绪，属于文人写意插花。

到了明朝，插花又进入了发展的盛世，相继出现了我国早期的插花专著。高濂的《瓶花三说》即“瓶花之宜、瓶花之忌、瓶花之法”，将历代的赏花用花等花事活动升华为插花理论，记述插花构图中应遵循的均衡、对比、协调等变化统一规律。当时还有画家张谦德所著的《瓶花谱》，简要地论述了插花之品瓶、品花、折枝、插贮、滋养、事宜、花忌、护瓶等相应的法则。时至清朝，插花从规模和造型上都有了较大的发展，出现了盘花造景、蔬果造型等形式。

4. 式微阶段

到了清代，盆景开始兴起，整体园林风格的花饰逐渐成为主导，插花受到它们的影响与冲击，加上战乱频繁，民生困苦，传统插花日渐衰微。尤其是从乾隆后期开始，战乱频起，许多宝贵的插花图片和资料散失殆尽，各地不同风格流派的切磋交流受到影响，加之国外一些美学理念的传入等，中国的插花艺术被各方力量的不断冲击逐渐呈现出式微的迹象。由于出现了文化断层，这一时期造成中国插花史停止和衰落100余年，令不少人为之扼腕。这样的断层，即使是作为发源地的我国也存在着传统插花艺术几近断流的现象，出现了对传统插花艺术缺乏了解、专业研究人员匮乏、研究资金短缺以及深入资源普查、挖掘难度大等问题。

5. 复苏时期

随着新中国的成立，人民生活水平日渐提高，精神文化得到进一步发展。到了今天，人们对于插花艺术有了更多的追求和需要，使得插花艺术得以复苏，并且越来越受到人们的喜爱。今天的东方插花艺术，以中国和日本作为代表，更加注重插花意境美与哲学思想，在整体线条和造型上挖掘较深，与西方所追求的几何造型形成迥异的风格。今天的中式插花，凝聚着前人的探索和智慧，将中国古代民间的爱花、种花、赏花、摘花、赠花、佩花、簪花等插花形式统一并用，融会贯通，在不断的发展之后，终于形成了几个比较大的插花类目。如瓶式插花、盆景式插花、盆花、竹筒插花、花篮式插花、野趣式插花、挂件式插花等，较为常见和实用。人们可以借此宣泄内心的欲望与情绪，将心中的想法付诸对插花的思考。因此，今天的插花艺术给予我们的是一种综合的、全方位的美学享受。随着时间的推移，深信中国插花艺术将以其绚丽多姿、灿烂夺目的风采，再现于国际插花艺坛，独领风骚。

10.2 创新茶席设计

一、茶席设计基础理论

茶席，从唐的华丽奔放，到宋的简洁内敛，再到明清，已经发展到至精至美的境界。生活中，茶席总是扮演美学的先行者，即便没有固定茶室，只要一只托盘，一地草席，再日常的生活场域都能点化出些许茶味。茶席，不仅是风雅艺术的诗情画意，更是审美情趣的心灵注脚。品茶，不仅是品味茶的好坏，更是品味人生的精华；布席，不仅是品茗空间的装饰，更是一茶一世界的生活经营。

1. 何谓茶席

茶席，是泡茶、喝茶的地方，包括泡茶的操作场所、客人的座席以及所需气氛的环境布置（童启庆）。茶席是沏茶、饮茶的场所，包括沏茶者的操作场所，茶道活动的必须空间、奉茶处所、宾客的座席、修饰与雅化环境氛围的设计与布置等，是茶道中文人雅艺的重要内容之一（周文棠）。茶席，是为品茗构建的一个人、茶、器、物、境的茶道美学空间，它以茶汤为灵魂，以茶具为主体，在特定的空间形态中，与其他的艺术形式相结合，共同构成具有独立主题，并有所表达的艺术组合（静清和）。茶席是以茶为中心，融摄东方美学和人文情怀所构成的茶空间及茶道美学理念的饮茶方式。它不仅仅拘于茶的层面，已经成为一种复兴与发扬中的生活美学（王迎新）。以上关于茶席的论述，有些比较形而下，质朴地说明茶席的物质功能和范畴；有些比较形而上，奢华地注重茶席的心灵层面与精神价值；有些表述很理性，茶席是茶道、茶艺的有机连接与表现；有些表述很感性，茶席属于个体生命的创作与感悟。为了便于茶席教学和茶事开展，简而言之，所谓茶席，首先是一方经过设计规划的沏茶、品饮区域，其次是传递诸多感官之美的呈现空间、台面，有的还可反映规划设计者的志趣品位，以及传承家国情怀和民俗民风主题印迹（图 10-27）。

图 10-27 茶席设计 1

2. 何谓茶席设计

茶席不同于茶室，茶席只是茶室的一部分。狭义的茶席单指从事泡茶、品饮或兼及为奉茶而设的桌椅或地面；广义的茶席是在狭义的茶席之外尚包含空间，如茶席所在的房间，甚至于还包括房间外面的庭院。茶席设计，就是以茶为灵魂，以茶具为主体，在特定的空间形态中，与其他艺术形式相结合，所共同完成的一个有独立主题的茶道艺术组合整体（乔木森）。茶在品茗中可以说非常非常重要，但是在茶席设计中是否可以承载灵魂功能，还有待商榷，毕竟在同样一款茶席上，可以品鉴很多款茶，不言而喻，一个茶席只可能有一个灵魂，那就是茶席的主题。因此，茶席设计就是以茶具为主材，以铺垫等器物为辅材，并与插花等艺术相结合，从而布置出具有一定意义或功能的茶席。在茶席设计竞赛过程中，所谓茶席设计，是指以实现茶饮活动为目的，创作茶席的一系列过程；具体是指以场所区域、器物素材和主题立意为主要构件，创作出既遵循茶史礼仪，又便于科学沏茶的茶席过程，主要包括主题构思、素材制作、席面布置及文案凝练等系列活动（图 10-28）。

图 10-28　茶席设计 2

【讨论思考】

茶席的灵魂到底是什么？

3. 茶席设计基础

（1）茶席结构

结构，是物质系统内各组成要素之间相互联系、相互作用的规律方式。由于茶席的第一特征是物质形态，因此茶席必然拥有自身的结构方式，主要表现在空间距离中，物与物的必然视觉联系与相互依存的关系。茶席的表现形态不同，具体茶席的结构方式会发生变化。结构体现着美的和谐，结构美不仅表现为一般的构图规律，还是以茶席各部位在大小、高低、多少、远近、前后、左右等比例中所表现的总体和谐为追求的最高目标。其中，任何一个因素的残缺，都会破坏茶席完整美的结构形成。

① 茶席中心结构，指在茶席有限的铺垫或茶席总体表现空间内，以空间距离中心为结构核心点，其他因素均围绕结构核心来表现各自比例关系的结构方式。中心结构核心，往往是以主器物的位置来体现。在茶席的诸种器物中，担任茶的泡、饮角色的器物——茶具，是茶席的主器物。以主器物的位置来体现和展开的茶席，如主泡器茶壶、茶杯等，但茶杯直接供人品饮，可算是主器物的核心器物。茶席中心结构以美观为主，实用性则稍显弱（图 10-29）。

② 茶席多元结构，又称非中心结构。所谓多元，是指茶席表面结构中心丧失，而由铺垫

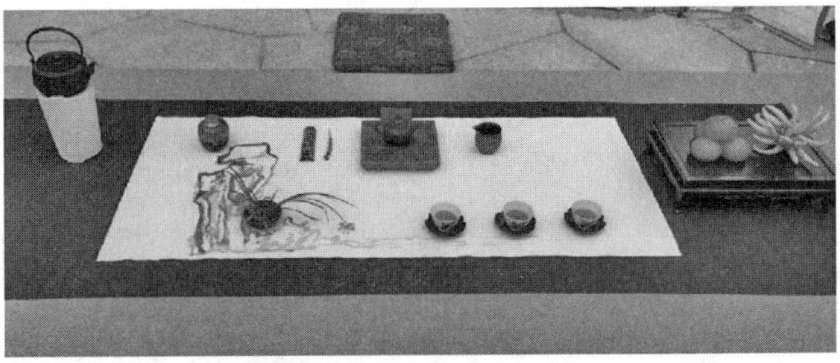

图 10-29 茶席设计 3

空间范围内任一结构形式自由组成。多元结构,形态自由,不受任何束缚,可在各个具体结构形态中自行确定其各部位组合的结构核心。结构核心可以在空间距离中心,也可以不在空间距离中心,只要符合整体茶席的结构规律和能呈现一定程度的结构美即可。多元结构的一般代表形式有流线式、散落式、桌与地面组合式、器物反传统式、主体淹没式等(图 10-30)。其中,器物反传统式多用于表演性茶道的茶席,首先表现为茶器具的反传统样式以达到使用动作的创新化,其次在器物的摆置上也不按传统的基本结构进行。主体淹没式常见于一些茶馆的环境布置,具体表现为结构大于茶席的空间,器物大于茶具,实用性大于艺术观赏性。

图 10-30 茶席设计 4

非中心是多元结构茶席特征,较为随意,没有特定的主体,一般只要茶席整体上能够呈现出一定程度的结构美即可。结构的重要性大于其设计性,更注重实用性而观赏性偏弱。

(2) 茶席功能

不同的茶席设计在茶文化空间中具有不同的功能,有的是在茶艺表演中围绕着某一个主题所设计,有的是为了展示茶器或营造茶文化氛围,有的是生活中用于泡茶和品饮,还有的是在茶会用于专业的茶叶品鉴。茶席最主要的功能可以归纳成两方面。

① 实用功能,茶席在设计的时候就要考虑它的实用目的和作用,以它的功能目的为设计出发点。任何器物如果不堪使用,就没有存在的意义,工艺之美就是实用之美,所有的美都产生于服务之心(柳宗悦言)。茶席的首要功能是能够用于真正地泡茶和品茶,因此,在茶事活动中,首先要考虑茶席的实用性,脱离了茶席“泡茶和品茶”用途,就失去了根本。

② 审美功能,一席精心布置的茶席,能给人美的享受,从而产生愉悦的心情,同时能够营造更加浓厚且有诗情画意的茶文化氛围。因此,设计者要经过精心的布置,甚至将茶席作为一件艺术品来设计和创作,不仅要注重茶席间茶具、茶品、插花等要素的空间搭配,更要注重其审美力彰显。如一个懂得生活、热爱生活的茶室主人,除了要珍藏陈放一些质优形美有

故事的茶外，还要在茶室中布置些许字画、盆景、插花等，使其成为一隅审美空间（图 10-31）。

图 10-31　茶席设计 5

3. 茶席设计原则

（1）主题突出原则

在进行茶席设计时，首先要明确茶席主题，可以茶品为主题，如西湖龙井、大红袍等主题茶席；也可以茶事为题材，如将唐朝煎茶、宋代点茶等茶事题材，在茶席中进行艺术的再现；或是以四季为主题，通过背景及茶表现春天、夏天、秋天或冬天的情趣景致；抑或是以茶人为主题，歌颂文人雅事如陆羽、昭君等；以节日为主题，如新娘茶、贺春茶、中秋茶等节日茶席；还可以抽象的意境，如“空寂”“浪漫”“富贵”等为表现主题，等等。主题确定后在进行茶席设计时，再依照这个主题将茶席各个部分及因子间协调统一。

（2）茶器搭配原则

图 10-32　茶器搭配选例

茶器选择，首先要根据茶品的性质来确定，如绿茶外形细嫩优美，汤色清绿明亮，宜选用透明的玻璃杯冲泡；乌龙茶香高浓郁，宜用保温性能好的紫砂壶冲泡。其次根据泡茶的主要目的来选择，如为体现红茶橙红明亮的汤色，在冲泡红茶时可选用内白釉的茶具来衬托；为表现古朴典雅的特性，可选用质朴的紫砂壶。另外，在茶与器搭配时，还要注意茶具自身特性，如呈现茶席清新淡雅的玻璃茶具、彰显茶席民族风情的陶土及瓷器等茶具、突出主题厚重悠久的紫砂及铁壶类茶具。茶具的选用应该与主题所反映的时代、地域、民族、人物身份等相一致（图 10-32）。

（3）茶具配套原则

所谓茶具配套，指茶具组合要有整体性，不要盲目混搭，可以从质地、造型、色彩等各个方面予以把握，同一个茶席内的茶具质地、造型、色彩不要太过多样，如造型尽量统一，质地最好不要超过三种以上，色彩多用近似色或同类色。同时还要兼顾茶席艺术风格配套，一是强调茶具个体艺术，二要强调整体配套协调。

二、茶席编创设计流程

1. 茶席设计构成技巧

（1）平面构成。它是将既有的“点线面”形态在两维空间的平面内，按照一定的秩序和法则进行分解、组合，从而构成预想形态和有意味的形式。首先，设计者需要将杯皿、盖置等器具，抽象为平面构成元素中的“点”，将花草、茶匙等器物抽象为“线”，将桌布、茶盘等承载物抽象为“面”；其次，根据茶席设计的实际需求，将三维空间分割成若干二维面，如茶席背景、茶席台面和茶席地面等；再次，把茶席设计中抽象出的“点线面”元素，结合平面构成中主要构成形式(重复、近似、渐变、变异、对比、集结等)进行围绕茶席主题的排列组合设计。点元素抽象,通过特异构成,突破单调的摆放形式,形成灵动的构图;面元素抽象,通过近似构成,达到稳定韵律感的布局,寓变化于整体统一。

(2) 色彩构成。从人对色彩的知觉和心理效果出发,通过科学分析,把复杂的色彩现象还原为基本要素,利用色彩在空间、量与质上的可变幻性,按照一定的规律去组合各构成间相互关系,再创造出新色彩效果的过程。但色彩构成不独立存在,而是依附于平面构成,通过色彩的“对比、推移、混合、感情”等色调变化、美化法来表现茶席主题。采用色彩对比中无彩色对比手法,即黑与白、黑与灰及白与灰的构成,营造出“庄重而高雅,质朴而宁静”的美学;色彩推移手法,冷暖有序的渐变构成增加茶席的丰富性和幻觉空间感;中规中矩色彩布局方式,需要根据主题进行选用,选用不当可能造成呆板不灵动;色彩呼应和色彩平衡运用不当,可能造成茶席零乱、累赘和喧宾夺主;运用巧妙则可达到“你中有我,我中有你”的协同美感。在色彩感情当中,不同民族由于文化背景不同,对相同色彩可能会产生完全不同的心理感受,使得色彩具备其独特“色性”(图 10-33)。

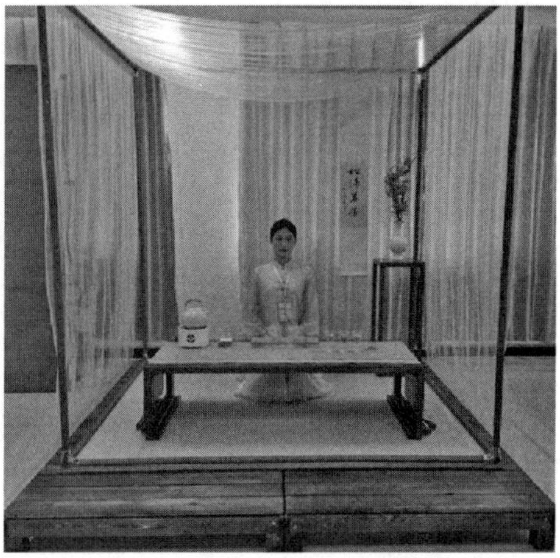

图 10-33　茶席色彩搭配

(3) 立体构成。将形态要素按照一定原则,组成具有美好形式的立体造型。如何通过视觉整合,把平面构成中的点线面元素和色彩构成中的色彩元素,通过形式美法则融合到立体构成中,最终运用到茶席设计? 不仅要达到为茶席主题造景,而且要达到创造意境的目的。在立体构成中,材料作为基础元素,它决定了形态、色彩和肌理等方面。材料主要分为自然材料和人工材料两大类。如在茶席中选用无色系中的白色人工材料(桌布、茶杯、茶壶),则茶巾选用枯木色的手工织物粗麻,在肌理上同自然材料枯木和天然竹子遥相呼应。自然的枯枝无论从质感还是色彩上,都会使人体会到一种寒冬里没有生机之感,为搭配这种自然的植物色彩,宜选用枯木色的杯垫进行呼应,呈现茶席立体构成意境。

2. 茶席设计题材选取

凡与茶有关的天象地事,万种风情,只要内容积极、健康,有助于人的美好道德和情操培养,并能给人以美的享受,都可在茶席之中得以反映。

(1) 以茶品特征为题材

① 茶地域特征选取。首先它与众不同的产地,给人以不同地域茶的文化和风情的认识。如“庐山云雾”,给人以云遮雾障之感;“洞庭碧螺春”,在人眼前展现一幅碧波荡漾的画面。凡茶产地的自然景观、人文风情、风俗习惯、制茶手艺、饮茶方式、品茗意趣、茶典志录、茶园采风等,都是茶席设计不尽的题材。

② 茶品性特征选取。茶有绿、红、青、黄、白、黑色,正是茶的丰富色彩才构成茶席基色。若画家拥有这六色,即可调遍人间任一色。何况茶之香、味、性、情、意、境无不给人以美的享

受。茶性甘，具有多种人体所需的营养成分。茶的不同冲泡方式，也给人以不同的艺术感受。特别是将茶的泡饮过程上升到精神享受之后，品茶便常用来满足人们的精神需求。借茶表现不同的自然景观，以获得回归自然的感受。常以茶的自然属性去反映连绵的群山、无垠的大地、奔腾的江河、流淌的小溪、初升的旭日、暮色的晚霞等。

③ 四季适宜饮茶。将不同的茶体现在时令季节变换上，以获得不同的生活乐趣。通过茶在春、夏、秋、冬里不同的表现，让人感受四季带来的无穷快乐。在心灵慰藉表现上，以茶的平和去克制心情的浮躁，以求一片寂静和安宁；以茶的细品去梳理过目的往事，以求感悟一切来之不易。或直接将奇石、树木、花草、落叶、果实等置于茶席之上，让人直观可感自然的美丽与可爱。

(2) 以茶事为题材

茶席表现事件，主要是通过物象和赋予物象的精神内容来体现。如一把汤提点、一只兔毫盏和一个茶筅，即可表现千年前宋代著名的"斗茶"茶事盛况。

① 重大的茶文化历史事件选取。一部中国茶文化史，就是一个个茶文化历史事件的集合体。作为茶席，不可能在短时期内将这些事件一一表现周全。我们可以选取一些在茶文化史中重要时期的重大事件，选择某一个角度，在茶席中进行精心的刻画，如神农尝百草，《茶经》问世、罢造龙团等，都可从茶史中信手可得。

② 影响大的茶文化事件选取。它是指茶史中虽不属于具有转折意义的重大事件，但也在某个时期特别有代表性而影响至今的茶事。如陆羽设计风炉、供春制壶等，都可以通过一器一皿来反映某个历史时期茶文化的代表性事件内容；又如 2022 年 11 月份中国传统制茶技艺及相关习俗入选人类非物质文化遗产名录。

③ 自己喜爱的茶文化事件选取。自己喜爱的茶事，不一定具有完美性，也不一定有很大影响力，但亲切、生动、活泼、投入了自己的情感、熟知事件的细枝末节，将其作为茶席的题材，往往更能从崭新的角度，开掘出一定的内涵，使茶席的思想内容更加丰富而深刻。

(3) 以茶人为题材

以茶人作为茶席的题材，对茶人不应苛求，古代茶人，难免会因时代和社会的局限，同如今时代要求的标准茶人有一定的距离，但他们的那个时代，不迷醉于功名利禄，却事茶、爱茶、对茶作出了巨大贡献，已是不易之事。同样，对当下茶人，也不应苛求，只要是个正直、对茶有所贡献之人，都可在茶席中得以呈现。这样，古代茶人、现代茶人及身边茶人，就会源源不断地走入茶席设计题材。

① 以古代茶人为题材。古代茶人，历数千年，至今仍为世人称颂，可谓德高望重。神农氏屡尝百草，将生死置之度外，理当为第一人，实为古今茶人楷模。陆羽苦难成人，发奋研读，踏遍青山只为茶，毕生精力爱恨全付《茶经》中，是真茶圣(图 10-34)。

图 10-34　古代茶人

② 以现代茶人为选取对象。现代茶人，有许多是伟人、名人。毛泽东、周恩来、朱德、陈毅、老舍、巴金、赵朴

初……人人生前一壶茶，茶事平常也动人。现代茶人，更多的是默默奉献之人，吴觉农、王泽农、庄晚芳……他们或著文立说，或授业育人，为振兴我国的茶科技、茶文化、茶产业作出了巨大的贡献。

图 10-35　身边茶人

③ 以身边茶人为选取对象。身边茶人，皆是平常之人。欲以平常人走入我们的茶席，眼前会一下子闪出许多张熟悉的面容。同行、同桌、邻里、亲朋，都在脑海里装着。他们亲切、平和、真诚、友好，以他们为题材设计的茶席也会传递给人以亲切和快乐(图 10-35)。

(4) 以茶席需要为题材

以物、事、人作为题材的茶席，往往通过具象和抽象两种物态语言去表现，以所表达茶席涉及的物、事、人有关资源或信息为选取对象。具象的物态语言方式，是通过对物态形的准确把握来体现。比如表现人，就要精心选择能反映那个人的特殊物品或象征物。如要表现吴觉农，他所著的《茶经评述》就是其典型的物态语言。如反映事件，要精心选择能反映那个典型事件的特殊物品及象征物，反映唐代宫廷茶事，就必须要有唐代宫廷的茶具及象征物。抽象的物态语言方式，是通过人的感觉系统，即视、听、嗅、尝、触以及心理，对事物获得印象后，运用最能反映这种印象感觉的形态来体现。如表现快乐，可通过跳跃的音乐节奏和欢快的旋律，以及茶席中色彩明快的器物和自由奔放的摆置结构去体现(图 10-36)。

图 10-36　红色主题茶席

3. 茶席设计现场布置

茶席的设计要体现出茶席的诗意美、画面美，悦目方能赏心，神驰物外。借茶器育化茶汤，以茶盏为桥梁，让茶人在温馨素雅的茶境中，随心赏茶与品茶。茶席之美需要有形式美、内涵美、综合美、个性美。内涵，是茶席设计的灵魂和本质；创新，是茶席设计的生命力所在；美感，是茶席设计的价值体现；个性，是茶席设计的精髓和升华。

(1) 席面设计的色调通常奠定了整个茶席的主基调。布置时常用到的有各类桌布如布、丝、绸、缎、葛等，以及竹草编织垫和布艺垫等。也有的取法于自然的材料，如荷叶铺垫、沙石铺垫、落英铺垫等；还有的不加铺垫，直接利用特殊台面自身的肌理，如原木台的拙趣、红木台的高贵、大理石台面的纹理。

(2) 配饰则是对整个茶席布置起到画龙点睛作用的物品，比如插花、盆景、香炉、工艺品、日用品，运用得当，都能起到不凡的效果。一般来说，配饰的选用宜简不宜繁，选用同色系或互补色系的配饰不容易出错；而跳跃或反差强烈色系的配饰虽然装饰效果好，但对布置者的美术要求比较高(图 10-37)。

图 10-37　茶席配饰

(3) 茶席主色，可选择与茶服相衬，茶服也可视为茶席的延伸，有点像摄影中的背景板。透过镜头，茶服在茶序中频频入镜的是胸前领扣及袖口。领子尽量不要太强调扣子，宜高不宜低，或用素色围巾掩饰繁复的设计。

(4) 茶席背景，是指为获得某种视觉效果，设定在茶席之后的艺术物态方式。视觉空间相对集中和视觉距离相对稳定就显得特别重要。背景还起着视觉上的阻隔作用，使人在心理上获得某种程度的安全感。

三、精美茶席案例赏析

1. 茶席设计竞技类型

目前茶席设计竞技主要有两种形式，一种是选手自带茶席设计所需要的所有用具，在规定时间布置好茶席，将文案或者主题阐述提前做好，摆放于桌角，选手离场，茶席静态呈现，评委现场打分。这是目前大多茶席设计的竞技方式。也有灵活变动的，如要求选手在场，站立于茶席旁，裁判可根据现场摆放，当场提 1～2 个小问题考察选手对茶席的认知程度。第二种形式，是选手现场挑选茶席配置用具、撰写主题、布置茶席，所需要的全部物品都由主办方提供。这种茶席设计竞赛形式，可有效避免第一种竞技形式中由教练或团队提前代劳准备好所有器物包括文案、选手只需现场摆放、无法考察到学生的实际设计功底的情况，由于第二种形式要求主办方提供足够的素材，耗资费力，成本较高，同时不利于公开观摩，赛事组织不易，可以作为平时教学训练以提升学生茶席设计综合技能。

2. 茶席设计竞技要求

近年来茶席设计竞赛不同级别有不同要求，主要是对茶席设计内容、现场布置规格及竞赛作品提交时间等规范进行说明，下面以全国职业院校技能大赛中华茶艺竞赛技术规范文件进行阐述。参赛选手于赛前一定时间(如一周)将电子版的茶席设计作品提交赛项执委会指定邮箱，电子版茶席作品包括茶席全景照片 1 张(JPG 格式)、茶席展示视频 15～20 s(含背景及音乐，MP4 格式)、茶席设计文案简介 1 份(doc 或 docx 格式)、背景音乐源文件(MP3 格式)，该部分占茶席设计竞技总成绩 40%，其中茶席设计文案简介(300～350 字)包括茶席标题、主题阐述、器物配置组成、色彩色调搭配、背景配饰音乐等说明。竞赛时，选手按照赛前提交的茶席设计作品，在规定时间内(不超过 20 分钟)独立完成茶席布置(茶具、茶叶、桌布等参赛用品赛前自备)，该部分占茶席设计竞技总成绩 60%。

举办方一般会给选手限定一块区域，常见的为 2 米乘以 3 米。有条件时，会在比赛现场搭建白色隔板，每个选手一格，这样，选手相互布席不干扰。在第一种茶席竞技形式中，选手自备所有器具和辅助用具，一般参赛选手根据主题需要，会有一些辅助用具以及空间氛围营造的道具。对于需要在现场规定时间内摆放好茶席的竞技形式，选手思路须清晰，将所有器物进行分类，背景装饰是一部分，常见的布置在茶席正后方或正上方，常见有 KT 板、挂画，其次是泡茶的一方区域，可能有桌椅、桌布、茶具等，桌椅固定茶席位置，然后依次将桌布、茶具、点缀在茶席上的其他道具逐一布置好，最后是茶席两侧的一些辅助场景的摆放(图 10-38)。

图 10-38　茶席设计竞技

3. 茶席设计竞赛评分

茶席设计竞技是指参赛选手在给定区域内，以自带器物素材为构建，在规定时间内独立完成既遵循沏茶科学，又不违背茶史习俗的呈现主题茶席布置。评委通过考查选手对茶席主题立意、器具配置及色彩搭配、背景烘托等方面的整体把握、审美力和创新力，从茶席作品创新性、沏茶实用性、器具及色彩协调性、茶席文案凝练性、竞赛时间等方面进行评比。具体表现在：主题立意，主题鲜明、有原创性，构思新颖、巧妙，富有内涵，有艺术性及个性；器具配置，茶具与茶叶搭配合理，器具组合完整、协调，配合巧妙，并具有实用性；色彩色调搭配，茶席色彩色调搭配美观、合理，整体协调；背景配饰烘托，茶席背景、插花等配饰美观、协调，烘托主题，有感染力；茶席作品文案(300～350 字)，文字阐述准确、有深度，语言表达优美、凝练，包括主题立意阐述、器物素材配置、沏泡茶品及区域时代等；布席时间，选手在 20 分钟之内，独立现场完成茶席布置。

4. 优秀茶席作品赏析

(1) 文案修改案例

① 茶席设计竞赛作品

茶席主题：运河情

选用茶品：西湖龙井

选用茶具：兔毫盏茶碗一个，杯三个，陶瓷水壶一把，风炉一个。

选用音乐：钢琴曲《童年记忆》、小提琴曲《矜持》、钢琴二胡曲《风居住的街道》。

文案创作：从运河边长大的爱茶人的视角，来体现运河沿岸人民与运河的深厚感情。年少时，运河常伴于左右，它是承载着我童年回忆流动的茶碗，终年飘溢着沁人肺腑的茶香。几只茶杯，畅游在茶的海洋中，品味茶之味，感悟茶之意。以运河南端的龙井茶为代表，通过龙井茶碗泡法来象征并歌颂大运河。通过水墨画运河来体现大运河的源远流长。它历时上千年，穿越浙江、江苏、山东、河北、天津、北京六个省市，沟通海河、黄河、淮河、长江、钱塘江五大水系，全长 1 700 余公里，谱写了一部伟大的运河“长征”史。

千百年来，她静静地流淌着，向人们诉说着那些难以忘却的茶故事，写着一页又一页中华民族的灿烂篇章。大运河是茶叶发展的摇篮，茶便是大运河生命的延续，在生生不息的运河水中，奔向没有终点的未来（图 10-39）。

图 10-39　大运河主题茶席

② 茶席设计修改作品

茶席主题：运河情

沏泡茶品：西湖龙井

选用茶具：兔毫盏茶碗一个，杯三个，陶瓷水壶一把，风炉一个。

背景音乐：从《童年记忆》《矜持》《风居住的街道》中剪接。

文案创作：从运河边长大的爱茶人的视角，来体现运河两岸人们与运河的深厚情感。年少时，运河常伴左右，它是承载着童年回忆流动的茶碗，终年飘溢着沁人肺腑的茶香。几只茶杯，畅游于运河之中，品味茶之情，感悟茶之意。以运河南端的龙井茶为代表，以碗泡法来象征并歌颂大运河。运河水墨画呈现大运河的源远流长，穿越六省，五大水系，谱写了一部伟大的运河“漕运”史。

千百年来，她静静地流淌着，向人们诉说着那些难忘的茶乡茶事。大运河是中国茶走向世界的窗口，无论走到哪里，不能割舍伴我成长的家乡的运河……

（2）设计修改案例

①（创新茶艺）茶席设计竞赛作品

茶艺主题：阳羡茶修

设计思路：家乡被称为“陶的古都，茶的绿洲”，我从小在这样的一种氛围中长大。（创作者）作为一名编辑，最初因为写茶去了解茶，走上了习茶之路，这一学就是十年。器为茶之父，家乡的紫砂壶是茶具中的翘楚，因想让紫砂壶与茶的契合度达到更高的水准，我开始学做壶，不断地学习、实践。习茶如修行，最宜精行俭德之人，以前辈为楷模，时时习茶、时时精进。

茶席主题：茶修

选用茶具：紫砂《莲花》套壶

选用茶品：阳羡雪芽

选用音乐：《闻到秋光》《安静是穿越寂寞的羽衣》《相遇》《凝望的寂静》

茶席文案：整个茶席上的作品，均是原创。用我所编辑的《阳羡茶》杂志书脊作茶桌，用自己所创作的《莲花》套壶作茶具，也寓意着一朵青莲化清茶。右上角的竹节提梁是我第一个作品，左上角用五彩矿广右组合成了"修"字，时时提醒我人生亦修行；背景视频内容为创作者平时习茶、制壶及杂志编辑的历程(图 10-40)。

图 10-40　"阳羡茶修"茶席设计

② 茶席设计修改作品

茶席主题：习茶

选用茶具：黑色铁壶，青瓷《莲花》盖碗套装

选用茶品：阳羡雪芽

背景音乐：《我在故宫修文物》影视背景音乐和《茶语心境》纯音乐剪辑

文案创作：寒来暑往，十载春秋，一路前行、一路习茶。"天子未尝阳羡茶，百草不敢先开花"的急程贡茶；古朴的紫砂、温润的青瓷、端庄的均陶、美观的精陶、绰约的彩陶，已形成五朵金花的"陶式生活"；就是从弥漫着以上情愫的世界里，开启了我的习茶之旅。

《阳羡茶》杂志书脊垒叠成沏茶桌面，创制的《莲花》盖碗套装茶具，蕴涵习茶如青莲般清心苦旅；沏茶提梁壶就是我平时习茶用具，黑色不仅让茶席色彩协调，更能流淌习茶岁月痕迹；两处插花(平时插花练习作品)遥相呼应，席面红色插花寓意习茶清苦，但内心热情愉悦，而席地插花"百草开花、争奇斗艳"，蕴含终将迎来茶美生活。雪芽我为求阳羡，芬芳冠世阳羡茶。透过氤氲的茶香，望着斑斓的壶泥，仿佛看到了习茶前行的灯塔(图 10-41)。

图 10-41　"阳羡雪芽"茶席设计

10.3 创新茶艺编创

为民族传艺，为创新溯源；以茶育德，以文化人。将儒家“以人为本的教育取向、有教无类的教育情怀、以教为政的教育追求、终身学习的教育思想、自由讨论的教育模式、因材施教的教育方法、全面发展的教育目标”的系列育人理念同茶艺传承创新有机融合，让“茶艺传承与创新”成为教育者和受教者在教育行为中“灵魂净化、充满爱心、人格独立”，不被社会所同化。一名优秀的茶艺师通常需要具备四方面的特质素养：一是科学冲泡茶品的技术；二是编创审美元素的艺术；三是知行合一慎独修为；四是传创民俗家国情怀。

一、茶艺创新基础理论

1. 创新茶艺内涵

创新茶艺涉及茶科学、茶文化、美学、文学、美术、音乐、书法、花艺、香道、人体工学、礼仪、形体训练、空间美学等多个范畴，是一门综合技艺，它是以沏茶为核心，通过要素的设计、意境的营造、编排设计等共同表达一个有独立主题的茶艺，表达茶人们或者是时代彰显的人生观、价值观、审美观。创新茶艺重在考察茶艺师的茶艺技能、思想境界、协调能力、应变能力、艺术修养、审美情趣，主要考察茶艺作品主题的原创性、思想的文化性、演绎者的个人修养以及对茶汤品质的调控能力，规则之外还有自由，有更多自主发挥与创造的可能。

在茶艺大赛或茶事展示活动中，茶艺编创与表演是重要组成部分，在科学沏泡和品饮茶的基础上，融入诸多审美元素，艺术化展示饮茶品茶，给人们带来综合艺术化的享受。茶艺表演，以一定的规范和程序进行不同茶类的冲泡和品饮，并赋予一定的文化内涵，是可以在舞台或特定场合表演的茶叶冲泡技艺和品饮艺术，既是技术的成果又是艺术的作品。终有一天，我们都会老去，随着岁月的流逝，曾经拥有的技艺将不再精湛，但承载技艺的文化，必将带给我们别样的精彩（图 10-42）。

图 10-42 茶艺技能大赛

2. 创新茶艺主要类型

中国茶艺从晋代开始萌芽，兴于唐，盛于宋，至明清复归朴实淡雅，流传至日本、韩国形成日本抹茶道、韩国茶礼。经过长期积淀，形成千姿百态的茶艺形式，按照创新茶艺的内容题材进行分类，有仿古茶艺、民族民俗茶艺、宗教茶艺、外国茶艺和现代茶艺五种类型。

(1) 仿古茶艺

仿古茶艺是以历史相关人物、现象、事件等资料为素材，经艺术加工与提炼而成，具有深厚的历史文化底蕴。仿古茶艺又可分为宫廷茶艺和文士茶艺。宫廷茶艺是我国古代帝王为敬神祭祖或宴赐群臣进行的茶艺，以帝王权臣为主，宣扬“雍容华贵”，具有场面气势庄严宏大、使用器具高贵奢华、礼仪程式严谨繁复等特点。文士茶艺是以文人雅士为主，追求“精俭清和”的精神，茶席多以书、花、香、石、文具等为摆设，注重茶之“品”，其文化内涵厚重，讲究品茗时的幽雅意境、精巧茶具和怡悦气氛，以体现琴诗书画之雅趣，修身养性之真趣(图 10-43)。

（2）民族民俗茶艺

民族民俗茶艺是根据我国民间传统的地方饮茶风俗习惯，经艺术加工与提炼而成，以反映民族和民俗茶文化。我国是个多民族国家，各民族兄弟对茶都有着共同的爱好与需求，经过悠久历史的演变与长期的饮茶实践，各民族之间、本民族之间均形成了各自不同的、具有独特风格与韵味的饮茶习俗。如少数民族的白族三道茶、水族祭祀茶、纳西族龙虎斗茶、回族罐罐茶、蒙古咸奶茶、藏族酥油茶以及汉族的婺源新娘茶、闽粤赣湘客家擂茶、浙江湖州青豆茶等。一些民俗茶艺还体现出极高的技艺性，如四川茶馆的长嘴壶等(图 10-44)。

图 10-43　仿古茶艺

图 10-44　民俗茶艺技能大赛

（3）宗教茶艺

我国佛教、道教与茶结有深厚缘分，宗教茶艺主要是反映佛教与道教的茶事活动。道家以茶求静，茶的品格蕴含道家淡泊、宁静、返璞归真的神韵；佛家以茶助禅，由茶入佛，从参悟茶理上升至参悟禅理，并形成“静省序净”的禅宗文化思想。以此为基础，形成了多种独特的宗教茶艺形式。宗教茶艺气氛庄严肃穆、礼仪特殊、茶具古朴典雅，体现出“天人合一”“茶禅一味”的宗旨(图 10-45)。目前常见的有禅茶茶艺、太极茶艺、观音茶艺和三清茶艺等。

图 10-45　宗教茶艺

（4）外国茶艺

中国是茶的发源地，茶经陆运和水运传到世界各地，中国的茶叶与中国的丝绸、瓷器一起，成为中国在全世界的代名词。据统计，当今世界有 160 多个国家约 30 亿人口喜好饮茶，并形成这些国家颇有特点的品茗习俗，如日本茶道、韩国茶礼、英国下午茶、摩洛哥三道茶、美国冰茶、马来西亚拉茶、印度调味茶等。目前常见作为交流的外国茶艺表演形式有日本茶道、韩国茶礼和英国下午茶等(图 10-46)。

图 10-46　外国茶艺

(5) 现代茶艺

图 10-47　现代主题茶艺

现代茶艺是指有创造性想法和构思的茶艺。茶艺表演是一门创作艺术，编创者将某一茶艺形式通过选用某种题材进行综合性艺术的创意设计，使之形成具有主题内容的表演艺术。创意茶艺在编创过程中，编创者在考虑茶艺表演的舞台艺术与大众审美关系时，首先必须尊重茶性，把握科学的冲泡手法；其次才是创意思维的拓展。随着时代的进步和社会的发展，创意型的主题茶艺越来越受到大家的关注，其主题更是多种多样，包括亲友情、师生情、同学情、敬老敬祖等(图 10-47)。

3. 茶艺创新要素分析

一个优秀创新茶艺作品，通常在四方面相对优异：一是茶席布置有新意；二是茶艺创新主题传递正能量；三是展示过程中动作柔美协调；四是将茶真正泡好。

(1) 科学沏茶要素

科学沏茶是茶艺创新的基础，茶艺首先是一种科学沏泡茶的技术，因此饮茶科学是茶艺传承与创新的内在基础。首先，传创茶艺之人必须对所沏泡的茶加工工艺有了解，以便掌握茶性，为泡好茶做好准备。了解制茶工艺不一定就是要到茶厂仔仔细细学会制茶，只要到制茶一线观摩体验该类茶影响品质的关键工序，为后期茶艺实操中因时因景因情变化泡出品质稳定一致的茶提供理论依据。其次，是掌握茶叶品鉴方法。茶叶品鉴与茶叶评审不是一回事，评审是在同样条件下如沸水、1∶50 茶水比等状况下评比出好中差，茶叶品鉴是在体验。因此需要多喝茶多训练多交流，为后期茶艺实操中沏泡一杯好茶提供操作实践指导。再次，是学会融汇茶叶沏泡技法，这是在前两个环节基础上，综合运用茶水比、茶水温度、出汤时间、注水手法和投茶方式等诸多因素，唯一目标就是奉献一杯完美展示茶叶自身最佳品质的茶，是为茶艺展示中沏泡一杯好茶集大成者。

(2) 主题开发要素

茶艺创新的精髓灵魂是主题开发，主要包括三个方面，即谙熟相关历史典故、学会因人塑造角色、通晓创新传承根本。首先，谙熟相关历史典故就是要遵循历史事实，历史人物与其时代背景尽量一致，选具用料避免穿越时空，闹出笑话，如什么朝代用什么茶具、饮用什么茶类，选手该穿什么服装、用什么礼仪等。另外还有什么民族有什么风俗习惯、什么宗教和教义等。其次，因人塑造角色，这是茶艺传承与创新的一个相对比较难拿捏的技法，选手的身材、性格甚至声音都是影响角色定位的因素，因人适角色如同因材施教。最后，通晓传承创新根本，就是传承茶艺文化中正能量，在茶艺创意方面采用创新意识如沏茶手法、背景烘托、音乐选择、主题挖掘、茶席设计及舞蹈穿插等一切为了提升茶艺作品的质量和效果的传创原理与方法，更多依靠编创人的品位、修为及创新能力。

(3) 茶艺呈现要素

茶艺创新的外在形式是茶艺呈现，主要包括三个方面，即了解背景音乐共鸣、掌握茶席布置原则、懂得营造烘托主题氛围奥秘。首先，一个优秀茶艺作品的呈现构成因素很多，但是在一个持续不超过一刻钟的茶艺展示过程中，最能打动观众和评委的第一场景一定是一个大气磅礴、设计科学、搭配精美的茶席，这是优秀茶艺作品的静态呈现要素。其次，能够相对比较直接打动观众和评委的应该算是与优秀茶艺作品相得益彰的优美动听背景音乐和解说视频，这既能弥补茶艺师在短时间无法呈现表达主旨情怀，也是优秀茶艺作品的动态呈现要素。最后应该是一项多维度集大成到营造烘托主题的氛围因素，如与情节吻合的舞蹈、书法、对白、沏茶等，最终目的就是使作品要呈现的主题表达得酣畅淋漓、舒心爽肺。

二、创新茶艺编创流程

创新茶艺可视为茶文化创意作品，通过视觉、听觉、味觉、嗅觉、触觉的通感，将人、茶、器、水、火、境有机统一，让人感悟到中华文化源远流长、灿烂辉煌，自豪于中国茶无愧为中国传统文化传承的重要"一翼"。一个优秀的茶艺作品创编设计就是一项系统工程，既需要一个有力的合作团队，更需要团队成员具有深厚的茶艺文化底蕴，以及科学的创编设计方法。一个优秀创新茶艺作品创编，通常包括创作背景与主题的确立、作品要素的设计、意境营造、编排设计等诸多方面。

1. 创新茶艺主题开发

主题是创新茶艺表演的核心和灵魂，编创茶艺作品首要任务是确定主题，其他要素紧紧围绕主题展开。主题的确定可以联系茶品、茶人、茶事，尤其是茶人和茶事，茶人和茶事可以是历史上与茶相关的人与事，也可以是身边的茶人、茶事；主题的确定既可通古今又可系海内外，更可同当今时事结合。茶艺主题需要一个具体的事件、精神和茶艺巧妙融合，否则容易牵强附会。

(1) 主题灵感萌生

茶文化博大精深，底蕴深厚，地方特色人文趣事非常多。在开始进行茶艺编创时，最容易根据地方人文个性、所产茶类去选择不同的主题内容及表演形式来丰富茶文化内涵。在具备一定基础上，从茶味体验、茶具选择、生活百态以及知识积累中去捕捉灵感，提炼编创茶艺表演主题，尤其是从生活百态中——也许是你身边正在经历的一个茶事件，也许是看到的一本书、读到的一首诗、听到的一支歌、感动的一刹瞬间，将其进行提炼、丰富并赋予茶文化内涵，给人以思考和启迪。

(2) 茶艺主题把握

一个好的茶艺主题，首先应正确、真实，合乎社会公序良俗、道德规范，如实地反映历史、民族特色，表达真情实感；其次要集中，即作者的意图得以突出，择茶布具、茶艺演绎等才有准则；再次要具有新颖性和独创性，新颖既可以体现在对时下一些社会现象的提炼，也可以表现为对传统主题结合时事创新，独创则体现在茶艺主题是作者独立创造或在前人的基础上部分创新；最后还要具有深刻性和时代精神，茶艺正确反映了客观世界的本质，揭示了事物发展的规律，主题就是深刻的。一个茶艺能深刻地反映现实，回答时代提出的问题，主题就具有时代精神，主题的深刻性、反映的时代精神同主题的新颖性、独创性有联系。

（3）主题拟定禁忌

茶艺主题忌讳空洞或过多，一个创新茶艺作品，主题只能是一个，选择一个主题并将其丰富，而不可将过多的主题堆砌。主题应该体现思想、意旨、哲思或情趣，通过人、事、情的叙述来凸显，将主题进行丰富，切忌作品泛泛而谈，如禅茶一味、人生如茶、茶可清心、三茶统筹、茶乡振兴等大而泛滥的主题，主题太大等于没有主题，主题太泛也等于没有主题；表演的茶艺作品对主题具有唯一性，如表演作品时主题飘忽不定、不聚焦，且随意变换，必将是一个失败的作品。

2. 创新茶艺元素

（1）茶汤质量保障

创新茶艺在确定主题后，要重点关注茶汤质量，其在创新茶艺竞技中分值比重也比较大。创新茶艺作品归根结底是以冲泡好一杯高质量的茶汤为目的，一杯高质量的茶汤除了冲泡过程演示外，更多的是基于茶品、水品、茶器等基本元素。

① 茶品选择。首先，茶品的选择直接关系到茶艺主题的呈现。茶品要有代表性，能体现并且丰富主题，不可随意选择。如省赛一等奖作品《那些年・茶》是一个致青春的小清新主题，茶品选用当年白毫银针和陈年白毫银针两款。当年白毫银针，单纯、清新，像极了青春岁月的纯净与青涩；陈年白毫银针，醇厚、芬芳，像岁月给人带来的洗礼，在两道茶里，感受茶里青春的故事。

其次，茶品的选择要求茶叶品质好，作为创新茶艺表演成果的茶汤品质好坏中很重要的一部分源于茶叶品质的好与坏。选定好茶叶类型后，就得寻找品质好的茶品，并充分展现该茶的色、香、味。如国赛银奖作品《龙窑茶魂》是一个“以茶为媒，泡一杯茶，让茶和器说话，讲好中国茶故事，传创中国茶人精神”的茶艺，选择的茶品肯定是悠久历史贡茶——极品阳羡雪芽。

② 水品选择。“茶性必发于水，八分之茶，遇十分之水，茶亦十分矣。”自古茶人对泡茶用水很讲究，主要是因为茶叶的内质表现与水的关系很密切。在茶艺大赛时，茶汤的品质也是非常重要的一个环节，因此选水要求谨慎严格。在比赛时，如有条件可以选择适宜茶的水品，如茶产地的泉水等，最好是商品化的泉水，可放置存储一定时间；如若条件有限很难取到山泉水，或者担心泉水放置后其活性降低、滋生细菌，可选择商品纯净水。纯净水虽然不是泡茶用水的最好选择，但却是最稳当的选择。

③ 茶器选配。水为茶之母，器为茶之父，可见泡好一杯茶，除了茶好、水好外，器也是一个重要因素。茶器组合是茶席构成的主体，基本特征是功能与审美的结合。在主题和茶品确定好后，一要考虑茶器的材料、色泽、容积与茶品的搭配，不同茶类适宜不同材质器皿，如绿茶适宜玻璃、瓷器，且其颜色偏冷色调；红茶、黑茶适宜紫砂、瓷器，其颜色偏暖色调。二是要考虑突出和配合作品主题的表现。如国赛一等奖茶艺《茶韵潇竹间》讲述爱茶女子寻访古迹，回望唐代顾渚茶事的繁荣，感悟茶圣陆羽茶道精神。选用陶制器皿，煮紫笋小饼茶，配以青瓷杯，映衬《茶经・茶之器》“越瓷类玉……

图 10-48　《茶韵潇竹间》

越瓷青而茶色绿”(图 10-48)。

对于民俗茶艺最好结合民族饮茶用具特点，充分展示民族特色；若是仿古茶艺则要借鉴历史器具，模仿、挑选类似的器皿，力求复原当时的泡茶器皿及使用方式，有条件的也可定制。

(2) 茶艺服饰装扮

① 茶艺服饰特点。近几年茶艺师着装服饰通常具有五个特性：一是传统茶艺，此类服饰的种类多采用唐装和旗袍，其特性为结构简单，服饰线条相对自然；二是文士茶艺，此类服饰的种类多选用古代民间传统服饰，其特性古典，能够体现历史文化；三是宫廷茶艺，此类服饰的种类多选用历朝历代的宫廷服装，其特性为颜色鲜艳，服饰奢华；四是宗教茶艺，该服饰的种类多采用传统的宗教服饰，其特性严肃庄重，等级清楚；五是地方茶艺，此类茶艺服饰多选用具有地方性特点的服饰，其特性为简洁，端庄大方，朴素。

② 茶艺服装选配原则。服装是塑造茶艺表演者外在形象、体现演出风格的重要手段。旗袍是中国女性服饰文化的象征，能够更好地展现出东方女性清新自然、优雅含蓄、端庄典雅的魅力，已经成为女性茶艺表演通用服饰。创新茶艺服装的选用：一要符合历史时代、民族民俗风格的特定要求；二要符合表演者塑造角色的形象要求；三要既不影响茶艺演示呈现，又不得影响沏茶冲泡；四整体风格要统一，满足观众审美要求；五服装与配饰既要符合题材的特征，也要思考突出和表现主题，尤其是团体创新作品，要考虑到每个角色的特性，更要兼顾全局协调一致。如省赛一等奖茶艺作品《缘聚杭州 · 茶和天下》，主泡台是正山小种清饮，衣着偏中式传统，男主泡身穿中式藏青长袍，女主泡身穿粉色带暗花的中式长衣配白色阔腿裤，辅助台两个女生穿中西结合的白色蕾丝喇叭袖长款旗袍，辅助台两个男生穿灰色中山装，整体颜色协调统一且突显主泡(图 10-49)。

图 10-49 茶服选配

(3) 空间辅助元素谋划

茶席空间布局要考虑舞台整体效果，如桌椅的高低错落、用色的协调一致。选择桌椅的类型，可以用符合主题的传统中式或者简约新中式风格的桌椅，如桌椅耐看且可欣赏，为避免累赘可考虑不用铺设桌布；若想在桌布上做文章的，就无须考虑桌子的式样，主要考虑大小和高度即可，如利用桌布颜色的寓意，通过在桌布前方手绘和主题相关的图案等。桌子摆放方式也需适当考虑，避免呆板，如八字形，不对称的 V 字形等(图 10-50)。如省赛一等奖茶艺作品《忆古茶馆》，用人物的动与静去诠释墙上挂着的中国古代茶画，用特定的黑色边框营造出画框的意境，唐代煎茶用席地跪泡、宋代点茶用矮桌跪泡、明代泡茶用高桌坐泡。《缘聚杭州 · 茶和天下》茶艺作品高低错落设置了五桌茶席，桌旗采用黄、绿、蓝、黑、红代表五大洲，红茶与五大洲的花果奶酒间互相调饮，地球仪寓意茶和天下。

图 10-50 茶席空间布局

3. 创新茶艺意境营造

(1) 茶艺背景烘托

背景展示的主要目的是营造氛围、烘托主题。目前常见的背景展示中，可用 KT 板营造意境，也可制作视频在茶艺表演的过程中播放，建议当场地中有 LED 屏幕时，可制作视频或者图片滚动播放，效果会比较显著。背景设置不宜过于复杂，应力求简单，以衬托泡茶者的表演为主，让观众的注意力集中在泡茶者身上，同时考虑人物与环境的和谐统一。在背景展示中，可结合一些别出心裁的手段和技巧，让人有耳目一新的感觉，如利用灯光效果，采用聚光灯照在主泡者身上，使观众注意力集中在泡茶者身上；如营造茶山云雾缭绕的感觉，可以现场利用液氮加水，造成舞台雾气效果。

(2) 茶艺解说阐释

解说词是茶艺表演中对表达主题最具表现力的要素，当今创新茶艺的解说词已经不是单纯地解说表演者的步骤和程式，而是通过解说词将整个茶艺表演的内容串联融合，让观众更好地通过旁白解说理解作品的主题思想，将表演之外主题延伸的意义展现出来。解说词的内容主要包括主题背景文化、茶叶特点、人物、艺术特色及表演者表达意境等。解说词的选择，要通俗、易懂，专业术语不能过多，依据主题表现，可用古诗词、现代散文等。现场解说必须脱稿，并有现场感染力，或者是提前将解说词录制好，融合到音乐中现场播放，无论何种方式，优美、真诚、富有磁性声线的解说可让观众充分体会听觉上的艺术。

(3) 背景音乐共鸣

音乐是烘托情感、表达意境最有效的手段，音乐最容易吸引观众注意力，带领观众进入主题所表达的境界。音乐的选择，其一，要与主题融合，音乐表达的情感应与作品表达的情感相和谐，如省赛一等奖作品《乡之味》在泡茶过程中选择音乐《风居住的街道》，在奉茶高潮部分选择音乐《时间都去哪儿了》，以此表达中秋夜对家乡的思念之情，以及父母对儿女无私的奉献；其二，音乐要与表演者融合，音乐不是孤立存在的，须与泡茶者泡茶的节奏感融合；其三，音乐是有层次感的，有节奏变化的，尤其是有表达某种情感的，有配合解说铺垫的音乐、泡茶过程中平缓的音乐、奉茶过程中情绪高潮的音乐，有张有弛，有节奏变化的音乐可牢牢把控和引导观众的情绪，从而使其更好地理解作品的主题和内涵。

如果作品选择了几段成品音乐，编创人员须采用软件对音乐作品进行剪辑与拼接，配合解说，使之与茶艺表演相融合；也可现场演奏音乐，如果整个作品全是现场演奏，一要演奏者技艺高超，二要场地足够安静，否则音乐很难有渲染力。

(4) 茶艺呈现编排

创新茶艺作品的编排设计，根据主办方要求，首先确定表演人数，一般有一人、二人和多人，一人或二人为主泡，其他为助泡，或服装、道具、动作一致人人为主泡。当下的创新茶艺作品，在有特定主题情况下，角色之间有分工互动，在突显主泡的同时，有一条无形的线将各角色联系在一起，更好地为表达主题服务。如省赛一等奖茶艺作品《忆古茶馆》，演绎主线是回顾茶历史，演绎唐宋明清茶艺，但落脚点还是现代茶馆，奉给评委的茶是当代茶馆里茶艺师冲泡的柑普，为避免场地混乱，选用画框一动几静的方式去表达，一个画框是一幅画，历史陈述到该朝代的饮茶方式时，该朝代的人物开始配合相应动作，其他时候则是静止的，形成画面感。

三、创新茶艺经典赏析

历经千年发展，茶艺内涵和表现形式随着时代的发展而不断衍变，如唐“煮”、宋“点”、明清“泡”。改革开放以来，茶产业结构升级，“文化搭台、经济唱戏”是茶产业发展的重要手段，常常以休闲、娱乐、健康、文艺、养生、修心等为服务宗旨，营造清净、典雅、悠闲的文化氛围，新颖的茶艺表演往往是必不可少的特色节目，创新茶艺成为应运而生的茶事文化。

1. 创新茶艺竞技规范

近年来，茶艺编创、茶艺大赛等茶事活动特别活跃，全国高职院校 2013—2015 连续三年举办茶艺大赛、2019 年举办全国职业院校中华茶艺邀请赛，浙江省高职院校 2013—2019 连续 7 年举办中华茶艺技能竞赛，本科院校分别于 2010、2014、2016、2018 举办四届全国大学生茶艺技能比赛，全国茶艺职业技能比赛先后于 2013、2016、2019、2022 举办四届，中华茶奥会茶艺大赛从 2014 年开始已经举办七届，可谓百花齐放、争奇斗艳，极大地促进了茶艺创新发展。创新茶艺竞技级别不同、区域不同，但竞赛主旨大同小异。下面以全国职业院校中华茶艺大赛技术规范进行介绍。

(1) 创新茶艺竞技是指参赛选手自选茶艺，设定主题、茶席，将解说、表演、泡茶融入其中，创作背景音乐、茶具、茶叶、服装、桌布等有关参赛用品选手赛前自备。评委通过考查选手对茶艺主题立意、茶席布置及冲泡手法、茶艺礼仪、音乐服饰等方面的整体把握，团队协作和自主创新能力，从茶艺作品创新性、沏泡茶汤质量、器具配置、选手茶艺演示、茶艺解说、竞赛时间等方面进行评比。

(2) 创新茶艺竞技主要从主题创意、茶艺演示、茶汤质量、茶艺解说、竞赛时间及茶艺表演者的礼仪、仪容、仪表等方面进行评判。①主题创意，立意新颖，要求原创；茶席设计有创意，形式新颖，意境高雅、深远、优美。②茶艺演示，编创科学合理，行茶动作自然，具有艺术美感。③茶汤质量，要求充分表达茶的色、香、味等特性，茶汤适量，温度适宜。④礼仪、仪容、仪表，形象自然、得体，妆容、服饰与主题契合；站姿、坐姿、行姿端庄大方，符合礼仪规范。⑤茶艺解说，文本阐释突出主题，能引导和启发观众对茶艺的理解，给人以美的享受；文本富有创意，讲解清晰。⑥竞赛时间，不少于 10 分钟，不超过 15 分钟；特殊情况如宗教民俗茶艺可延长 5 分钟。

2. 仿古茶艺案例《闲对茶史忆古人，慢煮光阴一盏茶》赏析

(1) 茶品选用

作品选用柑普茶，由于作品陈述的是整个中国茶历史，厚重而有内涵，适合选择一款有岁月味道的茶。黑茶具有岁月的陈香与醇厚，自然是再合适不过。由于作品讲述的是一个当代大学生走入茶馆，茶馆的茶艺师在给她推荐茶品，结合其年龄特点，以及近年来流行的茶品，给其推荐了柑普茶，较符合故事情节。

(2) 舞台呈现

① 茶席设计。作品选用藏蓝色的桌布，上边铺以孔雀蓝的桌旗，桌旗上摆放藏青的陆

羽大盖碗配饰陆羽小盖碗品茗杯，整个色系用得比较沉稳，符合所泡茶类以及主题，营造出茶馆雅间的格调。

② 背景音乐。由于整个作品讲述的是平稳的茶史，用的自然是带古风的古琴、古筝、琵琶这一类为好，曲调起伏不适合太大，平稳为好，故选择了《故梦》这首琵琶曲。翻开历史的扉页，将一个朝代一个朝代的茶事慢慢诉说。

③ 服饰设计。作品一共 6 个人，茶馆主泡茶艺师，助泡茶艺师，一个大学生客人，加上画框里扮演的明代文人、宋代女词人、唐代侍女。每个朝代的衣服要符合其特色，色系上尽量协调，都以青色为主色调，或淡或深。大学生客人身着简约白色棉麻服装即可，主泡茶艺师是核心主位，服装稍微浓重一点，中式立领白色旗袍配欧根纱外披。

④ 背景展示。在无 LED 的情况下，主背景由白色江南青瓦墙以及一个新中式优雅的茶馆包厢共两块 KT 板构成，KT 板呈不对称 V 字形打开，连接断开之处通过一个仿古花架进行衔接过渡，背景正好通过投影打上字幕“忆古茶馆”，白色青瓦墙前摆放三个铁艺框架，营造画框的感觉，另外也更加凸显画框里的人物画，画框里摆放定制好的桌子，唐代席地而泡、宋代跪泡、明代坐泡，营造高低错落感。中国古代茶历史中重要的人物——神农尝百草最早发现利用茶，第一幅画选择了一幅神农尝百草的画像挂立着，配合后边三幅画框里的人物画，这样虚实相映，使得欣赏者能够很快理解后边的人物画框其实是一幅茶画（图 10-51～10-52）。

① 茶馆包厢 KT 板

② 茶馆包厢茶席

③ 茶馆走道墙壁挂的“茶画”

④ 茶馆展示

图 10-51　2018 浙江高职茶艺比赛获奖作品《闲对茶史忆古人，慢煮光阴一盏茶》

图 10-52　2019 年国赛优秀作品(改编为 4 人)

(3) 茶艺表演编排

作品讲述了一位大学生误闯入一家名为“忆古”的茶馆,在茶馆服务员的引导下,无意看到茶馆文化展示墙上中国古代几幅茶画,唐代煎茶、宋代点茶、明代泡茶,惟妙惟肖的茶画让他产生了浓厚的兴趣的故事。他坐下来,在茶艺师泡茶的过程中,他边看茶文化史的书籍边欣赏茶画,在品茶看书的过程中,学习了中国古代茶叶利用的几个阶段,回望古人喝茶品茗的情景。

助泡茶艺师:您好,先生,欢迎来到忆古茶馆,请问有预定吗?(摇头)那您这边请随我来!

客人走过茶馆的过道,对墙上的几幅茶画产生了浓厚的兴趣,茶艺师返身给客人介绍起来:

先生,这面墙上挂的是关于中国茶史的几幅画,这幅画讲的是茶的起源——神农尝百草。

这幅画讲的是唐代煎茶法,这幅画讲的是宋代点茶法,这幅画讲的是明代撮泡法。

先生,请问今天有什么想喝的茶品吗?(摇头)那我给您推荐一款茶馆最近主推的一款茶品——柑普茶,您随着这边来,进包厢。

主泡茶艺师:您好,今天由我来给您冲泡一款有历史味道的柑普茶。

助泡茶艺师见客人对中国茶历史感兴趣,拿来茶馆书柜上的一本讲述中国茶史的书,示意可以边看书边品茶。

主泡茶艺师开始泡茶,解说开始:

翻开书的第一章便是茶的起源。相传神农氏是最早发现和利用茶的人,《神农本草经》记载:“神农尝百草,日遇七十二毒,得茶而解之。”神农为给百姓治病,不惜亲身验证草木药性,一日遇七十二毒,正值生命垂危之际,有几片鲜嫩的树叶冉冉落下,神农信手拾起,放入口中嚼而食之,顿觉浑身舒畅,诸毒豁然而解,就这样,神农发现了茶。

当茶史讲述到唐代时,画框里原本定格的唐代仕女画像开始演绎唐代的煮茶法,碾罗成末,候汤初沸投末,加盐环搅,分茶汤……

书的第二大章——茶业的发展。茶业的兴起在唐朝,社会条件的完善为饮茶的普及奠定了良好的基础,唐朝皇室对茶的需求量逐渐扩大,并建立贡茶制。“凤辇寻春半醉回,仙娥进水御帘开。牡丹花笑金钿动,传奏吴兴紫笋来。”诗人张文规生动描述了紫笋茶进贡时的情景。

煎茶道，是唐朝最负盛名的饮茶方式。煎茶所用茶品为饼茶，经炙烤、碾罗成末，候汤初沸投末，加盐并加以环搅、三沸则止。分茶最适宜的是头三碗，饮茶趁热，及时洁器。

茶圣陆羽所撰的世界第一部茶书《茶经》，构筑了一个气度恢宏、体系完备的茶文化体系。陆羽以精湛的茶艺、丰富的理论思维，极大推动了茶饮风习的普及和饮茶艺术化过程，使唐代成为中华茶文化发展史上的第一个高峰。

画框里演绎宋代女词人(以李清照为型)点茶的步骤，置茶粉，汤瓶注水调膏，茶筅击拂，点出茶沫……

茶兴于唐而盛于宋，宋朝是中华民族古代经济文化的鼎盛时期，茶业重心随着经济重心南移，饮茶的普及还使斗茶之风盛行，茶书、茶诗词、茶书画等茶文化作品无数。

中国历代讲究茶艺者，以宋为盛。宋人都喜好饮茶，而文人雅士更好比较茶的好坏和泡茶的技术，号称"斗茶"。斗茶者必须精于茶理，将团饼茶碾成茶末，用茶罗筛选出颗粒较细的茶末，再放到茶盏里注水，用特制的茶筅击拂，点出的茶沫以鲜白、细腻、厚实为佳。宋人点茶，对茶末质量、水质、火候、茶具都非常讲究。生长于书香门第的李清照则惯于此戏，她在鹧鸪天词云"酒阑更喜团茶苦"，在转调满庭芳词云"当年曾胜赏，生香熏袖，活火分茶"，表现了李清照在茶艺方面的造诣。

宋人饮茶，目的不在解渴，而是一种怡性养情的艺术活动，简短的茶词与茶诗是宋代文人精神风貌的写照，浸润着宋代文人的人格理想，在一具一壶、一品一饮中寻找自己平朴、自然、神逸、崇定的境界。

明代文人雅士以一把扇子定格站立在画框边，当茶史讲述到明代时，其收扇入座进行紫砂壶泡饮茶的演示……

明代茶道继承了唐宋茶道的饮茶修道思想，兴泡茶道，以撮泡法饮茶。明代文人张源在《茶录》中写道："投茶有序，毋失其宜。先茶后汤，曰下投。汤半下茶，复以汤满，曰中投。先汤后茶，曰上投。"这是历史上最早关于茶叶投茶方法的描述，泡茶这件事在文人手中被推向极致。无论是对名茶的品评鉴赏、制茶泡茶的技巧还是对茶具的设计制作等方面，无不精益求精。

明代走向精致化的文人茶艺，又称为茶寮文化。茶寮，为明代茶人所独创的小室，幽静清雅的茶寮是文人生活的重要场合之一，尤其是士大夫阶层中带有隐逸倾向的人士，他们轻视声色犬马，不热衷功名利禄，具有很高的文化素养，琴棋书画、焚香博古等活动均与饮茶联系在一起。

书声琴韵，茶烟隐隐起于山林竹外，尽现明人的高流隐逸、品茶方式的至精至美。

奉茶(主泡茶艺师、助泡茶艺师)：

一千多年来，东方人在一碗茶汤中，感悟生命的真谛，唐朝人煎茶，宋朝人点茶，明朝人一改吃茶的传统，品味到茶叶泡水的清香。岁月酿成了茶的味道，茶散发出灵魂的清香，让我们一同饮下这杯带着岁月味道的茶，喝下这历史长河遗留给我们的财富与智慧。**(所有画像一同饮下茶汤的画面定格)**

结束(大学生手拿茶杯，再次走到一幅幅的茶画面前，感慨中华茶文化的博大精深!)

人生如茶，茶如人生；万物皆茶，皆能品出人生的况味。在一杯茶面前，所有红尘纷扰，人世繁华，不过是眼前的水雾，氤氲而后消散。对喜欢茶的人来说，茶意味着生活，无论是自己修心冥想、夜雨寄北还是和朋友促膝长谈、秉烛夜话，茶都是最佳的选择，它温润着我们的心田，滋养着我们的生活。在人生前行的道路上，走累了，不妨适时地停歇下来，啜一杯茶，谈一席话，再出发！

3. 现代茶艺案例《工夫茶·两岸情》赏析

（1）茶品选用

作品共选用茶品三种。舞台左侧主泡部分使用武夷山岩茶名品的代表大红袍，其品质特征是馥郁隽永、岩韵悠长，代表祖国母亲。三位副泡选用安溪铁观音，音韵隽永清雅悠长，令人回味无穷。舞台右侧主泡则选用台茶之圣冻顶乌龙，其汤色清亮，香气高、清、雅。且冻顶乌龙种质源于武夷山水间，呼应两岸同根同族的主题立意。铁观音的清芬雅韵、大红袍的馥郁隽永、冻顶乌龙的甘厚浓醇，在一时间交融，两岸之情由茶而生，茶又因为此情此景而分外香醇、美妙。台湾游子最终向大陆母亲缓缓走来，饱含深情，母子间互奉佳茗、举杯对饮、合家团聚，表达了我们对祖国早日统一的美好期许。

（2）茶席设计

茶席分为两个部分，两位主泡分别代表身处武夷山脉的大陆母亲与身处台湾的游子，大陆母亲身后的三位副泡是以安溪为代表的祖国大陆。台湾部分茶席选用的茶桌以台湾岛轮廓剪裁，上标茶区、名山。两台主泡席均选用矮桌，以营造高低错落的整体舞台效果（图 10-53）。

图 10-53　台湾茶席与茶具

主泡茶席选用湛蓝色布，桌布中央放置三只木制帆船模型，呼应余光中先生《乡愁》一诗中“窄窄的船票”与“浅浅的海峡”，更寓意两岸舟楫往返、生生不息。在茶具的选用方面，大陆主泡茶具选用哑光白瓷，其上绘有水墨晕染山水，寓意武夷山山清水秀和祖国地域广博。台湾高山乌龙以高香著称，最宜采用双杯泡法，因此选用的哑光白瓷闻香杯、品茗杯，与大陆遥相呼应。副泡则以中国红桌旗与白瓷木托相衬，取吉祥之意，寄托无限期望（图 10-54）。

图 10-54　2014 全国大学生茶艺技能比赛团体一等奖作品《工夫茶·两岸情》

（3）背景音乐编创

主题茶艺选用的创意为近现代题材，所以音乐选择也以新世纪音乐风格为主，由多首曲目剪辑成型。新世纪音乐不同于一般轻音乐，它更注重思想性与原创性。为点明主题，选择以潮汐涨落之音配合《乡愁》的朗诵片段作为开场。第一部分、第二部分选用日本神思者组合的《wish》，乐曲风格大气，小提琴舒缓的旋律加上人声的吟唱，就有了宁静忧伤的韵味。第三部分是先抑后扬的预设中最重要的一部分，前两部分的铺垫蓄势已久，如何将主题宣扬开来至关重要。因此，背景音乐创编者选择了钢琴版《鼓浪屿之波》，此曲有很强的辨识度与代表性，无须任何解释，就能使观众明白风格斗转，主题升华。正确地选择音乐来表达主题，宛如画龙点睛。如果音乐选择不当，观众不明所以，即使音乐转换也依然平铺直叙，便无法唤起观众的共鸣，起不到转场的作用，那么意境营造上必然是失败的。

（4）服饰设计

大陆与台湾的服装与配饰选择上有所不同，代表大陆的表演者身着中式上衣和下裙，图案颜色清雅，以淡蓝、淡绿、白色为主色调，绘有山水，寓意祖国山清水秀；头饰以点点珍珠相连，寓意台湾是祖国不可缺少的海上明珠，呼应解说词中“珍珠初醒，滨海茫茫”中奉茶、大陆台湾重聚两个环节；台湾男生主泡也身着中式服装，以民国素色为主色调，突出游子的儒雅稳重，与《乡愁》一诗所描绘的意境呼应。同时，男主泡以竹骨纸扇为道具出场，呼应解说词中寓意思念故土的《南乡子》一诗，体现游子思乡之深、渴望回归之切。

（5）背景展示

作品主背景采用幻灯片放映形式，以水墨画风格开篇，山水之中几只小船缓缓驶出，从标题“工夫茶”驶向“两岸情”。背景图多选用武夷山、福建安溪、台湾茶乡山水风光与茶席设计的图片，以及表达游子期盼回归的相关图片，最终上升到两岸茶香汇成一处、向心力永存的高度。背景图一张张变换的放映形式，使解说词得以全部呈现于幕上，可加深观众与评委的印象与理解，将观众与评委迅速带入到情景之中，引发情感共鸣。

（6）解说词编创

茶艺作品解说词以散文的形式来撰写，欲扬先抑，抑扬顿挫。其主体可划分为三个部分，入场到洗杯是第一部分，游子带着思乡的惆怅入场，站在台湾岛狭长的海岸线边静静凝望，在茶具的拿起放下与水汽薄雾之中，这份感情发酵得更加浓烈，在悬壶高冲之际达到高潮。第二部分为斟茶奉茶的环节，嗅到来自大陆的茶香，让他思乡的心绪在达到顶点之后慢慢平静下来，祖辈们薪火相传、生生不息的茶缘让这些痛彻的思念变得渺小，这份情感也从浓烈激昂变得深沉。最后一部分则表达了我们美好的祝愿，使用同一种语言、书写同一种文字的我们相信，终有一日，华夏九州会与冻顶茶香汇成一处，千秋烟祀，万古长青。

(序)乡愁

小时候，

乡愁是一枚小小的邮票，

我在这头，

母亲在那头。

……

而现在，
乡愁是一湾浅浅的海峡，
我在这头，
大陆在那头。

(出场)十八根竹骨旋开成一把素扇，那清瘦的闵人用浑圆的字体，录一阕《南乡子》，朱子所填。那落款的日期，是寅年的立秋，而今历书却说，小雪已过了，台湾却依旧下着细雨，吹着萧萧的风。挥着扇子，问风，从何处吹来？从大陆的海岛尽头，还是谁的故乡？君问归期，布谷青鸟催过了多少遍，海峡却依旧寂寞着未有答案。

(侍茶)这是让他魂牵梦萦的那片土地，我们血脉相承，法缘相循，同根同族，茶犹如此。冻顶乌龙被称为台茶之圣，其种质溯源于福建武夷山；而同样源于山水间的大红袍，古朴淳厚，品质优良，为不可多得之精品。

(烫杯)滚烫热泪涤去素杯凡尘，而残山剩水犹如是，皇天后土犹如是，纭纭黔首纷纷黎民从北到南犹如是。那里面是中国吗？那里面当然还是中国。只是杏花春雨已不再，牧童遥指已不再，剑门细雨渭城轻尘也都已不再。

(赏茶)作为北苑贡茶基地的武夷山脉与秀丽的冻顶山隔着一道海峡遥遥相对，犹如我们的茶席一样，海峡两岸一衣带水，不分不离。福建武夷山大红袍馥郁隽永，如母亲一般胸怀宽广，一泡心宁；冻顶乌龙奇香清雅，沁人心脾。它们在两山之上遥相呼应，唱不尽亲情脉脉，骨肉情长。

(温润泡)于是，他们叫这一片海为中国海，世上再没有另一个海有这样美丽沉郁的名字。而现在，素瓷生烟，他隔着水汽薄雾静静凝视。一个中国人站在中国海的沙滩上遥望中国，身畔身后，皆是故土。

(冲泡)注流汲水，悬壶高冲。心潮涌动，云起如翼。乡愁如黄昏之暮霭，挥之不散，愈积愈浓。伸手触及，沾湿掌心和霜发。

(洗杯)山峦蜿蜒重叠，如美人肩。铁观音原产于福建安溪西坪，叶起白霜，兰香皓齿，音韵隽永，犹如我们的三位姑娘，只言这大陆山中翘首企盼的款款茶香。

曾在马山看对岸的角屿，曾在湖井头看对岸的何厝。望着那一带山峦，望着那曾使东方人骄傲了几千年的故土，心灵便脆薄得不堪一声海涛、一声鸥鸣。那时候，便忍不住想到自己为什么不是一只候鸟，可以在每个莺飞草长的春天回到旧日的大陆；又恨自己不是这手中杯盏，物有所归，源有所属，拳拳赤子之心可以尽数倾撒于水盂归所之中。

(斟茶)玉液满，清盏滑，水声轻快泠泠，蹙踏浪花舞。然则，他日思夜梦的那片土地，究竟在哪里呢？只有一百二十四海里。可一百二十四海里又有多远，就算再远，也抵不过银河的迢遥啊。

(奉茶)珍珠初醒，滨海茫茫，微凉清风送来阵阵盈袖兰香，它植根于那古老的大陆，那所有母亲的母亲，所有父亲的父亲，所有祖先的摇篮。

历史上的源流与分隔，让茶文化在台湾的土地上生根发芽。家里的老人常说，真正当泡茶喝的，是清朝引进的武夷和乌龙茶种。台湾先民饮水思源，供奉茶郊妈祖祈求平安，所以今日，我们才能在此，用工夫茶来继承先人的血液与根脉，万世不朽不散。

(敬茶)(《鼓浪屿之波》音乐起)海水在远处澎湃，海水在近处澎湃。五千年薪火相传，千百年来闽台两地的先辈们舟楫往返，生生不息。那些所有的所有都超越了游子超载的乡愁，超越了那份日日夜夜难以抹去的茕独。

历史潮流如海峡之水潺潺向前，思乡之水的波浪送来冻顶乌龙的一缕缕茶香。无论神州也好，中国也好，变来变去，只要仓颉的灵感不灭，美丽的中文不老，袅袅的茶香不散，大陆仍然翘首企盼，那磁石般的向心力当必然长在。

(致谢)如露如泉透清风，似梦似镜遐迩迷。大陆两端睥尾伸展的厝角依旧轩昂，宗祠庙宇门楣上的桃木剑依旧崭新，终有一日，大河南北、华夏九州终将与冻顶茶香汇成一处，千秋烟祀，万古长青!

【任务小结】

1. 茶有六类，性质不同，茶席插花核心是根据茶性而定。在花器的质地上，一般以竹、木、草编、藤编和陶瓷为主，以体现原始、自然、朴实之美。

2. 插花形式，一般可分为直立式、倾斜式、悬挂式和平卧式四种。茶席插花创作过程通过构图、选材与插制三个步骤完成。

3. 茶席设计，是以茶为灵魂，以茶具为主体，在特定的空间形态中，与其他艺术形式相结合，所共同完成的一个有独立主题的茶道艺术组合整体。

4. 茶席的结构主要有以茶席为中心的结构和茶席多元结构两种形式。

5. 茶席要兼具实用功能和审美功能，在设计中要体现主题突出原则、茶器搭配原则和茶具配套原则。

【参考资料】

1.《中国茶经》　上海文化出版社　陈宗懋、杨亚军主编
2.《制茶学》　中国农业出版社　夏涛主编
3.《茶艺服务与管理实务》　东南大学出版社　杨湧主编
4.《茶学概论》　中国农业出版社　叶乃兴主编
5.《品茶图鉴》　译林出版社　陈宗懋等著
6.《茶学入门》　浙江大学出版社　屠幼英、乔德京主编

【任务检测】

一、单选题

1. 茶席插花核心是根据(　　)而定。

A. 空间大小　　B. 茶叶类别　　C. 茶桌大小　　D. 茶艺师服饰

2. 在文人插花里面，(　　)代表有长寿之意。

A. 菊花　　B. 牡丹　　C. 梅花　　D. 桃花

3. (　　)是整个插花作品中最长的一个花枝。

A. 第一主枝　　B. 第二主枝　　C. 第三主枝　　D. 主花

4. 茶席设计，就是以(　　)为灵魂，在特定的空间形态中，与其他艺术形式相结合，所共同完成的一个有独立主题的茶道艺术组合整体。

A. 茶　　B. 茶具　　C. 茶人　　D. 茶花

5. (　　)是茶艺表演中对表达主题最具表现力的要素。

A. 茶具　　B. 茶席　　C. 茶叶　　D. 解说词

二、判断题

(　　)1. 茶席上插花的花材选择应香清而简雅，不宜过于浓艳繁复。

(　　)2. 茶席背景，是指为获得某种视觉效果，设定在茶席之后的艺术物态方式。

三、简答题

1. 茶席插花原则有哪几方面？

2. 茶席结构有哪几种形式？